世界城市研究精品译丛

主　编　张鸿雁　顾华明
副主编　王爱松

保卫空间
For Space

[英] 多琳·马西 著

王爱松 译

江苏教育出版社 ⑤SAGE

图书在版编目(CIP)数据

保卫空间 / 张鸿雁、顾华明主编. —南京:江苏教育出版
社,2013.11
(世界城市研究精品译丛)
书名原文:For space
ISBN 978-7-5499-3645-8

Ⅰ.①保… Ⅱ.①张… Ⅲ.①城市空间-空间规划-
研究 Ⅳ.①TU984.11

中国版本图书馆 CIP 数据核字(2013)第 278066 号

English language edition published by SAGE Publications of London,Thousand Oaks,
New Delhi and Singapore,© Doreen Massey,2005.

书 名	保卫空间	
著 者	〔英〕多琳·马西	
译 者	王爱松	
责任编辑	吉祖斌	
出版发行	凤凰出版传媒股份有限公司	
	江苏教育出版社(南京市湖南路1号A楼 邮编210009)	
苏教网址	http://www.1088.com.cn	
照 排	南京紫藤制版印务中心	
印 刷	江苏凤凰新华印务有限公司	
厂 址	江苏省南京市新港经济技术开发区尧新大道399号	
开 本	890毫米×1240毫米 1/32	
印 张	9.25	
字 数	224 000千字	
版 次	2013年12月第1版 2013年12月第1次印刷	
书 号	ISBN 978-7-5499-3645-8	
定 价	42.00元	
网店地址	http://jsfhjy.taobao.com	
新浪微博	http://e.weibo.com/jsfhjy	
邮购电话	025-85406265,84500774 短信 02585420909	
盗版举报	025-83658579	

苏教版图书若有印装错误可向承印厂调换
提供盗版线索者给予重奖

序

张鸿雁

"他山之石，可以攻玉。"人类城市化的发展既有共同规律，也有不同国家各自发展的特殊道路和独有特点。西格蒙德·弗洛伊德说："当一个人已在一种独特的文明里生活了很长时间，并经常试图找到这种文明的源头及其所由发展的道路的时候，他有时也禁不住朝另一个方向侧瞥上一眼，询问一下该文明未来的命运以及它注定要经历什么样的变迁。"[①] 经典作家认为城市是社会发展的中心和动力，全球现代化发展的经验和历程证明，凡是实现现代化的国家和地区也基本是完成城市化的国家和地区，几乎没有例外。[②] 同样，中国以往的城市化历史经验也证明，要想使作为国家战略的中国新型城镇化能够健康发展并达到预期目标，就必须总结发达国家城市化发展的经验和教训，

---

① 西格蒙德·弗洛伊德，《论文明》，徐洋、何桂全等译。北京：国际文化出版社公司，2001.1。

② 张鸿雁、谢静，《城市进化论—中国城市化进程中的社会问题与治理创新》。南京：东南大学出版社，2011。

特别要择优汲取西方城市化的先进理论和经验以避免走弯路。[①] 我研究城市化和城市社会问题已经有近四十年的历史，借此机会把我以往积累的一些研究成果、观点和认识重新提出来供读者参考。

一、对西方城市化理论的反思与优化选择

2013 年中国城市化水平超过 52%，正在接近世界平均城市化水平，中国成为世界上城市人口最多的国家。关键是，在未来的二十多年里，中国将仍然处于继续城市化和城市现代化的过程之中，而且仍然处于典型的传统社会向现代社会的过渡转型的社会变迁期。这一典型的社会变迁——中国新型城镇化关乎中国现代化的发展方式和质量以及社会的公平问题。

西方城市化的理论与实践成果有很多值得中国学习和借鉴的方面，如城市空间正义理论、适度紧缩的城市发展理论、有机秩序理论、生态城市理论、拼贴城市理论、全球城市价值链理论、花园城市理论、智慧城市理论、城市群理论以及相关城市规划理论等，这些成就对人类城市化的理论有着巨大的贡献，在推进人类城市化的进化方面起到了直接的作用。中国城市化需要在对西方城市化理论充分研究的基础上，对西方城市化理论进行扬弃性的运用，从而最终能够建构中国本土化的城市化理论体系与范式。

我们看到在现代社会发展中，面对越来越多的社会问题，我们解决的手段却越来越少，甚至面对有些问题我们束手无策、无能为力。为什么会这样？即使在已经基本完成城市化的西方国家，在当代仍然存在着普遍的和多样化的社会问题[②]，而且在发达国家这些问题也都

---

① 张鸿雁，"中国新型城镇化理论与实践创新"，《社会学研究》，2013.3。
② 参见张鸿雁，《循环型城市社会发展模式——城市可持续创新战略》。南京：东南大学出版社，2007。

集中在城市，形成典型的"城市社会问题"。如城市贫困、城市就业、城市住房、城市老人社会、城市社会犯罪、富人社区与穷人社区的隔离、城市住区与就业空间的分离、城市中心区衰落以及城市蔓延化等问题，甚至有些在西方城市化进程中已经解决的社会问题，仍然在中国的城市化进程和城市社会中不断发生。这些现象的发生，与我们缺乏对西方城市化理论与模式的全面理解与择优运用有关。

在建构中国本土化城市理论的过程中，对外来城市化理论进行有比较地、批判性地筛选，这不失为一种谨慎的方式。西方城市化发展过程所表现的"集中与分散"的规律，在很大程度上是通过市场机制的创新形成的，可以描述为高度集中与高度分散的"双重地域结构效应"。[①] 美国纽约、芝加哥等城市的高度集中，与美国近80%左右的人居住在中小城镇里的高度分散，就是这种"双重地域结构效应"的反映。西方城市化理论是以多元化和多流派的方式构成并存在的，既有强调城市化"集中性"价值的一派，亦有强调城市化"分散化"价值的一派，还有强调集中与分散结构的流派。回顾以往，在某种情况下，中国的城市化则把西方城市人口集中的流派作为主要的理论核心模式，如果21世纪初的城市化仍然把城市高度人口集中作为主导，这不仅是对西方城市化理论的误读，更是对中国城市化发展道路的严重误导。而事实上，中国通过"制度型城市化"的创造，以西方城市化理论中的集中派理论模式为"模本"，形成了高速与高度集聚的畸形城市化——中国式"拉美经济陷阱"[②]。过度集中和过度集权的城市化成为

---

① 张鸿雁，《城市化理论重构与城市发展战略研究》。北京：经济科学出版社，2013。

② "拉美陷阱"主要是指南美洲巴西等国家，人均 GDP 超过 3 000 美元，城市化率达到82%，但贫困人口却占国家人口总数的34%。一方面是经济较快增长，另一方面是社会发展趋缓；一方面是社会有所富裕，另一方面却是贫困人口增加……在其总人口中有相当规模的人口享受不到现代化的成果。参见：王建平，"避免'拉美陷阱'"，《资料通讯》，2004(4).46。

导致"都市病"深化发展的主要原因之一。如从基本国情的角度讲，仅适于美国等人少地多国家的"城市过度造美运动"以及大尺度、大规模占用土地资源的城市化，推行到土地资源十分紧缺的中国是基本不可行的，从长远利益角度来认识、分析这种现象，这是一种破坏性建设。

在西方的城市化理论中，还有些成果要么是戏剧化的，要么是过于理想化的——从乌托邦的视角提出城市化的理论，被喻为"要构建一个虚拟的理想世界"①，在学理性和科学性方面缺乏社会实践基础，在创造理想模式方面的价值大于实际应用价值。当然，霍华德的"田园城市"理论本身的价值就在于创造"理想类型"，给后人留下更多的空间来加以探讨和完善。西方城市化理论与世界任何理论一样，有其合理内核，亦有典型的历史与现实局限，必须认真选择，优化运用。

二、中西城市化发展的差异认知

与西方城市化"动力因"相似的是，中国城市化的外在形式也是以人口集聚为主要特征。但是，除此而外，中国城市化在发展"动力因"的构成与序列上，非但不同于西方，而且还有着强烈的本土化"制度型动力体系"构成特点，在改革开放的三十多年里，通过"政府制度型安排"形成高速的城市化。所谓"制度型城市化"主要表现为：一是城市化与城市战略的规划是政府管控的；二是城市化与城市建设的投资是以政府为主体的；三是城市化的人口发展模式是政府规划的；四是城市的土地是由政府掌握的，等等。这一动力模式具有强大的权力力量的优势，同时也具有典型的行政命令的弱点。中国城市化以三十多年的时间跃然走过了西方两百年的城市化路程，成就令世界瞩目，

---

① 尼格尔·泰勒，《1945 年后西方城市规划理论的流变》，李白玉等译。北京：中国建筑工业出版社，2006.24～25。

但城市社会问题也越来越深化——这种现象充分说明了中国城市化原动力不足、动力结构不合理的事实,其主要症结在于中国没有本土化的科学的城市理论来引导。

东西方社会发展水平的差异,不仅表现在制度体系结构与个体价值观、人口总量与结构、教育水平与宗教文化传统等方面,表现在生产力发展的阶段性和发展水平方面,同时还表现在文化的总体价值取向方面。西方的资本主义承袭了古典时代思想,并且是从中世纪的土壤中"自然长入"资本主义社会的。"自然长入"的方式显现了西方社会的发展规律和历史逻辑,在这种"历史与逻辑的统一"机制内,使得在城市化中出现的社会结构转型、产业结构转型和文化结构转型,能够基本处于同步进化的结构变迁之中,没有出现典型的"社会堕距"与"文化堕距"。这些证明了西方城市化发展的市场规律运性表现。基于这一认识,我们可以看到,中世纪以来,中西方城市化走了两条不同的道路,两种城市化形态的社会前提、进程、节点和社会结构都是不同的。

西方城市化早期的历史是"双核动力发展模式",即"城市经济"与"庄园经济"构成"双重动力",城市工商业和庄园手工业并行发展,中世纪从庄园里逃亡出来的手工业者,较快地转入了工业化的大工业生产。西方城市化与工业化发展的动力来源也可以完整解释为"双核地域空间模式"。而中国是典型的集权的传统农业社会,可以解释为"单核地域空间模式",城市在汪洋大海般的农业社会中生存,没有资产阶级法权意义上的土地关系和契约关系,由此产生的城市化"与传统农村有千丝万缕联系",及至当代仍然是尚未与传统乡村"剪断脐带"的城市化。这一轮的新型城镇化必须在土地制度上有所突破,进行中国式的"第三次土地革命"[①],只有这样才能融入世界城市化和全球一体化浪潮之中。

---

① 张鸿雁,"中国式城市文艺复兴与第六次城市革命",《城市问题》,2008.1。

三、新型城镇化面临的问题与挑战

中国社会近代以来经历了多种形式的城市社会结构变迁过程[①]，这种变迁在总体上是一种社会进步型的发展。中国新型城镇化过程是这一变迁的继续，我们不难看到，在城市化的进化型变迁中，在解决传统社会矛盾和问题的同时，也在制造新的社会矛盾和问题，这是符合社会发展普遍规律的，没有不存在问题的社会，亦如发展本身就是问题，现代社会就是风险社会的命题一样，社会存在本身就是问题。因当代中国的城镇化具有历史的空前绝后性，其存在的问题也十分繁杂：有些是传统社会问题，即没有城镇化也存在；有些是城镇化引发和激化了的问题，要梳理出关键点加以解决。

"当我们渐近 20 世纪的尾声之时，世界上没有一个这样的地区：那里的国家对公共官僚和文官制度表示满意。"[②] 这是美国学者帕特里夏·英格拉姆在研究公共管理体制改革模式时的一段论述。正因为如此，从 20 世纪 60 年代以来，全世界几乎所有的国家都在进行制度改革，只是改革的方式和声势不同，特别是一些发达国家把改革与创新作为同一层次的认知方式，而不是把改革作为一种运动的方式。亨廷顿曾有针对性地对发展中国的现代化提出这样的分析："现代化之中的国家"，面临着"政党与城乡差别"的社会现实，事实上中国的改革面临的社会现实正是"城乡差异"二元结构深刻的特殊社会历史时期，当代的许多社会问题的发生都与"城乡二元经济社会结构"有关。他认为："农村人口占大多数和城市人口增长这两个条件结合在一起，就

---

① 张鸿雁等，《1949 中国城市：五千年的历史切面》。南京：东南大学出版社，2009。

② 《西方国家行政改革述评》，国家行政学院国际合作交流部编译。北京：国家行政学院出版社，1998.39。

006

给处于现代化之中的国家造成了一种特殊的政治格局。"中国城乡差别的现实充分证明了这一点，新型城镇化战略就是为了消灭城乡差别，建构一个相对公平合理的城市市民社会。

著名的历史学家斯宾格勒说："一切伟大的文化都是市镇文化，这是一件结论性事实。"①人类伟大的文化总是属于城市的，这是城市区别于乡村的真正价值所在，也是人们对城市向往的原因所在。对于城市的"伟大"认知不止于斯宾格勒，早在中世纪，意大利著名的政治哲学家乔万尼·波特若在1588年出版的《论城市伟大至尊之因由》一书就提出了"城市伟大文化"的建构与认知。他对城市的评价是这样的："何谓城市，及城市的伟大被认为是什么？城市被认为是人民的集合，他们团结起来在丰裕和繁荣中悠闲地共度更好的生活。城市的伟大则被认为并非其处所或围墙的宽广，而是民众和居民数量及其权力的伟大。人们现在出于各种因由和时机移向那里并聚集起来：其源，有的是权威，有的是强力，有的是快乐，有的是复兴。"②我惊叹于四百多年前的学者能够对城市有如此独到而精辟的论述，虽然这种论述包含着对王权价值的认同，但论者能够从独立的视野中发现城市的价值实是难能可贵。而且，四百多年来人类社会的工业化、现代化和城市化过程也充分证实了这种美誉式的判断。同样，也是在四百多年前，乔万尼·波特若还提出了创造城市伟大文化的方式与入径："要把一城市推向伟大，单靠自身土地的丰饶是不够的。"③城市的发展、建设和再创造，要靠城市公平、开放和创造自由。

《世界城市研究精品译丛》的出版目的十分明确：我国的城市理论研究起步较晚，西方著名学者的研究成果，或是可以善加利用的工具，

① 奥斯瓦尔德·斯宾格勒，《西方的没落》，齐世荣等译。北京：商务印书馆，2001.199。

② 乔万尼·波特若，《论城市伟大至尊之因由》，刘晨光译。上海：华东师范大学出版社，2006.3。

③ 同上。

有助于形成并完善我们自己城市理论的系统建构。在科学理论的指导下，在新型的城镇化过程中，避免西方城市化进程中曾出现的失误。新型城镇化是在建立一种新城市文明生活方式，是改变传统农民生活的一种历史性的改变。"新的城镇，也会体现出同社会组织中的现代观念有关的原则，如合理性、秩序和效率等。在某种意义上，这个城镇本身就是现代性的一个学校。"①

该丛书引进西方城市理论研究的经典之作，大致涵盖了相关领域的重要主题，它以新角度和新方法所开启的新视野，所探讨的新问题，具有前沿性、实证性和并置性等特点，带给我们很多有意义的思考与启发。

学习发达国家的城市化理论模式和研究范式，借鉴发达国家成功的城市化实践经验，研究发达国家新的城市化管理体系，是这套丛书的主要功能。但是，由于能力有限，丛书一定会有很多问题，也借此请教大方之家。读者如果能够从中获取一二，也就达到我们的目的了。

张鸿雁：南京大学城市科学研究院　院长

中国城市社会学专业委员会　会长

（2013 年 11 月于慎独斋）

---

① 阿列克斯．英克尔斯、戴维·H. 史密斯，《从传统人到现代人——六个发展中国家中的个人变化》，顾昕译。北京：中国人民大学出版社，1992.319。

致 谢

本书的写作和修订历时数年,是在日趋忙碌紧张的"学究"生活中忙里偷闲写成的。数年来,在各种或正襟危坐,或天南海北的交谈中,许多人给我以启发,这里难以对他们一一表示感谢。不过,我还是要向其中的几位致谢。英国开放大学地理系历来是新思想的激发地。系里的约翰·阿伦(John Allen)、戴夫·费瑟斯通(Dave Featherstone,现在在利物浦)、斯蒂夫·派尔(Steve Pile)、阿鲁·萨尔丹罕(Arun Saldanha,现在在明尼苏达)就本书的全部或部分手稿给我提出了建设性的意见。在更大的范围内,在数所大学,尤其是伦敦大学女王学院地理系、海德堡大学地理系,我从相关学术讨论中获益良多。一年一度的德语地理学家周末宣讲会也是灵感和友谊的源泉之一。当然,这里的许多争论,也从学院之外的世界中——日常的生活事务中,所有形形色色的政治交战中——获得了灵感源泉,并接受验证。在本书的制作过程中,我得到了 SAGE团队——罗伯特·罗杰克(Robert Rojek)、戴维·梅因沃林(David Mainwaring)、贾尼·沃克(Janey Walker)、瓦尼萨·哈伍德(Vanessa Harwood)的专业帮助,并得到了开放大学米歇尔·马什(Michele Marsh)的秘书事务协助。我尤其要感谢也在开放大学的尼鲁·撒克娜(Neeru Thakrar),她在手稿打印方面的本领、专业的管理协助上堪称无与伦比。最后,最漫长的交流是和我也是地理学家的姐妹希拉里·科尔顿(Hilary Corton)展开的,在交谈中,她投入了自己的学养、想象和激情,本书中的许多想法,即形成于和她的常规旅行过程中和无数的漫步交谈中。

图片：

图 1.1a：Courtesy of The Bodleian Library，University of Oxford，MS. Arch. Selden. A. 1，fol. 2r

图 1.1b：Courtesy of The Newberry Library，Chicago

图 1.2：Courtesy of the Bibliothèque nationale de France，Paris

图 11.1，12.1a and 12.2：感谢开放大学的制图师 John Hunt

图 11.2：©Tim Parfitt，www. hertfordshire. com

图 12.1a and 12.4：CBlackwell Publishing Ltd，Oxford

图 13.1 设计版权归 Steffan Bohle 所有；使用得到 Ulla Neumann 的慨允

第 140 页的图：CPeter Pedley Postcards，Glossop，Derbyshire

每部分开头图片：

第一部分：Courtesy of The Bancroft Library，university of California，Berkeley

第二部分：CThe MC Escher Company

第三部分：CSteve Bell

第四部分：CAnn Bowker

第五部分：设计版权归 Steffan Bohle 所有；使用得到 Ulla Neumann 的慨允

文本：

第 165 页框中文本承蒙绿色和平组织（http://www. greenpeace. org）的慨允。

第三部分是对 Atvar Brah，Mary J. Hickman and Máirtin Mac an GHaill 所编的《全球的未来：移民、环境与全球化》的第二章《想象全球化：时空的权力几何学》中首次勾勒的论点的扩展。感谢英国社会科学协会和 BSA 出版有限公司。

| 目录

第一部分　开场白

我对"空间"的思考由来已久。但通常我是间接地、通过一些其他类型的遭遇才弄清空间的——全球化的论争，地方政治，区域不平等问题，我漫步山岗时与"自然"的相约，城市的复杂性；对看上去极为不对的事物嗒然若丧；因为辞不达意，在政治辩论中落败；发现自己陷于明显左右为难的矛盾情感困境之中。通过这种持之以恒的沉思——有时看似原地踏步，有时又神游天外——我既相信我们所做的有关空间的潜在假设是至关重要的，也相信对空间的不同思考可能富有成效。

三种沉思

1. 军队正从叫"芦苇"或"鳄鱼"的区域——太阳升起的方向——向城里逼近。有关这些军队的情况已知之甚多。故事已从外省传回。来自城里的收税人，在收集沦陷区的贡赋之时，已和军队劈面相逢。使节已经派出，目的是为了调停，得到更多的消息。而眼下，相邻的族群，因恼怒于长期屈服于阿兹特克城，已经把自己的命运和陌生的入侵者连结在一起。然而，尽管有所有以前的合约，有源源不断抵达该城的各种信息，谣言，解释，不断逼近的军队却仍然是一个谜。（陌生人坐在"与屋顶一般高"的鹿上。他们全身遮得严严实实，"只能看到面部。他们是白的，仿佛石灰做成。他们有黄头发，尽管有些人有黑头发。长长的是他们的胡子"①。）他们正从按这类时空来说被认为是官方方位的地理方位而来。

这也是里德元年，具有历史意义和天文意义的一年：纪年周期的

---

① Galleano（1973，p. 17），转引自 'Indian informants of Fray Bernardino de Sahagún in the Florentine Codex'（p. 287，n. 6）. 我为此节引用的资料出自：Soustelle，1956；Townsend，1992；Vaillant，1950；Harley，1990；Berthonand Robinson，1991）.

一个特殊点。在过去的周期中，该城已经变得非常成功。最初在这巨大的高地狭谷建立起墨西哥/阿兹特克仅仅在几个周期之前。他们从钻石取火时代而来，经历了长期的漫游漂流；一个在城里人眼里看来未开化的民族已经沿湖扎下根来。然而自他们抵达，并逐渐建立起特诺奇提特兰（Tenochtitlán），阿兹特克人便节节胜利。该城已是眼下世界上的最大城市。通过征服和不断的暴力统治，其帝国领土现在已从两个方向扩张到了海岸。

图 1.1a　特诺奇提特兰城——阿兹特克人绘制
资料来源：The Bodleian Library

就这样阿兹特克人已经征服了他们眼前的一切。但是眼下正在迫近的军队是坏兆头。帝国不会永世长存。只是到最近，这湖边的阿兹卡珀扎克（Azcapotzalco）才在昙花一现后被击败。而图拉（Tula）——令人尊崇的托尔特克人（Toltecs）的所在地——现在也躺在废墟之中，正如特诺奇提特兰城的遗址一样。所有这些都在提醒它们以往的灿烂辉煌，也在提醒它们的脆弱不堪。而眼下，陌生的入侵者正从阿卡特尔（Acatl）方向而来，这一年是里德元年。

这类事情是重要的。事件的同时并存构成了时空的结构。对蒙提祖马（Moctezuma）① 来说，它们加剧了整个令人垂头丧气的如何应对的难题。这可能是帝国的危机时刻。②

在第一眼俯瞰该城之时，前进的士兵难以相信自己的眼睛。他们已经听说该城辉煌灿烂，其规模是欧洲的马德里的五倍。这班人仅在几年之前才将正在变化的欧洲抛在身后。而这样的旅程，最初是怀着寻找东方的希望向西出发。数年前，克里斯托巴尔·科龙（Cristobal Colón）已经"头也不回地穿过了伟大的空空如也的基督教世界的西方，他已经接受了神话的挑战。狂风恶浪将像戏耍核桃壳般地拨弄他的船只，将它们掷入恶魔的巨牙利爪；渴望饱食人肉的海龙，将会躺在昏暗的深处伺机而动……航海家谈到了顺西风一路漂流的奇奇怪怪的尸体，古里古怪的经过刻画的木片……"③ 眼下正是耶稣纪元 1519

---

① 蒙提祖马（1466?～1520），墨西哥阿兹克特皇帝，与西班牙占领者 H·科尔特斯（H. Cortes）进行抗争，因中计被俘入狱，后为阿兹克特或西班牙人杀害。——译者注

② 对阿兹特克部分的这些预感的性质，长期以来存在着争论。一个强有力版本支持预感说［连同科尔特斯是回归的美索美洲神奎萨克（Quetzalcoatl）］，不过这种说法现在受到了质疑。不过，看上去仍然是，在此时的阿兹特克时代和来自于此时的阿兹特克方向的对西班牙人的理解，激起了强有力的历史和地理的联想，这种联想在阿兹特克宇宙学中是非常有力的。

③ Galleano，1973，p. 11.

年。① 这支小部队，由 H. 科尔特斯带领，带着少数几匹马和武器装备，在这年的年初从他们的首领决定称之为古巴的地方起航，而现在已是 11 月。由于争斗不断，分分合合，离开海岸后的旅程艰难而残酷。终于，现在，他们已经停航，来到两座山顶白雪皑皑的火山之间的关口顶端。在科尔特斯的左上方，波波卡特佩特火山不停地冒着蒸汽，而在他的下边，远处，则躺着这座不可思议之城，此前从没见过的城。

此后还要经过两年的奸诈的谈判、误算、流血、溃败、撤退和重新推进，西班牙征服者H. 科尔特斯才会夺取这座阿兹特克人的城——特诺奇提特兰，即今日我们所称的墨西哥城。

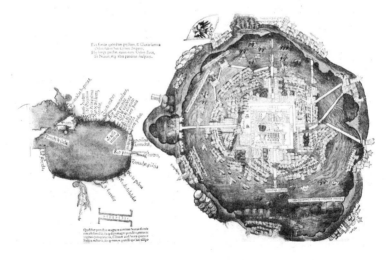

图 1.1b　特诺奇提特兰城——西班牙人绘制
资料来源：The Newberry Library

今天，我们讲述这一故事或任何"发现之旅"故事的方式，都是按照穿越和征服的空间方式来讲的。科尔特斯航行横穿空间，发

---

① 儒略历（Julian calendar）那时还有效。

现了特诺奇提特兰，并且获得了它。"空间"，按照这种讲述事情的方式，是一片供我们远涉的开阔地。它看上去或许都理所当然，不言自明。

然而我们想象空间的方式也有效果——正如以不同的方式来想象空间，对蒙提祖马和科尔特斯来说都有各自的效果一样。将空间想象为发现之旅，想象为被穿越和可能被征服之物，便会有特殊的衍生结果。潜在地，它将空间等同于陆地和海洋，等同于从我们身边延伸开去的土地。它也使空间看似一个平面，连续不断且是给定的平面。它区别对待：埃尔南（Hernán），积极的、历史的创造者，远涉这一平面并发现了这一平面之上的特诺奇提特兰，它是一种未经考量的宇宙学（就这一术语的最温和的意义来说），但它负载了社会和政治效果。这种想象空间的方式如此轻易地可以引导我们将其他地方、其他民族、其他文化仅仅视为"在"这一平面的现象。它不是一种天真无邪的规避动作，因为通过这类方法，他们被剥夺了自己的历史。纹丝不动地，他们等着科尔特斯（或我们的资本，或全球资本）的到来。他们躺在那里，在空间上，在地点上，没有他们自己的轨迹。这样的空间使我们心灵的眼睛更难以看到阿兹特克人也一直在经历和生产自己的历史。重新调整这种想象的方向，质疑将空间当作一个平面的思维习惯，这可能意味着什么呢？如果我们设想一次诸种历史的邂逅相逢，我们对时间和空间的潜在想象又会怎样呢？

2. 英国和美国的现政府（以及许多其他的现政府），告诉我们一个全球化无可避免的故事。（或者更准确地说，虽然他们的确没有做出这种区分，但他们确实告诉我们这样一个故事——我们当下正经历的这种特殊形式的新自由资本主义全球化无可避免，这是一种双重奏，他们一方面高声赞美资本的〔不平等的〕自由流动，一方面对劳动力的流动实行严格控制。当然，他们告诉我们这无可避免。）而如果你指明世界各地的差异，指向莫桑比克、马里或尼加拉瓜，他们就会告诉你这些国家只是"落在后面",最终它们会紧随资本主义西方所引导的道路。1998年,比尔·克林顿发表了自己的反思:"我们"不能抵挡当前的全球化力量,正如我们不能抵挡地球引力。让我们将抵挡地球引力是否可能放在一边,仅仅注意这是一个花自己一生许多时间在飞机上飞来飞去的人……更严重的是,这一命题是由这样一个人传达给我们的:他最近的大部分职业生涯恰好是用来试图保护和推进(通过关税及贸易总协定、世界贸易组织、北美自由贸易协定的提速)这种据称是无法消解的自然力。我们知道相反的论点:当下形式的"全球化"不是自然法则的结果(其本身是一种还在争议的现象)。它是一种规划。所有类似克林顿这里所发表的主张,其目的是试图说服我们:这里别无选择。这不是对世界本身的一种描绘,因为它简直就是一种镜像:世界正在被这样制造出来。

在对今日之全球化的批评中,这一点大半已得到认可。但是,以下一点也许就不那么明确:在说服我们相信全球化无可避免中起作用的关键伎俩之一,是在时间和空间概念系统方面玩魔术。这一命题将地理转化为历史,将空间转化为时间。这再一次具有社会和政治效果。它说,莫桑比克和尼加拉瓜不是真的与"我们"不同。我们不应当将他们想象成有他们自己的轨迹,他们自己特殊的历史,他们自己的或许不同的未来的潜力。他们不被认为是同时期的他者。他们仅仅处在这唯一能被叙述的更早阶段。这一"单一叙述"的宇宙学,取消了多元性,取消了空间的同期异质性。它同时把共存简化成了历史队列中的地点/位置。

于是又一次,出现了"假如……又会怎样"的问题。假如我们拒绝将空间聚合到时间之中,会怎样?假如我们敞开单一叙述的想象力,给空间(本义上的空间)以多种多样的轨迹,又会如何?这可能形成何种时间和空间的概念,以及时空关系的概念?

3. 那么,存在"地方"。在一个的确越来越相互关联的世界语境中，地方观念（通常唤作"本地"）终于获得了图腾般的共鸣回响。其象征价值在政治争论中被没完没了地征用。对有些人来说，它是日常的领域，是真实的、有价的实践领域，是意义的地理源泉，当全球都在编织其越来越强有力的、越来越陌生化的网络时，紧紧抓住它至关重要。对另一些人来说，"退回地方"代表了一种防御性的做法：拉起吊桥，紧闭城门，以抵御新的侵略。按照这一解读，地方是拒绝之所，是尝试性地从进攻/差异中撤离。这是一个政治上保守的安乐窝，一个日趋本质化的（且最终不可行的）做出反应的基地，它没有表明正在运作的真实力量。毫无疑问，它一直是最近某些最坏的冲突的背景性想象。1989 年欧洲前共产主义在各地区所爆发的剧变，以新的规模和强度，带来了民族主义和区域性地方观念的复活，其典型特征是鼓吹排他主义，肯定本土的特殊性具有土生土长、根基深透的本真性，至少对某些特定的他者抱有敌意。但是，另一方面，由身处全球化的血盆大口中的工人阶级社区，或紧巴巴地攘着最后一点土地的原住民群体所进行的地方防护，又有什么意义呢？

　　地方在这所有一切中扮演了一个模棱两可的角色。在支持保卫其小块土地的脆弱不堪的斗争之时，又因对地方排他主义的恐惧而坐立不安。尽管在这些论争中以各种令人吃惊的方式提出对地方的诉求或拒斥，但通常又共享种种根深蒂固的假设：地方是封闭的、连贯的、完整的、本真的，像"家"一样，是一个安息之所；空间则是多少原本被区域化的，通常总是被分割开来的。① 而且远非如此，虽然是潜在的，但在他们所征用的那些话语中确实坚持以空间为一方，以地方为一方，在两者之间确立起了对立的立场，有时甚至是一种敌意，毫

---

① 于是，问题变成了如何抛弃这种对"地方"的理解并依然保留对特殊性和独特性的欣赏；如何以一种更"进步的"方式重新想象地方（或本土性，或地区）。换言之，我们如何可能介入"本土的""地区的"东西，而同时坚持国际主义。正是在这一语境中，我致力于我愿意称之为"一种全球地方感"（Massey，1991a）的东西。

无疑义的一种不同理论"层面"（抽象对日常，等等）的潜在想象。

如果我们拒绝这种想象会怎么样呢？我们也许不仅高兴地看到因此而遭到削弱的民族主义和地方主义，而且还能看到更通常的本土斗争观念和地方保护，又会怎样呢？所有有关地方和空间的区分看上去是那么令人心动（地方是有意义的，有生命的，日常的，而空间是什么？界外？抽象之物？毫无意义之物？），但如果我们拒绝这种区分又会怎样呢？

这里的观点，即逐渐形成于为这一类问题忧心忡忡的语境中。最初引发这里的思考的某些时刻，我曾写过有关1989、伦敦东部的阶级与种族冲突、巴黎人坐咖啡馆的独一无二的法国文化特性的文章，这些思考延续了下来，并在此突然再一次出现，向前推进了一小步。与明显熟悉的东西不期而遇，可在有些地方某些东西依然令人挠头，而出人意料的思路慢慢地打开。最重要的是，以下的观点，在理论上和政治上，形成于排他主义的地方观念贻害四方、今日横冲直撞的全球化带来冷酷无情的不平等的语境中；也形成于直面做出回应的重重困境。它与这类政治问题的构想进行搏斗，从而通向一片可以撼动它们想象空间的种种方式（通常是隐蔽的）的开阔地。

将空间想象为我们所在的一个平面，将空间转化为时间，将本地与本地之外的空间截然分离开来，所有这一切，都是驯服世界内在空间性所呈现出的挑战方式。那些主张莫桑比克只是"落在后面"的人（据推测）没有这么做，是因为对时空的本质和时空之间的关系更多深思熟虑的结果。他们的空间概念，将空间还原为时间的不同时刻呈现/表现的一个维度，是一种假设，潜在的假设。在这一方面，他们不是孤立的。随之而来重复出现的母题之一，是到底如何明确地思考小的、事实上的空间。虽然如此，持续的联系还是留下了残余的后果。我们开发了种种将空间性整合进我们在世界上的存在方式之中的方法，发展了应对无数空间现实所产生的挑战的诸多模式。这类对空间的潜在

图 1.2　封面上的阿兹特克足迹
资料来源：Bibliothèque de France

里德元年/耶稣纪元 1519 年，墨西哥峡谷遭遇的许多极端他者性中，想象"空间"的方式是其中一种。在其胜利进程之初，科尔特斯就带来了目前西方空间想象初期版本的诸方面；不过想象还嵌于神话和情感之中。对阿兹特克人来说，尽管极为不同，但诸神、时间和空间也是无可避免地联系在一起的。"阿兹特克世界观的一个基本方面"是"一种关注万物的趋向，这些物都处在渐变为另一物的过程之中"（Townsend，1992，p. 122），"墨西哥思想不承认抽象的空间和时间、分离的和同质的维度，而是承认具体的复杂多变的空间和时间、异质的和单一的场所和事件……'地点－时刻'〔'Lugares Momentos'〕"（Soustelle，1956，p. 120；我的翻译）。

这一封面，讲述了多个故事。各个事件用各地点之间的足迹和虚线联系起来。"解读该手稿时，要确定足迹的源头，对出现在这些旅程上的地点标记进行解码。"（Harley，1990，p. 101）今日西方地图的普遍假设是，它们是对空间的再现，可这里的地图，正如欧洲的古世界地图（mappae Mundi）一样，是对时间和空间的共同再现。

介入，产生于实践且嵌于实践之中，从日常的协商到全球的策略运用，反馈到了对世界的更广阔理解，并维护了这种理解。当我们按自己的轨迹继续前行时，也可以使他人的轨迹保持不变；他人的同期性的真正挑战，可能因将他们放逐到一个过去时代（落后的、老式的、过时的）而发生偏移；防御性地封闭一个被本质主义化的地方，似乎可以促成一种更广泛的脱离，并提供一个安全的基础。在这样的意义上，前面的每一种沉思，都提供了空间想象的失败（蓄意的或无意的）的一个例证。在没有充分面对空间挑战意义之上的失败；在考虑其同期的多元性、接受其极端的同期性、处理其构成的复杂性之上的失败。假如我们尝试放弃这类理解（到现在为止还差不多只是直觉的理解），将会怎样呢？

第一章 开宗明义

　　本书要证明对空间的另一种理解。这种理解既有其显而易见的优点，也有其显而易见的不足。以上的沉思，以及后面大量的沉思，意味着它依然需要做出详尽的阐述。

　　将它提炼成几个命题，是最容易的开头方法。这几个命题如下：第一，我们认为空间是相互关系的产物；是经由大到地球、小到苍蝇的事物相互作用构成的。（那些一直在阅读英语地理文献的人，对这一命题一点也不会惊奇。）第二，我们将空间理解为在同期多元化意义上多样性存在的可能性领域，不同的轨迹共存的领域，因而也是异质性同时共存的领域。没有空间，就没有多样性；没有多样性，就没有空间。如果空间的确是相互关系的产物，那么它必定基于多元性。多样性和空间是相互构造的。第三，我们认为空间总是处在建构之中。正因为按这种解读，空间是两者间关系的产物，而关系必然嵌于必须进行的物质实践中，因而空间总是处在被构造的过程之中。它从来不会结束，也从来不会封闭。也许我们可以将空间想象为一种迄今为止的故事的同时共存。

　　目前，这些命题与最近在某些地方的转变产生了共鸣——在这类转变中，也可以对进步政治进行想象。确实，这是我的一部分观点，不只是空间性的东西是政治的（在许多年之后并写了许多东西之后，这一点可以当作是确定无疑的），而是以一种特殊方式思考空间可以撼动阐释一般政治问题的方法，可以有助于已经开始并正在进行的政治论争，并且在最深层，它可以是想象结构中的一种基本元素，这种基本元素首先能开辟真正的政治领域。某些这类可能性，已经能从对命题的简单陈述中得出。因此，尽管提出任何简单的一对一的图绘，都可能是不正确的、过于僵硬的，但是，从空间想象和政治想象之间的潜在关联范围的每一细微的不同层面做出详细说明，是可能的。

因此，第一个命题，将空间理解为相互关系的产物，正好与最近一些年来所兴起的一种试图承诺反本质主义的政治相契合。取代一种个人主义的自由主义或一种认同政治（这种认同政治将这些认同当作是从来并且永远是构造出来的，并且赞成这些已构造出的认同的权利，或主张这些已构造出的认同的平等），这种政治通过将它们建构为政治的核心利益之一，承担起了它们自身的认同及其关系的建构。"关系"在这里被理解为嵌入式的实践。这种政治不是接受且与已经构造出的实体/认同协作，而是强调事物间相互关联的建构性。因此，它对基于不变的认同观念之上的本真性诉求抱警惕的态度。取而代之的是，它提出了一种对世界的关联性理解，一种就世界的关联性做出回应的政治。

于是，相互关系政治反映了第一命题——空间也是相互关系的产物。空间不会先于认同/实体及其关系而存在。更概括地，我将提出，认同/实体，它们间的关系，以及作为它们之一部分的空间性，都是共同构造的。特别是，尚塔尔·墨菲（Chantal Mouffe，1993，1995）已经写到我们是如何可能对政治主体性的关系建构进行概念化的。在她看来，认同和相互关系是一起构造出来的。不过，对这些认同本身（包括政治主体性在内），空间性可能也是必不可少的。此外，尤其是空间（地方，民族）的认同同样可以在关联的意义上重新概念化。关系地理学的种种问题，有关它们协商（在这一术语最宽泛的意义上）的必要性的地理学问题，贯穿了本书的始终。假如空间/地方不是一种连贯的、无缝的本真性，那么要提出的一个问题就是其内部的协商问题。并且，如果认同——特殊的空间的认同和其他的认同——的确是相互关联建构起来的，那么，这就提出了这些建构关系的地理学问题。它提出了这些地理学的政治学问题，我们和它们的关系及对它们的责任的问题；并且，反过来且不那么令人期待地，提出了有关我们的社会责任的潜在地理学。

第二个命题，将空间想象为多样性存在的可能性的领域，与最近一些年来左翼政治话语对"差异"和异质性的更大强调产生了共鸣。这种强调所取的最明显形式，是坚持既不能将世界的故事讲述成（其地理学也不能将其解释为）单一的"西方的"故事，也不能将其讲述成譬如有关白人的、异性恋男性的古典形象（反讽的是这种形象本身经常被本质化了）的故事；坚持这些故事只是许多故事中的特殊故事（通过西方的眼睛或正统的男性获得的认知本身也是特殊的）。这类轨迹是一种复杂性的一部分，而不是这么长时间以来他们所提出来的普遍性。

不断变化的政治的这一层面（及研究社会理论的方式）与空间的第二命题间的关系，相对于第一命题来说，具有相当不同的性质。在这里，争论在于，任何严肃的对多样性和异质性的认可要真正成为可能，本身依赖于要认可空间性。这里的政治推论是，社会理论和政治思维真正的、全面的空间化，能够将对他者的同时共存的更全面的认可，连同对他们自己的轨迹和所要讲述的故事，都纳入想象之中。将全球化想象为一个历史序列，没有认可其他历史的同时共存——这些历史具有不同的特征（这并不意味着不相关联），潜在地也可能具有不同的未来。

第三个命题，将空间想象为总是处于过程之中，从来不是一个封闭的系统，与政治话语内部越来越直言不讳地坚持未来的真正开放性产生了共鸣。"无可避免性"如此经常地被概括成与现代性联系在一起的宏大叙事的一个典型特征。在试图摆脱这种无可避免性的企图中，可以找到这种对未来的开放性的坚持。进步的框架，发展与现代化的框架，以及在马克思主义中得到详细阐述的一系列生产方式，都提供了情节脚本，在这些脚本中，历史的一般方向，包括未来在内，都是已知的。无论力争实现它们有多么必要，致力于达成它们有多么必要，有关历史正朝什么方向走，依然总是那个垫底的信念。今天许多人拒绝这样的阐释，相反赞成未来的极端开放性，无论他们赞成这种开放性是通过激进的民主（比如 Lacau，1990；Lacau and Mouffe，2001），还是通过积极的实验（如 Deleuze and Guattari，1988；Deleuze and Parnet，1987），抑或是通过酷儿理论（queer theory）中的一般方法论（作为一个实例，参见 Haver，1997）。的确，特别像拉克劳所强烈主张的那样，只有我们将未来想象为开放的，我们才能认真地接受或致力于任何独特的政治观念。只有未来是开放的，才有制造差异的政治的存在地盘。

于是，在这里，再次如在第一个命题那里一样，在将空间概念化方面存在一种类似。不仅历史是开放的，而且空间也是开放的。[①] 在这种相互作用的空间里，总是存在还要建立的联系，有待开花结果、进入相互作用的并置（或者不是如此，因为不是所有的潜在联系必须都被建立起来），也许实现或也许不会实现的关系。当然，这些关系不是一个连贯的、封闭的系统关系——如他们所说，在这种连贯的、封闭的系统中，每一事物（业已）和其他每一事物联系在一起。空间永远不可能是那种完成了的同时性，在那种已经完成了的同时性中，所

---

① 这里又连接回了第一个命题。对许多反本质主义者来说，他们的立场（也就是在不变的意义上挑战认同的本质属性）的真正重要性在于，它的确坚持敞开变化的可能性。因为不管已经亲密到何种程度，并且后来将暴露得更为明显，关系的建构只有在"关系"的观念不限于一个封闭的系统观念之中时，才能真正确保变化的可能性。

有的相互联系已经建立起来，每个地方已经和其他每一地方联系起来。那么，空间，它既不是总是已经构成的认同的容器，也不是已经完成了的整体论的终结。这是一个有松散结尾和下落不明线索的空间。因为未来是开放的，空间也必定是开放的。

※

　　所有这些言论都附带着重重叠叠的含义。写下文字，挑战空间与地方之间的对立，可能理所当然地要挑衅海德格尔（但这不是我的意思）。谈论"差异"可能产生有关他者化的假设（但那不是我这里所要触及的）。提及多样性会唤起伯格森、德勒兹、加塔利等人（而且后文会与这些人的部分思想有某些交锋）。几个基本的澄清也许有所裨益。

　　我用"轨迹"和"故事"只是为了强调一种现象的变化过程。这两个词加着重号因此是暂时的，尽管我将提出，它们必需的空间性（例如，在和其他轨迹或故事的关系中的定位）与它们的特征不可分，并内在于它们的特征。所谈论的现象也许是一种生物，一种科学的态度，一种集体性，一种社会成规，一种地理形态。无论"轨迹"还是"故事"都有这里不曾预期到的含义。"轨迹"是一个在论争中出现的有关再现的术语，这种再现对时间和空间的概念具有至关重要和由来已久的影响（参见第二部分的讨论）。"故事"带有被讲述的事情、被阐释的历史的含义；不过我的本义只是事物本身的历史、变化和运动。

　　差异/异质性/多样性/多元性一束词也激起了许多争论。我在这里用它们来表示多元轨迹的同期共存，迄今为止的故事的同时性。因此，由于定位而引起的最小差异也已提出独特性方面的事实。然而，这不是相对于某些古老的政治争论中阶级一类的"差异"。它只是共存的异质性原则。它不是异质性的特殊本质，而只是内在于空间的异质性的事实。的确，它使在所有特殊情境中都可能是适切的分化线的东西成了问题。这种"差异"也不像存在于空间化的解构性迁移中，而是存在于例如对本真性话语的解构之中。这并不意味着这类话语在空间的文化模塑中不重要，也不意味着它们不应当受到责备。一以贯之的民族性，正像第三沉思中那样，可能正好在构建认同/差异的这类原则上起了作用。戴维·西布利（David Sibley，1995，1999）等人已经探讨过这种净化空间的企图。的确，它们正好是处理其异质性——其实际的复杂性和开放性——的一种方式。但是，争论的要点在于另一点：不是否定性的差异而是积极的异质性。这又绕回了反对本质主义的政治辩论。这种辩论采纳了一种限于话语之内的社会建构论，在这一限度内，它的确没有在自身内部提供一种积极的替代性选择。因此在空间的特例中，它有助于我们提出某些自身的假定的连贯性，但它却不能恰当地让这种连贯性获得生命。对空间性事物的理解来说至关重要的，就是这种生命活力，就是塑形本身的复杂性和开放性。

本书是一部札记，论及空间的挑战，如此执著地用以回避空间挑战的形形色色的狡计，进行不同实践的政治含义。在追求这样的目标的同时，不可避免地要与其他理论家和理论方法遭遇，其中包括许多其明确的关注点不总是在空间性的理论家和理论方法。在书中，我会一一提到。不过，让我现在说我的论述不会单按他们中任何一个的模型，也许是有意义的。我的工作，不是来自于论述空间的文本，而是经由空间问题在某种程度上陷入其中的情境和遭遇。我对空间/政治上的排除的入神，已经模塑了哲学上的、众多概念上的立场。有关异质性/差异和社会建构论/话语的论争，就是这一点上的个案。将再现和空间化划等号使我困扰；将空间和共时性联系起来使我恼怒；持续地设想空间是时间的对立面让我不断思索；依然停留于话语内部的分析的确不够积极。这是一种互惠的遭遇。我感兴趣的是我们如何可以为这些时代想象空间，如何可以追求一种替代性的想象。我想，需要的是，将"空间"从概念的星系中连根拔起（它已如此不加任何质疑地、如此经常地被嵌于这种概念的星系中：静止、封闭、再现），将其置于另一组观念中（异质性、关联性、同时性……的确，还有活力），在这里，空间会释放出一种更具挑战性的政治风景。

正像现在经常被重述的那样，按福柯著名的反思，曾存在漫长的将空间视为"死的、固定不变的"历史。到晚近并形成整体对照，则存在一种非欧几里德的、黑洞的、黎曼型空间的真正盛装表演……以及各种其他以前拓扑学上不太可能出现的启发。我想进行的论证就存在于这两者之间的某个地方。你在这里将会找到的，是一种试图将空间从由过去的冷淡所导致的漫漫长睡中唤醒的企图，不过，它仍然可能比最近的某些阐释更平淡无奇，尽管其挑战性一点也不少。这是我发现的最有创造性的东西。这是一本有关普通空间的书；是一本空间和地方的书——经由这种空间和地方，在多样性内部的各种关系的协商中，社会得以建构起来。正是在这样的意义上，对"空间"的其他征用的最谦恭（然而又是坚持不懈、确定无疑）的倡议，呈现出了其持续的必要性。

不少人已在思考时间性的挑战与乐趣，有时借助于人本哲学的悲惨主义这一视角，他们常常认为死亡是必然的。在其他幌子下，时间性被颂扬为生命和存在本身的生机勃勃的维度。本书的观点是，空间同样富有生机，同样充满挑战，空间绝不是死的、固定不变的；空间挑战的无边无际，意味着驯服空间的策略也多种多样，变化多端，持续不断。

※

当还是个孩子的时候，我习惯玩一种游戏，旋转地球仪或匆匆翻阅一本地图集，手指看也不看地直戳下去。如果手指落在陆地上，我就会尝试想象"在那儿""这会儿"会怎么样：人们是如何生活的，风景如何，此刻是一天的什么时辰，季节如何。我那时的知识是极其初级的，但我完全为这件事着迷：所有这些事情目前正在进行，而我正在曼彻斯特这儿的床上。甚至到现在，每天早晨当报纸送达的时候，我的眼光都会落到世界天气上（新德里，华氏100度，多云；圣地亚哥，46度，雨；阿尔及尔，82度，晴），它一定程度上是一种想象其他地方的朋友现在如何的方式，不过也是一种对地球的同期异质性的持续惊奇（我写作此书，最初取的书名即《空间的快乐》）。这一切是

（现在可能也依然是）极其天真的，我从中至少知道了某些危险。权力地图的千奇百怪（通过它，可以建构出这种"变化"的方方面面）；谈论地方，更多是欣赏地方所具有的真正问题；一些人和另一些人相比，更容易遗忘这些不同故事的同时性；甚至，简单的旅行的困难（以仍然拥有"被发现者"的方式讲述发现之旅；将他者打发到过去的全球化版本）。不过，坚持一种对故事的同时性的欣赏看来依然是重要的。有时，仿佛是，在抛弃现代主义宏大叙事（单一的普遍的故事）的单一性过程中，被吸收到其地盘中的是一种即时的相互关联的愿景。但是，这是以无历史取代单一历史——在这种外衣下，因而也是对无深度性的抱怨。在这种外衣下，最好拒绝"空间转向"。相反，我们应当，也能够用许多种历史取代单一历史。而这是空间进入的地方。在这种外衣下，在我看来，对空间所敞开的可能性抱某种欣喜之情，是相当合理的。

※

第二部分针对一些我们从一系列哲学话语中继承来的空间想象。本书不是一本关于哲学的书，但是，为了提出可以从哲学中引出普通的解读和联想，而这些解读和联想可能又有助于解释为什么在社会和政治生活中我们如此经常对空间刻划上我们所赋予的特征，本书又会与某部分哲学交手。第三部分讨论社会理论和实践-大众的政治交锋中，尤其是有关现代性和资本主义全球化的论争语境中，一系列表述空间的方式。在这两部分，首要的目标都不是批评，其目的是引出积极的线索，促成对空间挑战的更具有活力的理解。第四部分紧接着阐明一系列关系到空间和地方的进一步重新定向。整本书中，这些论述与政治论争间的众多关联，都有所显现，而第五部分则直接转向这些关联。那么，本书不是优先于其他东西"保卫空间"；而是主张承认空间的特殊品格，主张一种可以对空间的特殊品格做出回应的政治。

一些次要的主题也很低调地（sotto voce）交织到了各部分之中。某些次要的主题也有它们自己的标题。标题"对科学的依赖？"的系列，质疑了被广泛接受的自然科学与社会科学间通行关系的某些因素。"知识生产的地理学"编织了一个实践科学的一般模式与它们所处的社会和地理结构（的确，更强势的情况下，实践科学是通过这类结构被建构起来的）之间的关联故事。在所有这些领域内，作者提出，不仅存在潜在的空间性，而且与本书更广泛的争论间也存在概念上和政治上的联系。

其他主题也作为更普遍论题的一部分不断浮出水面。这里有一种企图，试图超越特定的人类。这里有一种承诺，对与空间相关的古老主题的承诺，但同时也质疑某些通常想来该如此做的方式。这里有一种致力于走向"根基性"（groundedness）的企图——在一个全球化被如此轻易地想象为某种总是从"他处"散发出的力量的时代，"根基性"对提出政治问题至关重要。相应地，这里有一种对特殊性的坚持，一种对既不是由原子主义的个人所组成，也不禁闭于一个总是业已完成的整体论之中世界的坚持。它是一个正在被制造的世界，通过种种关系被制造，并且这里存在着政治。最后，这里有一种"外向型"（outwardlookingness）的冲动，有一种朝向自己地盘之外的世界的冲动（这个世界，积极进取，生机勃勃，而自己的地盘，则无论是自己的自我，自己的城市，还是自己生于斯、长于斯的地球的某个特殊地方）：这是一种对激进的同期性的承诺，它既是空间性的条件，也是保卫空间性的条件。

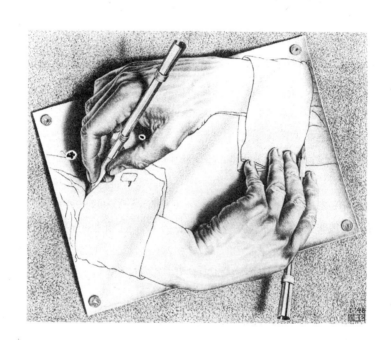

第二部分　没有前途的联想

亨利·列斐伏尔在《空间的生产》（1991）的开场白中指出，在日常话语或学术话语中，我们经常使用"空间"一词，而没有充分意识到"空间"一词指的是什么。我们已经继承了如此根深蒂固的想象，以致我们通常不会主动去想空间是什么。基于一种不再被认为是如此的假设，这种想象是一种具有明显的不可和解力量的想象。麻烦就在这里。

各种各样的影响哺育了这种潜在的想象。我想说，在许多情况下，这些想象是一些没有前途的联想，言外之意，这些联想剥夺了空间最具有挑战性的特征。这一部分所说的影响，来自于这一名词最宽泛意义上的哲学著作。第三部分将提到对空间的更实践-大众化和社会-理论化的认知，尤其是在现代化政治和资本主义全球化的语境中。这两部分的目的是揭示某些对"空间"同质化想象的影响。紧接下来，我试图描绘出某些特殊的论争线索，列举可以通过有意义的哲学话语将空间同其特征联系起来的各种方式（至少在我看来，这些特征不能使其完全插入到政治事务之中）。这不是一本有关哲学的书；这里的论争是特定的，只关注某些被普遍接受的立场（即使不直接地与空间有关）是如何依然在我们想象空间的方式中形成回响的；这里所提及的特定哲学片断仅充当例证，它们围绕亨利·柏格森、结构主义和解构而反复展开：做出这一选择，既因为它们作为思想片断意义重大，也因为在更广泛的论争中，它们以不同的方式，为本书所致力的规划提供了许多东西。换言之，他们的介入，是因为他们的许诺，而不是因为他们所处理的问题。

这些哲学家没有一人将重新定义空间当作自己的目标。在更经常、更广泛的论争中，时间性是更紧迫的论题。一次又一次地，空间被定义为（或更准确地说，被假设为）只是时间的否定性的对立面。我想说的是，的确，在某种程度上，与积极思考空间联系在一起的缺陷，以及因此而出现的矛盾，可以为如何克服他们目前所处的某些论争的明显的局限提供一条线索。一个主题就是时间和空间必须放到一起来思考：这不是某种单纯的修辞的花样，而是影响到了我们如何思考时间和空间这两个术语；将时间和空间放到一起思考不意味着它们是同一的（如在某些未分化的四维性中一样），而是意味着对其中之一的想象会在对另一方的想象中得到回响（并不总是能进行到底），意味着时间和空间是相互隐含的；它为以前看来（在逻辑上，顽固地）不可解决的问题打开了道路；它在有关政治和空间体的思考中获得了反响。对历史和时间性的思考必然对我们如何思考空间体有潜在意义（无论我们是否承认它们）。将现象打上与时间的或空间的截然相反的标签的做法，背负将空间缩减为因果封闭的反政治领域、或根深蒂固的反革命势力堡垒的重重包袱的做法，一直持续到今天。

　　这里所探讨的哲学的基本目标，大部分与本书所持的观点合拍。我为柏格森的时间观而欢呼，我同意结构主义不让地理学转化为历史学的决定，赞扬拉克劳持之以恒地坚持移位和政治的可能性之间存在紧密的关联……当他们开始谈论空间之时，也是我自己发现遭受挫败的时候。由于缺乏他们所付出的那种明确关注而困惑，为他们的假设而恼怒，因一种双重用法而糊涂（空间既是广阔的"界外"，又是选择对再现进行特征描述的术语，或表示意识形态封闭性的术语），最终，有时又欣喜地发现了有待解释的结尾（它们内部的移位），这种结尾使澄清这些假设和双重用法成为可能，并且反过来激起了对空间的重新想象，这种重新想象不仅更符合我的喜好，而且与他们探究的精神也更为合拍。

　　从一开始就应当做出一种区分。有人提出，至少在最近几个世纪，空间就不像时间那么受到尊敬，被给予那么多关注（在地理学界内，埃德·苏贾〔Ed Soja, 1989〕便力持这一观点），这通常被称为"时间对空间的优先性"，许多人已经对它进行了评议和谴责。然而，这不是我这里所要关注的。我所关注的是我们想象空间的方式。有时，这种想象的问题多多的特点，的确可能来自去优先化（deprioritisation）——将空间概念化为一种事后想起的东西，一种时间的剩余物。

然而早期结构主义思想家压根不能说是让时间具有优先性，不过，大约正像我所要提出的，他们所使用的方法的后果仍是一种问题极多的对空间的想象。

此外，对这些问题严重的空间概念（被定义为静态的、封闭的、稳定的，被定义为时间的对立面）的发掘，彰显出了与科学、写作和再现，与主体性问题及其构想之间的一系列关联，在科学、写作和再现以及主体性问题及其构想中，潜在的空间起到了重要的作用。而所有这样的缠绕纠结反过来又与这样的事实联系在一起：空间被如此经常地从政治和政治事物中排除出来，或在概念化的过程中没有建立起与政治和政治事物之间的足够联系，并且因此弱化了我们对政治和政治事物的构想。

接下来要处理的就是某些这类倒霉的联系。这里的每一哲学分支都是在特殊的史地联结中形成与发展的。它们本身都是对已经变动的某些东西的介入。有时，牵涉到的问题是按某些标准将它们从它们自身的某些时刻所引出的取向中剥离出来，或从它们所参与的论争中剥离出来。按我自己的论题对它们进行重新定向，可以从中产生新的思路。有时，牵涉到的问题是将它们推前一步。我希望，最后的结果，是将"空间"从某些意义链中解放出来（空间被嵌入到了封闭、静态或科学、写作、再现的意义链中），这些意义链致使空间极度壅塞。我们可以将空间安置到其他的链条之中（在这一章，依次是开放性、多样性、活力），因为在那儿，空间可以获得新的、更具创造性的生命。

第二章 空间/再现

　　有一种观念，具有如此漫长而辉煌的历史，以致已经获得了不加质疑的灵丹妙药的地位，这一观念就是空间体与意义的固定之间存在着联系。再现——实际上是概念化——被认为就是空间化。出现在本章中的各种作者是沿不同的途径抵达这一立场的，不过他们几乎都认同这一点。此外，尽管涉及的是空间化，但在所有情况下都存在滑动；不仅再现被等同于空间化，而且因此导出的特征也被归于空间本身。还有，尽管这些哲学立场的进一步演化差不多总是暗含着完全另一种对空间可能是什么的认识，但是没有一人长久地停下来明确地发展这种替代性选择，或者探索这奇怪的事实——这另一种（并且更易变、更有弹性、更开放、更有活力的）空间观，如此决然地反对再现和空间之间等同的普遍联想。这是一种古老的联想；一次又一次地，我们将空间体强化为文本的和概念的，驯化为再现。

　　当然，论点总是截然相反：通过再现，我们将时间空间化了。因此据说是空间驯化了时间。

　　亨利·柏格森的立场是这类哲学立场中最复杂、最权威的立场之一。在他看来，最迫切的关注是对时间性的关切，对绵延的关切；对致力于时间经验及抵制清除其内部的连续性、流和运动的关切。这是今日动人心弦的一种态度。在《柏格森主义》中，德勒兹（1988）声称他将其视为我们独有的以强度为代价的对延展性广度（extended magnitudes）的入迷。正像邦达兹（Boundas，1996，p. 85）所引申的，烦伴随着我们对分离、万物、认识、结果的过度关注，而非连续是以连续统为代价的，万物是以过程为代价的，认识是以相遇为代价的，结果是以趋势为代价的……（此外还有许多）。本书提出的每一论点都将支持这种尝试和努力。要采取一种可能挑战排他主义的地方主义的方式（这类地方观念的基础是声称某种永恒的本真性），重新建立地方的观念，将物重新想象为过程是必不可少的（而且现在已广泛被接受）。取代将物当做预先给定非连续的实体，目前已向承认持续的生成跨了一步（这种生成处于它们存在的本质之中）。新，然后是创造性，是时间性的一个本质特征。在《时间与自由意志》（*Time and Free Will*，1910）中，柏格森径直投入了和他那时代心理学和科学的遭遇战，他运用着一种论点：智识化是将生命从经验中脱离出来。通过概念化，通过将其分割开来，通过将它写下来，智识化正在清除生命本身的有用元素。

针对这一问题，柏格森做出了不同种类的多样性之间的区分。对柏格森和德勒兹来说（邦达兹在涉及这一讨论时将他俩绑在一起称为德勒兹-柏格森），这涉及"差异"和"多样性"的意义。在他们看来，存在着一种非连续的差异/多样性与连续的差异/多样性间的重要区分。（前者涉及延伸性的广度和独特的实体，多元化的领域；后者涉及强度，涉及演变而不是顺序。）前者是分割，是非连续性的一个维度；后者是一个连续统，是多元的融合。柏格森与德勒兹都力争赋予第二种（连续的）形式的差异比第一种（非连续的）形式的差异以更大的意义，实际上是哲学的优先性。此处的问题是如何坚持历史，坚持未来独一无二的开放性。在柏格森看来，变化（他将其等同于时间性）隐含着真正的新奇，隐含着真正新的东西的生产——尚未被当下的力量配置完全决定的事物的生产。于是，这里与本书所持论点所要求的再次不谋而合。因为，本书第三个命题的重任正好不只是赞成"生成"的观念，而且赞成生成过程的开放性。

当然，柏格森对时间的关切令人吃惊，他力主时间开放性的那份渴求，事实证明对他形成空间概念的方式具有毁灭性的后果。这通常被归因于一种经典的（现代主义者的？）时间优先。的确，苏贾（1989）提出，柏格森是发生在19世纪后半叶最卖力地鼓吹相对于时间来说，空间更普遍地降值并从属化的人之一（也请参见Gross，1981～1982）。经典地改变漫长的贬低空间的历史的论调来自福柯，他是这样开始的："它始于柏格森，或柏格森之前？"（Foucault，1980，p. 70）然而，问题比单一的优先化更根深蒂固。更准确地说，这是概念化模式的问题。柏格森取消空间的优先性还不仅如此，如在《表现关系论》（*in the association of it with representation*），空间被剥去了动力，并与时间截然对立。因此：

真正的绵延和空间有任何关系吗？一般来讲，不说别的，我们对数的观念〔他一直在讨论的〕的分析就不能不使我们怀疑这种类比。因为如果时间——像反思意识再现它的那样——是一种媒介（在这种媒介中，我们的意识状态形成了一个可以被计算的非连续的系列），而如果另一方面，我们的数的概念最终可以使直接计算的每件事物都在空间中展开，那么就可以认为，时间，按照我们可以在其中做区分和计算的媒介的意义上来理解，便只能是空间而不是别的东西。证实这一论点的是：我们被迫从空间借来种种形象，用以描绘反思意识对时间乃至序列的感觉；由此推论，纯粹的绵延必定是另外某些不同的东西。通过分析非连续的多样性的观念，我们引出了对诸如此类问题的追问，不过，除非通过在其相互关系中直接研究时间和空间的观念，我们完全不能弄清这些问题。（1910，p. 91）

对柏格森最具挑衅性的一点，以及一个永恒的参照点，是芝诺悖论（Zeno's paradox）。该悖论费尽全力才能让人理解的要点是，运动（一个连续统）不能打碎成非连续的瞬间。"运动不能还原为静态的东西……是因为该连续统不能还原为点的集合。"（Boundas，1996，p. 84）这是一个重要的论点，不过是一个有关时间本质的重要论点；是有关不可能将真正的运动/生成还原为多样化到无穷的静止的重要论点；是有关不可能将历史从时间过程的连续片断中分离出来的重要论点（也可参见 Massey，1997a）。

然而，这种思路与一种空间观（漫不经心的？通常不是十分明确的）纠结在一起。于是，在《物质与记忆》（*Matter and Memory*，Bergson，1911）中，我们发现：

> 埃里亚的芝诺的论点除了这种错觉外没有其他源头。他们都坚持使时间和运动与构成它们基础的线相一致，赋予它们像线一样的细分，简言之，坚持像对待线一样地对待时间和运动。在这种混淆中，芝诺受到了常识和语言的鼓励，常识通常将运动轨迹的特点加在运动身上，而语言经常用空间术语来转译运动和绵延。（p. 250）

由瞬间性的时间碎片所构成的被抛弃的时间，吸引了"空间性的"标签，比如，对柏格森-德勒兹来说，迫在眉睫的是"有〔时间〕差异的异质性时间对具有可计量片断和瞬间的空间化的公制化时间的优先性"（Boundas，1996，p. 92）。这种联系立即给空间抹上了否定性的色彩（因为缺乏"运动和绵延"）。时间，而不是空间，被添加到了这些二元论的目录上（连续统而不是非连续性；过程而不是物……），这之中，正在展开这些哲学上的论战。（p. 85）

现在，这些论点在某些特殊的情境已经走上了逃逸之路。不得不消失的一种"龙"（不过目前仍然在徘徊）是空洞的时间。任何事物在其中都不会变化的、空的、分离的、可逆的时间；在那里，没有进化而仅有序列，这是一种多种多样的非连续的物的时间。柏格森所关注的是时间过于经常地被以相同的方式概念化为空间（一种非连续的多样性）。他说，当我们将其"空间化"时——当我们将其想象为广度的第四维时，我们误解了绵延的本质。（这里有一种具有先见之明的批评，这种批评针对的是一种过于容易的趋势——倾向于谈论空间-时间，或第四维性，没有研究正在谈论的各维度的整合本质。）龙的本质引出了这种回应的形式。时间过程中的瞬间片断被认为是静态的，所采取的形式正如从芝诺悖论中所引出的那样。它随后被授予"空间性的"标签。最终，这样的论点提出来了：无论如何，只要是真正的生成（真正的持续的新的事物的生产），那么这种据称是时间过程中的静态片断必定是不可能的，静态的时间片断，即使是多样化到无穷，也不可能产生生成。

当然，论点有可能又绕回来了。刚才所复述的有关形式的论点，不是意味着要加以定义的空间，通过与再现之间内涵上的连接，必然同样是不可能的吗？它不是有点儿意味着空间本身（非连续的多样性维度）正好可能不是时间过程中的一个静态片断吗？因为这种空间，的确不可能有作为生成的历史。换言之，不仅时间不可能分割开来（将它从一种连绵转化为一种非连续的多样性），而且甚至这种认为不可能的观点也不能认为其结果即空间。这里作为一种活动的空间化向作为一种维度的空间化的滑移，是至关重要的。在后者对事物的并置，让它们呈现在一种非连续的同时性的行为中，再现被视为承担起了各方面的空间化。不过再现也是按这一论点被理解为逐渐固定的事物，将时间逐渐从中抽出。将空间化等同于"空间"的生产，因此不仅将一种非连续的多样性特征出借给了空间，而且将静止的特征出借给了空间。

空间然后被描绘为数量上可分的维度（参见，*Matter and Memory*，1911，pp. 246~253）。这对再现就是空间化这一观点来说是根本性的：“运动显然是从一个点经过另一个点构成的，并且因此处于横贯的空间之中。此时被横贯的空间是无限可分的；而由于运动可以说被运用于它所穿过的线，它看上去也是和那线一起的线，并且像它一样，也是可分的。”（p. 248）空间作为多元性、非连续的多样性维度这一特点，具有重要的意义，在概念上和政治上都是如此。不过在柏格森这里的阐释中，空间是一种没有绵延的非连续的多样性。它不仅是瞬间的，而且是静态的。因此，“我们不能从不动中造出运动，也不能从空间中造出时间”（*Time and Free will*，1910，p. 115）。从许多角度，这一命题将会在接下来的论述中受到质疑。在《物质与记忆》中，柏格森写道：“基本的错觉由转向绵延本身而构成，在其持续的流中，以我们在其中所制造的瞬间片断的形式。”（1911，p. 193）按其意图来讲，我赞成这一观点；不过我会反对它的术语。我们为什么不能让这些瞬间的片断充满绵延自身的生气勃勃的品质？动态的同时性将是一种全然不同于一个凝固的瞬间的构想（Massey，1992a）。（那么，如果我们坚持“空间的”这一专门命名，我们就的确能够“从空间中造出时间”——除非我们首先不从这一立场相反的定义起步。）一方面，这给前面取自柏格森引文中“空间”一词的用法抹上了怀疑的色彩；然而，另一方面，他的论点所具有的真正推动力也促成了更深入的一步，对空间这一术语本身用法的质疑。这是一种业已隐含在柏格森论点中的质疑，甚至是隐含在更早著作中的质疑。

通过再现对空间的涵义进行描述，将其描绘为不仅是非连续的，而且是没有生命的，这一问题被证明是经久不衰的。因此，格罗斯（Gross，1981～1982）写到柏格森时，认为他主张“理智的头脑只会空间化”，而且柏格森是按“知识的不变的（空间的）范畴”来对科学活动进行概念化的：

　　对柏格森来说，大脑按定义来说是空间指向的。然而任何创造性的、扩张性的、充满能量的东西都不是空间指向的。因此，知识永远不可能帮助我们抵达本质的东西，因为它扼杀了它所触及的所有东西，将所有它所触及的东西弄得鸡零狗碎……柏格森得出结论说，我们必须逃脱大脑所强加的空间化，目的是重新获得与真正活的事物的核心间的联系，这些活的事物只有在时间维度中才能生存下来……（pp. 62，66；着重号为原有）

正像德勒兹（1988）坚持不懈地指出的，这是存储卡片。这里的空间和时间不是两种相等而是相反的趋势；每一物都被堆放在绵延一边。"主要的柏格森式的绵延与空间两者之间的区分"（p. 31）通过自己的极不平衡提供了自己的路。"在柏格森主义中，困难似乎消失了。因为通过按照两种趋势区分了合成物，而只有一方呈现出了一个物体在时间中数量上发生变化的方式，柏格森有效地给自己提供了在每一情况下选择'正确一边'的方法。"（p. 32）

在《创造进化论》 （*Creative evolution*）中（Bergson, 1911/1975），柏格森对空间化和空间做了有效区分。在保持理智化等于空间化的等式之时（"理智化越有意识，物质就越空间化"，p. 207），柏格森进而也承认，首先在一个问题的形式中存在着外在之物的绵延，而这也反过来指向了潜在的空间概念中的一种急剧变化。承认外在之物中的绵延及时间和空间的相互渗透（尽管不是相等），是本书所持观点的一个重要方面。这也就是我所称的空间即多元轨迹的维度，迄今为止的故事的同时性。空间即多样的绵延的维度。问题依然在于，"古老的意义——空间——再现——静止"的链条一如既往大行其道。遗产仍然徘徊不去。

※

因此，就恩斯特·拉克劳（Ernesto Laclau, 1990）来说，观点虽然发生了变化，与柏格森的观点相当不同，但结论却是一致的："空间"等同于再现，而再现又等同于意识形态的封闭。[①] 对拉克劳来说，空间化等同于霸权化：一种封闭的意识形态的生产，将基本上移位了的世界描绘成莫名其妙地连贯一致的。因此：

> 对移位的任何再现都牵涉到空间化。克服移位的时间的、创伤的、不可再现的本质的方法，是将它建构为与其他瞬间的永恒结构性联系中的一个瞬间，在这种情况下，"事件"的纯粹时间性被消除……这就是对时间的空间驯化……（p. 72）[②]

拉克劳将"所有空间性的危机"（作为承认移位的体制化本质的一个结果）与"所有再现的最终不可能"等同起来（p. 78）……"移位毁灭了所有的空间，而其结果，也毁灭了再现的真正可能性"（p. 79），如此等等。矛头指向一种潜在的重新阐释，这是显而易见也令人兴奋的（如果所有的空间都被毁灭了……?），但是重新阐释没有贯彻到底，而认为空间等同于再现的观点却是毫不含糊的，并坚持了下来。

此外，与只是倾向于认为再现即空间化的拉克劳相比，持有同样立场的德·塞托较详细地阐明了自己的理由。理由与柏格森的极为相似。在德·塞托看来，写作（区别于口传的写作）和现代科学方法的兴起，恰好涉及时间动力的取消，作为知识对象和铭写之地的空的空间和（那一空间之上）写作行为的创造。这三个进程紧密地联系在一起。在科学的兴起过程中，叙述、故事和轨迹都受到了压抑，被当作对世界的书写。写作的过程，更普遍的在一页纸的空白处留下痕迹的过程，是抽离"真实生活"活力的过程。因此，按他的意图（这其实是他的书的全部重任）——发明种种重获这些叙述和故事的方式（正

---

① 这一小节的观点在 Massey，1992a 中有更为详尽的阐述。

② "驯化"一词，与时间（男性）和空间（女性）的差异性别化过程的漫长历史相响应——参见 Massey，1992a。

好将它们带回到某些制作型的"知识"之中），他对是否使用"轨迹"一词进行了反复思考。他认为，这一术语

> 暗示了一种运动，但它也涉及一种平面的投射，一种拉平。它是一种抄写。（眼睛可以把握的）曲线图取代了运算；可以倒转的线（例如从两个方向去读）充作了不可倒转的时间系列，一种对行动的追踪。为了避免这种简化，我求助于战略和战术间的区分。（de Certeau，1984，p. xviii～xix；着重号为原有）

于是，科技写作与可倒转性假设间的这种联系，以及一种拖延不可倒转性的愿望，又回到了柏格森与他那时代科学之间的那种遭遇战。科技写作剥夺了过程的生命，并致使它们可以倒转；然而真实的生命是不可以倒转的。对这一点的首次反思将在稍后展开：我们将不再向"科学"开战，这不仅因为科学不是无懈可击的真理的源泉（尽管十分肯定是一种强有力的话语），而且因为现在有许多因为各种原因不再持有这一立场的科学家。

德·塞托继续说：

> 无论这种"拉平"可能多么有用，它都会将地方的时间性连接转化成一种点的空间顺序。（p.35；着重号为原有）

此外，德·塞托所做的区分再次直接地、明确地与再现联系了起来：

> ……起因——非连续的实例，这类事物——受到了科学话语空间化〔比如，被科学话语空间化〕的控制。作为对一个正常地方的构造，科技写作不停地将时间那难以捕捉的因素，简化成了一个可观察和可读系统的常态。按这种方式，令人惊奇的事物被

规避了。对地方的正常维护，消除了这些罪恶的诡计。(p. 89)

最后，他写道：

> 地理学系统所具有的这种（如饥似渴的）品质，能够将行动转化为可读性，不过在这样做的过程中，它导致世界上的一种存在方式被遗忘了。(p. 97)

反讽的是，德·塞托决定抵制使用"轨迹"一词，转而求助于战略和战术之间的区分正好是基于这一观点，这正好将二元论（包括空间和时间的二元论）粘结到了地方之中，而该书的其余部分却是在与二元论做斗争。①

以这种方式或另一种方式，所有这些作者都将空间和再现等同起来。这是一种引人注目、无所不在、未受质疑的假设，而且它的确具有一种直观的显著性。不过，正像已经指出的，也许再现和空间化之间的这一等式不应当被当作是理所当然的。也许至少可以妨碍一下它的经久不变和不良影响。这是非同寻常的重要一步，因为它所做的是将空间体与固化联想到一起了。这是联想所犯的罪。空间布局即一种容纳时间事物的方式——既容纳其令人讨厌的恐怖，也容纳其创造性的欣喜。按照这种观点，空间化将生命从时间中抽离出来，抹平了生命。这整本书，从头至尾，我将确立一种极为不同结论的观点。

一开始，必须注意这里有两件事正在发生。首先是这样一种论点：

---

① 与德·塞托相反，我（在其他术语中）选择使用"轨迹"一词，不过带有不可逆过程的意义。德·塞托（尽管他不是完全坚持）倾向于强调"叙事"。相反，我不倾向使用"叙事"一词，因为它带有诠释过的历史的含义，带有话语的含义。尽管"故事"一词同样模棱两可，但我也同样用它。参见第一部分的讨论。术语上一个进一步的观点：时间-空间和空间-时间不是不同的概念。一般来说，术语的选择依赖于论述的重点。

再现必然使生命之流固定下来，因而也僵化和减损了生命之流。其次是这样一种观点：这种僵化过程的产物是空间。第一个命题我不想全部讨论，尽管其习惯性的潜伏形式目前正得到修正。然而，在我看来，第二个命题——空间和再现之间相等——根本上不成立。这是被人接受的命题之一；这样的命题到现在如此根深蒂固，以至于迄今为止很少有人质疑它们。那么，让我们来质疑这一命题。

为了奠定讨论的基础，有必要确立某些初级的要点。

第一，承认这种思维方式的历史有其自身的重要性。正像所有的立场一样，它来自社会的嵌入性（embeddedness）和知识/社会的契约。从西方哲学的最早期开始，将时间捕获到数目的序列之中就被认为是时间的空间化。这种诉求已经广为人知。问题在于从空间化转到了对空间特征的概括。要追踪这种想象的由来已久，光引文可能就数不胜数，而且冗长乏味。为了说明其本质，也许只要引证一个人就够了：怀海特（Whitehead，1927/1985）写道，空间"表象的直觉性能使空间为不那么容易接近的时间的维度代言，随之而来的是，空间差异被用作了时间差异的代用品"（pp. 21~23）。我将要提出，目前这种占统治地位的空间和再现之间的等式，其进化路线可能贯穿了整个 19 世纪和 20 世纪早期有关时间意义的争论。当然，这不是不分清红皂白地"批评"这种观点：这种嵌入性不可避免。它只是强调，这种思想立场是过程的产物：它不是那么不证自明的。

第二，即使我们同意再现的确固定和稳定了某种东西（虽然不是这样，参见后面的论述），它所稳固的也不只是时间，而是空间-时间。拉克劳曾写到"历史的最终不可再现性"（1990，p. 84，着重号是我加的），但是真正不可再现的不是被认为作为时间性的历史，而是作为时-空的历史（如果你愿意，可称为历史/地理）。的确，他在前边的两页中半认同了这一点（通过涉及"社会"），但接下来又通过使用空间术语对它进行了打击："那么，社会最终是不可再现的：任何再现——因而也是任何空间——的意图，是建构社会，而不是主张社会是什么。"

(p. 82) 最好承认"社会"既是时间的，也是空间的，并彻底放下"再现即空间"的定义。在再现的生产中，有争议的不是时间的空间化（被理解为时间的呈现即空间），而是对时-空的再现。我们用概念所思考的东西（将其拆散为元件，你愿意怎样放置它便怎样放置它），不只是时间，还有空间-时间。在柏格森和德·塞托的论述中，问题也同样被解释为仿佛是要再现（要加以概念化/写下来）的活生生的世界只能是时间性的。它的确是时间性的，但同时也是空间性的。而"再现"的意图是捕获这世界的时空两面。

第三，相当容易看到再现是如何可能被理解为空间化的一种形式。并置事物的办法，的确还有同时性、非连续的多样性生产。（在这一基础上，空间应当也确实容易再现，如果空间仅限于此的话。）所以在自己的著作中，柏格森用道路来取代旅行，德·塞托用摹图来取代行动。但是请想一想：在德·塞托的阐释中，摹图本身也是一种再现，而不是"空间"。地图不是领土。另一种选择是，柏格森写道："用道路取代旅行，因为道路包含旅行，所以你认为两者是极为相似的。"（1911，p. 248）在这里，尽管是放在更广的对再现的讨论中，我们也许可以将道路当作真实的道路（而不是一种再现/概念化）。它不是地图；它是领土本身。确实，我们现在可以引出拉克劳自己的结论了。正如我们所看到的，他写道，所有的空间都是移位的。最先的一个结果是拉克劳自己的一个观点：存在一种再现的危机（在它必须被认为是建构性的而不是摹仿的意义上）。但第二个结果是，空间本身，世界的空间，远远不等同于再现，在后者即摹仿的意义上必定是不可再现的。

这种历史上十分重要的想象空间/空间化的方式，不仅来自于一种假设——空间应当被定义为时间性的匮乏（保持时间静止），而且实际上有助于空间持续地被按照这一方式加以思考。它强化了这样的想象：空间体即僵化的东西，即一个远离时间性事物的安全的天堂。它几乎不可避免地引出了页面的平坦的水平性质，按这类形象，它进一步使空间即平面的观点"不证自明"。所有这些臆想不仅减弱了我们对空间性的认知，而且通过这一点，甚至也使对所有这些作者来说都至关重要的规划更加困难重重：这个规划就是敞开时间性本身。

近年，已经出现了对将再现视为任何种类的"自然之镜"（Rorty，1979；以及其他许多人）和一种去时间化企图的挑战。在后一方面，例如，德勒兹和加塔利便提出，一个概念应当表达一个事件，一种发生过程，而不是表达一种去时间化（de-temporalised）的本质，他们并且（的确接近柏格森）反对任何现实、再现和主体性的三分观念。这里，也许我们可以声称，再现不再是一个逐渐固定的过程，而是持续生产中的一种因素；是整个生产的一部分，并且自身不断地处在生成过程之中。这是一种拒绝世界与文本之间存在严格区分的立场，将科学活动理解成只能是一种活动，一种实践，一种在它自己也是其一部分的世界中的嵌入式介入。没有再现，只有实验。这是由跨越众多学科的许多人所制造的一种论点（例如，Ingold，1993；Thrift，1996）。与主张文本/再现本身是一种开放的播散式网络的观点一起，这种论点至少在这一意义上对将科学实践当作再现、而再现即固化的理解发起了质疑。地理学家纳特和琼斯（Natter and Jones，1993）追溯了再现史和空间史之间的平行类比，提出了后结构主义对"再现即反映"的批评可以再次作为对空间的类似批评。因为文本在文学理论中失去了稳定，所以空间在地理学中也可能失去稳定（并且的确在更广的社会理论中失去了稳定）。

然而，问题是复杂的。因为假如确实将科学/智力活动理解为一种世界之中的积极的、生产性的介入，或世界的一种积极的、生产性的介入，那么，它依然也是一种特殊的实践，一种特定形式的介入/生产，在其中，难以否定（为了解除我们自己的责任？）任何再现的因素（也可参见：Latour，199b；Stengers，1997）——即使十分肯定的，它也是生产性的、实验性的而不是简单摹仿的，是一种嵌入式的知识而不是一种沉思默想。当然，也不必将其想象为是在生产一个空间，是在生产空间的特征（它会继续扭曲我们对空间的潜在想象）。因为这样做就是剥夺空间的那些自由的（柏格森）、移位的（拉克劳）、令人惊奇的（德·塞托）特征，这些特征在促使空间向政治领域开放方面，必不可少。

※

空间被如此广泛地想象为"征服的时间"是异常的。而空间被感觉为不知为何比时间更小的一个维度却是普遍的：空间维度具有更少的庄严和华丽；它是物质的/现象的而不是抽象的；它是存在而不是生成之类的；它是女性的而不是男性的（参见：例如，Bondi，1990；Massey，1992a；Rose，1993）。它是一个附属的范畴，差不多是剩余的范畴，相对时间的 A 来说它是非 A，被从截然相反的位置上定义为时间性的匮乏，并且在现代性范畴之内，被广泛地视为在与时间的关联中一直在遭受去优先化之苦。

而且现在这个被贬低的维度也仍然被如此经常地视为征服的时间。在拉克劳看来，"通过移位，时间被空间所征服，但是，当我们能够谈论时间凭借空间（通过重复）获得霸权地位之时，必须强调反过来也不是不可能的：时间不能独霸所有东西，因为它也只是移位的一种纯粹结果"（1990，p. 42）。在德·塞托看来，"'正当的'是空间对时间的胜利"（1984，p. xix）。胜利的一方当然是"再现"胜过"现实"，固化胜过生命，在这里，空间被等同于再现和固化（因而人们也被迫假设，时间等同于现实和生命）。胜利的语言强化了两者之间不共戴天的想象。但是生命既是空间的，同时也是时间的。沃克（Walker，1993）在写到国际关系理论时提出，"对历史和时间性的现代陈述，受到一种企图的引导：试图将正在逝去的瞬间捕获到一种空间秩序之中"（pp. 4～5）。他指向了"空间范畴内时间性的逐渐固定过程，这种固定过程，在西方哲学和社会-政治思想最有影响的传统建构中，是如此至关重要"（p. 4）。同样，在人类学中，费边（Fabian，1983）详细地论述了一种观点：一种核心而虚弱的假设——人类学学科有它自己的对时间的空间化："人类学的时间话语，当他在进化论范式之下形成的那

一刻，便基于一种时间构想，这种构想不仅是世俗化了和自然化了的，而且是彻头彻尾空间化了的。"（p.16）

因此，据称，二元论的弱势术语抹去了强势的术语和享有特殊能指的积极特征。它是通过空间体与再现的合并做到这一点的。通过被树立为对历史/生命/真实世界的再现，空间征服了时间。按照这种解读，空间是一种加在实在的内在生命之上的秩序。（空间）秩序抹除了（时间的）移位。空间的不变性平缓了时间的生成。尽管，这是最郁闷的得不偿失的胜利。因为正是在它凯歌高奏的那一瞬间，空间被缩减成了停滞静止。其真正的生命，当然还有政治，从空间中被抽离了出来。

(对科学的依赖？〔一〕)

低调地通过许多再现与空间之间的意义联系的故事，已经启动了另一线索，即这种联系与"科学"概念间关系的线索。

最明显的关系在于，"科学"代表整个再现的过程（踪迹而不是旅行），并且因此事实上也代表了普遍的思想知识，概念化的所有任务；知识的而不是有生命的或直觉的。

不过，与科学遭遇也是更直接、更具体地与自然科学遭遇。特别是柏格森的实践，在自然科学的历史发展和它们与哲学的复杂联系中有深厚的根源。时间与自由意志是径直闯入的，因为柏格森的确与他那个时代占统治地位的心理物理学（psychophysics）展开了交战。很明显，是心理物理学刺激了他，促使他投入了自己眼前的论争。此外还有其他一些格斗，与黎曼就多样性的本质展开的论争，以及最著名的就新相对性理论的含义所展开的论争。换言之，空间的定义卷入了"自然"科学和"人文"科学之间更广泛的对话。这是一种相逢，通过这种相逢，"空间"逐渐沉入到一种特殊的意义链中。这一点今天再次上演：在努力将我们时代的新空间概念化时，人们触及了自然科学。当然，柏格森的故事，指明了这一策略的某些困难。

柏格森所关注的是时间的本质；通过"绵延"，他强调它的连续性，不可逆性，开放性。然而，正像普里高津和施腾格斯（Prigogine and Stengers, 1984）所证明的，从牛顿以来包括爱因斯坦和（某些版本的）量子力学在内的科学发展以及在某些特定的物理学中，都运用了可逆时间的观念。过程是可逆的，过去和未来之间不存在有意义的区分。在科学内部，在"科学"（以那种特定的形式）与其怀疑者之间，这里一直都有争议，不过，时间的不可逆性观念是一个难以确立的观念。无时间的进程不能产生开放的历史时间观念。在"科学"即"古典机械论外衣下的物理学"的强有力模式之后，是一种有关时间的假设，这种假设剥夺了时间的开放性；缩减了时间作为真正的历史性存在的可能性。不仅在完全无时间的进程概念中是如此，而且在封闭的平衡系统中也是如此，在那里，未来是给定的，包含在初始的条件中——它是封闭的。

虽然这一点被哲学内部的许多人所接受（而且的确，这一形式的物理学，正如古典机械论一样，被广泛吸收为一般科学——甚至知识——的一种模型），但也有另一些哲学分支反对这一点。[①]"科学的"愿景与这些持批评观的哲学家对世界的认识显然悖离。时间观（还有作为一种副产品，隐含的或明确的空间观）发展的漫长历史已准备就绪。

问题无可避免地出现了：如何调和科学的世界观（世界是静止的、循环的、反时间的）与人类所体验的过去与未来的差异、极为不同且不可逆的时间性之间这一显著简单的事实。正像普里高津和施腾格斯所写的，让"科学"承认一种不可逆时间性的困难，导致了畏葸不前和一种感觉——最终，不可逆性的整个概念有一个主观性的根源（1984，p.16）。换言之，"那种"时间——如果不存在于自然中，必定是人类意识的产物（暂时忽略在这里起作用的二元论——它们是构成必须加以清除的障碍的一部分）。正如普里高津和施腾格斯所指出的，在那一历史时刻，选择似乎是，要么接受古典科学的宣言，要么求助于基于人类经验的时间生产基础之上的形而上学哲学。按普里高津和施腾格斯的说法，除其他一些人外，柏格森和怀海特都选取了后一种

---

① 经常所做的区分（尽管同样是经常有争议的），是存在于分析哲学与大陆哲学分支之间的区分。例如，弗罗德曼（Frodeman, 1995）在分析物理学和地质学之间的关系时，就使用了这种区分。

路线。因此，这里发展出了围绕立足于个人经验基础的"时间哲学"的完整话语。（某些问题必定已经清楚明了：我们这里在谈论谁的人类精神？何种人类精神？我们怎样才能做到不论以何种方法调和人类精神与科学正谈论的世界？不过在这一点上，在科学与其他思想家的对话中，看似没有其他任何出路。）重申一遍是至关重要的，柏格森接下来应当拓宽他的立场，并主张时间的不可逆性对万物自身的秩序来说是不可或缺的。

然而，还存在另一问题。因为这些"游牧"哲学家不只是对过去和未来的某些形式区别感兴趣。准确地说，正像我们所看到的，最为关键的是未来必须是开放的，在那儿必须加以创造。因此，在封闭孤立的系统的上下文中发展起来的平衡概念，在某种意义上其中也许存有一种"时间"观：事件在发生，但它是一种在其初始条件中即已给定的时间、变化（未来）。① 它不是一种真正开放的充满可能性和创造的未来。柏格森和怀海特恰好都试图力争摆脱这种限制。柏格森写道："时间是发明或压根儿不是什么。"（1959，p.784）怀海特则提出，自然中存在一种创造性，"凭借这种创造性，实在的世界获得了它通往神奇的时间通道的品性"（1978，无页码，转引自 Prigogine，1997，p.59）。这些交锋中有问题的是，不仅只是需要说明"人类经验"，而且得下决心不屈从于决定论。争论的是如何保持历史开放。

也许，我们因此可以明白某些对时间的哲学的先入之见，以及这种先入之见的本质，它至少是部分地充满了有关古典科学意义的论争。也许，之所以对空间的误读、将其贬黜到外部的固定性和封闭性的重重黑暗之中，部分是因为，社会科学家和哲学家在时间问题上对自然科学的不妥协的反应。它是科学不妥协的一种结果，一如某些哲学家

---

① 也许可注意的是，封闭系统耗散的这一趋势，也许与卡文伦诺讨论过的那么多时间理论家对死亡的入迷联系在一起：普里高津和施腾格斯写道，"在热力学看来，时间隐含着退化和死亡"（1984，p.129）。

围绕其命题寻找一条道路。假如时间应当认定为是开放的和创造性的，那么科学所要达到的事——将物固定住（将它们写下来），将生命从时间中剥离出来——必定是其反面，他们称之为"空间"。

这一故事线的演变的确是普里高津和施腾格斯的书《从混沌到有序》(Order out of chaos) 的大部分主题。不过普里高津和施腾格斯没做的事是描绘出空间概念这种历史的衍生结果。他们提出，整个西方知识系统走的是两分法。在这一系统的一个角落，古典科学致力于时间的可逆性、决定论和存在的（假定的）静止。在另一个角落，社会科学和哲学则致力于时间性和或然性的观念，以及生成的非决定论。当然，普里高津和施腾格斯也提出，（某些）自然科学现在也在变化（或者至少，现在必须变化），它自身对时间的看法是：新的物理学概念，导向了承认一种开放的、完全历史性的时间观。所以自然科学本身必须改变，而且也的确开始在改变："非平衡的热力学的结果接近于柏格森和怀特海所表达的观点。自然的确与不可预知的新奇事物的创造有关，在自然中，可能的事物比实在的事物更为丰富。"(Prigogine, 1997，p.72)

这后一种观点现在被人复述到了单调乏味的地步。我这里的观点是，其历史对普里高津和施腾格斯没有提起的问题——也就是有关空间的问题具有潜在意义。因为他们对自然科学新发展的解读意味着，柏格森和其他人建构他们自己的观点时作为背景的那种科学，不再必须与之斗争了："柏格森所批评的种种局限，开始被克服，不是通过抛弃科学的方法论或抽象思维，而是通过意识到古典动力学概念的局限，通过发现在更普遍的情境中有用的新的公式。"(Prigogine and Stengers，1984，p.93) 这必然也意味着，在它受到那时代开始的论争的影响的范围内，促成柏格森自己更早的公式的某些动力，现在也已经消失了。

首先，也许根本不需要通过求助于将人类的主观性做出某些理想化以声称时间的不可逆性和开放性（也可参见 Grosz，2002）。正像普里高津所说的，"形象地说，平衡时的物体是'盲目的'，但随时间之矢而来的是，它开始'看见'，没有这种应归功于不可逆、非平衡过程的新的连贯性，地球上的生命是难以想象的。声称时间之矢'只是现象学的'或主观性的，因此是荒诞的"（1997，p.3）。的确，不仅是荒诞的，而且也是不可能的，因为"如果世界是由稳定的动力系统所形成的，它将极不同于我们所观察到的环绕我们周围的世界。它将是一个静止的、可预言的世界，但我们将不会站在这里做出这类预言"（1997，p.55）。这一观点最有意义的是，其潜台词是，我们没有义务对这一涉及空间论证思路的结论亦步亦趋。

亨利·柏格森是他那时代的一个"游牧民"，是现在被赞扬为"思想者孤儿一族"的一部分，这孤儿一族包括卢克莱修、休谟、斯宾诺莎、尼采和伯格森，德勒兹对这一族曾倍加推崇（Massumi, 1988, p. x）。[①] 但是，与伯格森罗列他的观点时联系在一起的一些论争，现在已经改变了，或正在改变。今天，看起来，在他与主流科学的交锋中，一如当时，正是他的游牧主义动力学，用于生成后来不幸地限制了空间概念的思想。

柏格森与科学交锋的故事，以及哲学内部的更广泛论争，自然科学家与许多批判哲学家之间更广泛的论争，充满了对今日的启示。柏格森的交锋是与那些科学的真正交锋——有意识地、批判性的、辩论性地，同时也是建设性地加强了它们，提供了本体论的副本。今天有关空间的论争（还有有关其他许多东西的论争），又一次频繁地提及自然科学和数学。有时，这又是一种介入，一种有关科学方向的倡议（德勒兹也许就可以照此来看）。尽管，经常性地，它现在不是一种探询性的关系，也没有一个人认真地拿来自于这些科学之中的新想象当

---

① 德勒兹并且谈到了这些哲学家之间的一种"秘密联系"，这种联系"由对否定性的批判、对快乐的崇拜、对内在性的仇视、力量和关系的外在性、对权力的指控所构成"（1977，p.12，转引自 Massumi, 1988, p. x）。

回事，去同它们论争，或为它们添砖加瓦，正如柏格森曾做过的那样。准确地说，现在主流的趋势似乎是借用想象（美妙的想象），同时也通过引证自然科学以声称它们的合法性。那么，今天，在何种基础上，社会科学和人文科学如此随意、如此经常地让自己的著作中充满了对分形论、量子论和复杂性理论的参考？

柏格森和其他哲学家的受挫，不仅来自于自然科学家所争论的时间所具有的特性，而且来自于这些科学，尤其是物理学在作为一个整体的知识生产的惯例和实践中正在上升的作用和地位。在起源于牛顿力学的漫长历史中，已经发展出了一种相互的承诺与敬慕：科学即物理学；哲学即实证主义/分析哲学。这种哲学，尤其是在其早期和诸如卡尔纳普（Karnap，1937）这些人的著作中，由于所有单一的命名似乎都毫无希望地不敷用，但其震耳欲聋的效果却又强劲有力，所以坚称"科学"是知识的唯一道路，仅存在一种真的科学方法。它本身致力于客观性（对客观性的认知）、经验主义的方法和认识论的一元论（基本上被整合为一种物理学的还原论）。这一故事众所周知。尽管有随后的论争，以及后来库恩一类的著作，这种相互敬慕的关系依然强劲有力。

这既导致了科学内部的一种想象性的等级制度（以物理学为一端，以譬如说文化研究和人文科学为另一端），也导致了许多科学实验一种嫉妒物理学的现象：这些科学实验想模仿物理学的科学实验报告，却发现自己连邯郸学步也做不到。物理地理学家（有时）认为他们比人文地理学家更"科学"。[①] 新古典经济学力图将自己与其他社会科学区分开来，赋予自己尽可能多的"硬"科学的表象（其结果是限制了它作为一种知识形式的潜力，在整个分析和形诸政策的过程中，其效果如果不是如此悲剧的话，也是滑稽的）。地理学家饱受钦羡物理学之

---

① 参见 Massey，199a 对这一问题、特别是这一问题与时间和空间问题的联系的详细思考。

苦，这是一种"同其他科学、'硬科学'相比，地理学的地位低人一等的感觉……"（Frodeman，1995，p. 961；也可参见 Simpson，1963）。这是一种根深蒂固的钦美，而且它依然大行其道，包括我们将空间概念化的方式，也是如此。

然而，柏格森的故事，放在一个物理学的壮观盛况已经确立的年代，也指明了为什么这种等级制的科学观可以被挑战的一些原因。

最明显的是，物理学及其方法论和其真理假说业已确立的地位，基于这一科学现在已经过时的形象。物理学本身一直在变化。普里高津所写到的物理学，连同这一学科的其他许多分支，根本不符合牛顿力学所导出的模式。①

此外，由于能够隔着一点历史距离回顾柏格森的故事，能激起某种好奇心的是，某些最严肃的有关开放性、历史本质、时间概念的问题，当时正被哲学家提出。总体上，自然科学家，尾随哲学家之后，裁决了被驳回的问题。物理学不总是"一马当先"，我们不能要求它为其他（仅为社会理论、人文理论）理论开山拔寨（Stengers，1997）。在柏格森的故事中，也许自然科学能够从哲学和社会科学那里听到和学到某些有益的东西。因此，伊丽莎白·格罗兹在探讨一个相同主题时，写道：

> 柏格森……经常谈及时间性对空间性的依附，以及随之而来的科学对绵延的虚假陈述。时间在文学和诗歌中比在科学中得到更经常和更巧妙的再现。在它们被科学地谈论很长时间以前，有关易变性和永恒性的种种问题，就已经在哲学沉思中被提出了，他们的动力来自于神学，也来自于机械论。（Grosz，1995，p. 98）

可以引证许许多多的例子。克罗伯认为诗人雪莱直面并接受随机

---

① 尽管牢记这一点是重要的：牛顿物理对许多实践性目标依然完全够用。

性与开放性，所采取的方式是"雪莱时代最开明的科学"，它"依然基本是机械论的"，甚至难以理解（Kroeber，1994，pp. 106～107）。梅齐斯看到了"科学"捕获了哲学家梅洛·庞蒂："这种世界一体的感觉，由相互作用的开放系统所构成的时间流之内的自组织（self-ordering）现象，将科学带上了像梅洛·庞蒂所阐述的那样一种本体论。"（Mazis，1999，p. 232）正如德勒兹（1995）所言，这种影响能够双水分流，而且"没有任何特殊地位应当分派给任何特殊的领域，无论是科学、哲学、艺术还是文学"（p. 30）。海勒斯（Hayles，1999）做出了有关科学与文学间关系的论证。自然科学与人文科学间关系的所有事务，都必须历史地加以理解，不能理解为是真正的科学单向流向次要的知识生产实践，而应理解为一种交换，一种复杂的、困难的但肯定多向的关系。

所有这些都影响了某些社会科学与自然科学的流行的、高度矛盾的关系的基础。对自然科学的参考不能被征用为某种最终的独立证据，也不能作为一个可以求助的高等法院，这个法院给它们一种偶然可以方便上诉的权威感。在古典科学的时代，在时间问题上，社会科学和哲学触及了它们那时代的主流自然科学根本没有掌握的诸多问题。此外，（万一你极想指出这里的一种前后矛盾）我对普里高津（一门自然科学的诺贝尔奖获得者，等等）的引证，不是采取一种拿"科学"的无可非议的权威性做大旗的方式，因为正如在哲学家和社会科学家内部一样，在自然科学家内有关这些问题也有许多激烈论争。准确地说，我们只是简单地表明，在时间这一主题上（我因此也会提出空间），我们不再一定得与看似坚如磐石地说着反面言论的"一种科学"展开大战。

第三章　共时性的牢笼

在20世纪的许多哲学和社会理论论争中，都贯穿着这样一种观念：空间构架是一种包含时间性事物的方式。霎时间，你使世界保持不动。而在这一刻，你可以分析其结构。

你使世界保持不动，为的是在横截面上审视它。它看似一个小小的甚至可能是直观感觉上明显的姿势，然而却具有众多的共鸣回响和潜在含义。它联结了结构和系统的观念，距离和全能之眼的观念，整体和完成的观念，共时性和空间之间的关系的观念。并且——大约我想提出——可能存在于它内部的假设以及它可能导致的逻辑，按一系列问题重重的方向溜走了。

结构主义的"空间"

也许，通过结构主义的发展，我们可以最清楚地看到某些这类观点。结构主义的目的，实际上看似要将空间而不是时间加诸知识议程。结构主义涉及自柏格森以来许多不同的思想论争，并试图对不同的反对者加以打击。虽然对柏格森来说，是与自然科学交锋；对结构主义人类学家来说，是与主流叙述交战。部分地，这是由一种渴望所促成的：渴望摆脱将某些其他社会概念化为只是西方的祖先；概念化为，例如，是"原始的"。结构主义部分是一种尝试，试图确确实实地摆脱将地理学融合到历史之中（尽管他们没有正好像这么想）——第一部分的第二种沉思我曾将其作为例证。这一目标，本书的观点将全部认同的这一目标，就是要摆脱将世界地理变为一种历史叙述。为了达成这一目标，他们坚持每一社会作为一个独立的结构有其自身的连贯性。

　　为了摆脱叙事性中的原因假设（the assumption of cause），摆脱从野蛮到文明的进步假设，结构主义转向了结构、空间和共时性。结构取代了叙事，共时性取代了历时性；空间取代了时间。这是由最良好的意图所造成的一步。然而，在与空间的联系中，被设想成前景的东西，留下了一个假设的神话和一种想当然的理解，它们直到今日也还在困扰论争。

　　因为发生的事情是，这种概念的重建，被翻译（我愿意称之为误译）成了时间和空间观。结构主义反对叙述性的支配地位，而叙述性被解释为时间性（共时性，诸如此类）。并且，怀着这一渴望（反对一种假定的时间性的支配地位），他们将自己的反时间结构与空间等同了起来。如果这些结构不是时间的，它们必定是空间的。结构和进程被解读成了空间和时间。空间被想象（或者，这也许是一种过于积极的动词——它只不过是假设）成了时间的绝对否定。

　　在这两个系列术语之间轻易被省略掉的东西上，这一点最为直接明了。因此，为了研究共时性的东西，这些"结构"被设计出来，并"因此"被概括出了缺乏时间性的典型特征（它本身是一种问题重重的构想，我们回头还会讨论它），由于有了空间性的命名，这些结构有福了。在像列维-斯特劳斯、萨特、布罗代尔和利科这一类人之间的伟大论战中，省略掉的那种对位，以叙事/时间性/历时性为一方，以结构/空间性/共时性为另一方，已经被镶嵌成一个公式，这个公式为非此即彼的对立立场双方所共享。假如他们不可能在其他任何事情上达成共识，那么在这一点上却达成了共识。或者，至少，对产生相同事情的东西，他们没有展开讨论。他们只是默默无声地分享它。在地理学界，除其他人外，苏贾持有这一看法，他写道，"对在批判社会理论中重申空间来说"，结构主义是"20世纪最重要的林荫道之一"（Soja，1989，p.18）。不难看出这一观点的魅力。它似乎提供了机会，将每一事物放到一起来看，以明了相互的关联而不是推动叙述流的动力。也许正是这"而不是"，掩盖了接下来的问题。

这一道路的确潜伏着危险。首先，尽管结构主义者的结构可能是共时性的，但在他们的定义中却很少说它们就是空间。这种观点某种程度上与有关再现的观点类似。结构主义者的"共时性结构"是为了认知社会、神话或语言而设计出来的图式。然后，结构主义走得更远，远不只是"使世界保持不动"，它与"通过时间的一部分"相当不同。正像奥斯本所说的，必须将共时性与瞬间区分开来。"共时性不是反时间性（con-temporality），而是非时间性（a-temporality）"（Osborne，1995，p.27）。此外，这些分析结构被封为空间的（潜在）原因，正在于它们被确立为非时间的，时间性的对立面，因此没有时间，也因此是空间。它主要是一种否定性的概念。在这种推理逻辑中，空间被假定为既是时间的对立面，也没有时间性。而且，尽管是通过一条完全不同于柏格森所取的路线，并且这条路线带有要将空间性优先化的信誓旦旦的意图，空间还是被表述成了静止和固定的范围。它是这样一种空间概念，同时也是一种真正的残余化，并出自一种假设：空间对立于时间且缺乏时间性。想想类似这样的事情，"空间"确实将成为一个封闭的领域，并转而将它表述为不可能产生新的东西的领域，因而也不可能是政治的领域。

费边（1983）有力地提出，列维-斯特劳斯在使用"空间"这一术语时无论如何确实有点遮遮掩掩。在费边对此所做的详细说明中，他引出了许多困惑，这些困惑对这里的论证相当重要而且对斯特劳斯并不特别。费边写道："他的谋略是取代历史的历时性。这些戏法获得了支持，极像所有的魔术师在玩他们的魔术时极力要创造机会转移注意力，其手法是通过将读者的注意力指向其他东西，在这一场合是指向空间与时间的'对立'。"（p.54）此外，费边说，"列维-斯特劳斯引导我们相信，这里的空间可以指真正的空间，或许人文地理学家的空间"（着重号为原有）……而它的确是一种分类学的空间，的确是一幅地图。"真正的空间"，换言之，又一次被混同于再现。而且又一次，这种混淆拥有我们对那一空间（潜在）想象壮观的衍生结果。当然，在这种情况下，它们不是通过关心非连续的多样性中的时间空间化（旅行的踪迹）起作用的，而是通过将空间想象为一个共时的封闭体而起作用的。这是以许多种方式出现的。

首先，这种结构剥夺了与它们相关的物体本身的固有动态。它们的确试图"保持世界不动"，但是这也取消了所有真正变化的可能性。奥斯本虽然仍然奇怪地运用空间的命名，但却对它做了很好的描述："一个纯粹的分析空间，在其中，内在于被研究物体的时间性受到了压抑。"（1995，pp.27～28）无论如何，所缺乏的是一种概念图式，当然，这也不是一个一直没有被认识到的问题。列维-斯特劳斯本人对其结构与静止和动态间的关系本来就模棱两可。世界在移动和变化明显是无可否认的。然而，结构主义就此所做的著名工作，就是在以不变模式为一方、以可变历史为另一方的意义上对世界进行了概念建构。雅可布森（Jakobson，1985）坚持"可变与不变的相互作用"（p.85）和"语言"与"言语"的经典区分具有相同的性质。这样一种初始的概念系统所造成的问题，当然是如何将两分的两个术语联系起来。并且，周而复始的反应（绝不仅限于结构主义）是发明第三个术语，这第三个术语必须具有带领人安全地走出绝境的魔力。所带来的不牢靠的"解决方案"被称为"三元的"：它具有三元素——（i）共时性元素，（ii）历时性或偶然性的历史层面，（iii）前述两种元素间的桥梁（Lechte，1994）。列维-斯特劳斯，由于发现自己处在一个只有前两种术语在手的困境中，确实主张第三种元素的在场总是必要的（Lévi-

Strauss，1945/1972，1956/1972）。显而易见，这样一种第三术语，为了有效地处理必要的事物，不得不具有强有力的而且也是可锻造的特质。于是，在列维-斯特劳斯的著作中，超自然的力量（mana）被动员起来，此外还有神话，卡都卫欧（Caduveo）印第安人中的脸谱。这是一种具有漫长历史的策略；柏拉图《蒂迈欧篇》中的"chora"概念就是一种试图跨越不可跨越之鸿沟的相同手法。问题一如既往地在于基础性的概念，而且是一种基础性的二元概念。这种二元概念对模塑我们的想象作用甚大，这些想象涉及空间是什么，时间是什么，它们是如何（假设性地）对立的。时间是历史（以各种各样的方式），空间则被认为是具有一种共时性结构的静止停滞。就我们运用空间概念的方式来说，这种理解不过是这一方法的许多衍生结果之一。

因为，第二，结构主义者的结构除了他们所假设的空间性之外，还有一个进一步的特点。它们是封闭的。① 如果有这样一种感觉——被他们定义为空间的东西可以说承载了对空间的一种肯定性观念（而不是被定义为空间的即是一种否定性观念，因为它们是非时间的），那么，这是因为它们关系到现存元素或术语间的关系。它们是有关关系的。其潜在含义之一是，不仅我们可以创造性依照关系将空间概念化，

---

① 这些观点是联系在一起的。列维-斯特劳斯将他的亲属系统建立成各部分之间的二元对称，他提出，各部分之间，将存在平衡的交换。这样一个系统的"问题"是日益迫近的惰性。（正是在这一点上，说明了需要第三方术语。）列维-斯特劳斯解释说，这种——逻辑上必不可少而经验上不太可能的——削减为熵的最大化的概述，是他的初始系统的对称之结果。当然，我将提出，也许可以最好并更普遍地将其具体化为一个封闭体的问题。因为这里的封闭体的确是对系统的一种概述。在这一节点上，和列维-斯特劳斯有关的是今天的开放的、耗散的、非平衡系统的观念。结构主义共时性中的问题将引向正文中的下一要点。

列维-斯特劳斯认识到了他正建立的人类学的这一特征。普里高津和斯腾格斯（1984）写道："结构人类学给这样的社会层面以特权：这种社会层面可以使用逻辑工具和有穷数学……非相关元素能计算和合并……"（p. 205）（离他们正讨论的结尾开放、可能多多的世界，还有漫长的道路要走。）列维-斯特劳斯自己指明了这一点并将他的人类学与社会学做了对比。

而且关系也只有通过完全空间性的思考才能得到完整的认知。为了成就这里的关系，这里有必要生成间隔（spacing）。当然，结构主义观念的共时性，是以一种极为特殊的方式想象出来的关系。至关重要的是，它们被概括成其构成因素间的关系，以至于它们组成了一个完全一环扣一环的系统。它们是封闭的系统。这种和非时间性结合在一起的概念系统最具破坏性的一面，正在这里。因为这种系统的静止停滞，剥夺了反本质主义经常声称要导致的"关系建构"。封闭体本身剥夺了"空间体"（它被这样称呼时）的断裂性特征之一：准确地说，以前互不关联的叙事/时间性的并置，其相互关联的天作地合；其开放性和它总是被构成的条件。将它建构成这种移位生产中的一个充满活力的瞬间的（这种移位对政治领域和时间领域的存在必不可少），正是"空间体"的这种关键特征。不过，现在还言之过早。

※

结构主义的神话徘徊不去。确实，它比徘徊不去还要活跃。它的许多框架性的概念一如既往地影响到今日思想观点的形成，从路易斯·阿尔都塞的著作直到最近后结构主义内部的交战，莫不如此。

还有许多人仍然在或明或暗地与结构主义的共时性观念做斗争。最引人注目的是，对立的基本术语（时间性/非时间性）及它对时/空的省略是以何种方式如此经常地得到维护的。

阿尔都塞既抨击了结构主义的共时性观念，也抨击了黑格尔的"基本断面"（essential section）概念。实际上，他既批评了黑格尔历史时间观的"纵向"特征，也批评了他历史时间观的"横断面"（cross section）特征（参见1970，p. 94）。一方面，他对同质时间性提出了异议（同质时间性对黑格尔思维方式是如此重要）。阿尔都塞，事实上就像列维-斯特劳斯一样，是追随一种对历史更复杂的理解，这种理解可以考虑到不同时间性共存的可能性（的确，按阿尔都塞的构想，它是假定的）。另一方面，他对黑格尔横断面的"同期性"提出了异议。这方面的观点有两个层面。第一个层面与部分和整体的关系有关。在阿尔都塞看来，黑格尔构想最严重问题之一，是它作为"一个表达总体"的特点，"例如，这样一个总体，它所有的部分是如此之多的'总体的部分'，每一部分都表达其他部分，而且每一部分都表达包含它们的社会总体，因为每一部分在其最直接的表达形式中都包含有总体本身的本质"（1970，p.94，着重号为原有）。这样一种看待社会的方式中固有的潜在表达性，以及思考真正差异的困难性，更不用说"异己性"，是显而易见的。阿尔都塞也做出了第二个层面的批评，当然，这一层面的批评虽然与第一层面的批评有清晰的联系，却有不同的、显著的含义。这就是，黑格尔基本断面的特征是其整体的瞬间互联性："由这一断面所显示的整体的所有元素，都处于和另一断面的一种直接联系中，这一联系直接地表达了它们内部的本质。"（p.94）正像阿尔都塞所提出的，也像随后一些著作家所经常强调的（例如，Young，1990），这些特征的综合效果是为一个单一宇宙的假设提供了必要基础。它是一种有关时间、有关时间过程中的横断面（它经常被称作"空间"）的看法。他不允许真正的"他者"的声音。因此，这是这一批评的一种基本的政治因素。在这里，空间不可能是真正异质性的可能性的领域。这种总体的相互关联的塑形，既设想了一种同质的时间性，也是任何单一宇宙命题的先决条件。

现在，又一次，这一论争的明确焦点依然是时间。阿尔都塞没有明确地将他的批评与空间概念联系起来；他关注的准确说来是通过分裂的时间性的可能本性进行思考。然而对理解空间性来说意义也十分显著。抛弃隐含在整个基本断面观中的空间性观念，开辟了以一种可替换方式思考空间的可能性，并且具有断裂和移位的效果。剥夺结构（因此也是"空间体"，当它被概括为这样时）一个最具断裂特征的，正是这种总体互锁（total-interlock），能使以前不相干的轨迹形成一种新的相互联系。此外还有一条具有发掘同等政治含义潜力的进一步的论证线索。所有元素存在于和其他一种元素直接联系中的断面观念，本质上是对一个封闭系统的一种描写。它还是这样一个系统，所有特定的关系都处于断面之内，而断面之内的所有元素都紧密相联。因此，由于这两个方面的原因，它是一种隐含了横断面内在静止的概念化模式。为了将其与纵向故事的时间性区分开来，横断面逐渐地被概括为"空间性的"，就此而言，这种概念化模式正好将空间缩减成了无所作为的偶然的封闭领域，这剥夺了它所有的政治潜力，这一点在前面有关结构主义的讨论中已经提到。

尽管一些评论家（例如，Osborne，1995，p. 27）表示奇怪，阿尔都塞还是相当正确地对结构主义者在自己的"共时性"概念中吸收了黑格尔断面的这些方面做出了批评。阿尔都塞的错误之处在于，将黑格尔的基本断面与结构主义者的共时性等同了起来（奥斯本也持这一观点〔p. 27〕）。① 这两者不是一回事。前者可能更容易等同于暂存的瞬间，后者则是偶然的封闭系统的无时间（the no-time）。它是双重意义上的非时间：一重意义是，它是一种无关时间的概念性设想；另一重意义是，在其偶然的封闭性中，它不允许真正的变化，因而也不允许政治。的确，正像阿尔都塞所认为的，更基本的问题是共时性和历时性之间的整个对立观念。假如共时性是因果封闭的，那么历时的东西也只能是一系列的共时性。它们的确与黑格尔的基本截面共同具有这一特征。就所有这些解读来说，"历史"被证明是反历史的；它被缩减为时间过程中的一系列片断，只是一系列"空间"、内部相互关联的横断面，按顺序一个接一个。

阿尔都塞的著作随后指明了这种特殊的将空间想象为时间的对立维面和缺乏时间性的维面的想象的两个相当不同的思想来源。一个来源，是黑格尔的单一总体化历史观，在这种历史观中，在每一时

---

① 按路易斯·阿尔都塞的批评，共时性的关键特征，而且是使任何恰当的历史概念失效的特征，是它的内在封闭性。阿尔都塞将基本截面概括为既是一个瞬间（纵向的中断，时间过程中的片断），也是一个封闭的系统。然而，正是这种双重本质，将它与结构主义者的共时性区分开来，这种双重本质只是基本截面的特征。

刻——每一时刻对于总体的同期性必不可少——每一部分都是对整体的表达。另一个来源是这样一种神话——将结构主义者的结构/共时性封为空间。这两个来源都有其政治含义。空间被许多人解读成是非政治的，因为它被概念化为一个严丝合缝的整体，概念化为一个共时性结构的总体上相互关联的封闭系统。它不是移位的，而"移位是自由的源泉"（Laclau，1990，p. 60）。它所缺乏的是偶然性，偶然性是那种开放性的条件，反过来，开放性又是政治的前提。① 此外，那种空间连贯一致的看法，也转而促成了仅存在一种历史、一种声音、一种言说立场。这种遗产，对空间体来说，因此是不容乐观的。空间被（假如通常只是潜在的，但也是持之以恒地）想象为一个静止的领域。只有时间和政治，才声称政治是它们的。正像费边所引用的恩斯特·布洛赫所说的话："空间对时间的优先性，是反革命语言的一个万无一失的标志。"（Fabian，1983，p. 37，引自 Bloch，1932/1962，p. 322）

结构主义之后

从本书所持观点的角度看，后结构主义所取得的最重要的成就是赋予结构主义的结构以动态，并使其移位。反讽的是，时间化已经使结构向空间性敞开——或至少，它有潜力向空间性敞开。它使这些结

---

① 有一道奇怪的（或也许不那么奇怪的）侧光被打到了地理学圈子内所发起的对批判现实主义的激战上。批判现实主义在其阐释中对解释的必然性和偶然性做了区分，并被某些人采纳为一种主张独特性的方式（Sayer，1984）。战争一触即发。某些马克思主义者，还有好些其他人，对将原因"降到""只是偶然性"的地位嗤之以鼻。作为一种对事物状态的认知，偶然性被他们阐释为同"必然性"相比，远不那么令人满意。当然，事实上，尽管他们的贬斥是以政治之名倾泄出来的，但每一事物的发生都由于必然性这一假设，还是为介入留下了宝贵的狭小余地。不过这无论如何是对"偶然性"意义的一种误解。在批判现实主义中，"偶然性"仅仅意味着不处于目前正在研究的因果关系链条之内。偶然性出现于许多这样的线以某种方式相互作用相互影响之时。它们本身也许都是"必然性"的线。偶然的只是它们的相互作用。考虑到这一点，将一种解释中的"偶然性"影响视为是以某种方式指出那一影响的附属性，是极为错误的。

构充满了时间性，并将它们砸开以揭示其他声音的存在。

尚塔尔·墨菲和恩斯特·拉克劳是这一运动中的重要理论家。在这一方面，他们的目的，是既让结构向时间性敞开，也认为时间性是开放的，并涉及新事物生产的潜力。和向政治开放联系在一起的结构主义的问题（还有其他形式的时间性问题，例如一般形式的马克思主义的目的论），被认为是因果封闭（causal closure）的。目标因此必须是通过使政治成为可能的移位，达到让结构开放。

墨菲和拉克劳是以最行之有效的方式来做的。在他们对时间性开放性的论证中，在他们对共时性/历时性的二元的弃之不顾中，他们激进民主的规划绝对与我们这里所做的论证协调一致。从我们的视角看，关键的认识是，结构的封闭直接与结构的非时间性联系在一起。

然而，尽管有所有这样意义重大的进行概念重建的工作，拉克劳，特别是在他的《对我们时代革命的新反思》（*New reflections on the revolution of our time*，1990）中，还是保留了从最早的结构主义以来一直未变的一种有关空间和空间化的语言。时间性被重新以一种自由的方式概念化，但"空间/空间性"却相对地未加眷顾。空间/空间性的专有名词仅仅用来划定何者在当下缺乏时间性。它本身没有被重新加以概念化。封闭的结构（例如霸权的结构和再现的结构）被贴上了"空间"的标签。并且，相应地，空间性的观念首先是指缺乏因果开放性。

然而拉克劳的方法既比这要复杂，而且在其中还包含着一种矛盾性——它的确开始提示了一条走出其自身构想的道路。首先，他的空间性观念不涉及钟表/日历时间的瞬间的同期性，但涉及因果封闭：也就是说，不涉及此刻但涉及结构主义的共时性。因此，一般的"时间"形式，那些不具有新奇生产特征的"时间"形式，被拉克劳归类为空间。例如：

> 对作为一个循环系列的时间的再现，通常在农村社区中，是

在这一意义上将时间还原为空间。任何目的论的变化概念，因此本质上也是空间主义者的概念。（p.42）

换言之，按拉克劳的专门术语，空间概念中有争议的不是"时间"的匮乏而是"时间性"的匮乏。空间不是非时间的，因为它预设了钟表或日历时间情况下的一个瞬间。空间这一定义的关键特征，是其因果封闭。

任何受系列的结构法则所制约的重复都是空间。（p.41）

空间性意味着在一个结构内的共存，这个结构确立了它所有术语的积极本质。（p.69）

换言之，这种因果封闭实际上是基本截面的因果封闭，在基本截面中，"整体的所有要素……处于和另一种要素的直接联系之中"（Althusser，1970，p.94）（这和柏格森反对时间性"仅仅是已有的东西的重置"〔Adam，1990，p.24〕的观念异曲同工）。

当然，假如拉克劳的第一个说明将我们引回了此前的一个观点，那么他的第二个看似离题的漫谈则更有创造性。因为拉克劳（1990）没有只是按这种方式用"空间的"一词去指一个因果封闭的系统。他还勇敢地面对他所称的"物理空间"这一用法。关系转而变得复杂起来。

首先，空间和时间性是绝对对立的：

移位是时间性的真正形式。时间性必须被设想为空间的真正对立面。一个事件的"空间化"构成了对事件时间性的取消。（p.41）

其次，他让我们确信这不是一种专有名词的隐喻用法：

> 请注意，当我们谈到空间时，我们不是在隐喻的意义上、脱离了和物理空间的类比来谈的。这儿没有任何隐喻。（p. 41）

（在这一点上，我们也许会诧异，接下来会讨论何种空间……）
最后，的确提出了"物理空间"必定也是时间性的：

> 那么，所有霸权化的最终落败，意味着真实——包括物理空间在最后的瞬间是时间性的。（p. 42）

这是那种响当当的关于轻子的理论（QED），它一开始就在为自己的证明基础痛苦烦恼。它大获全胜的封闭，的确暴露了其解构的可能性。一方面，一般种类的时间必须被归类为空间。另一方面，一般种类的空间（在这一场合即物理空间）必须被理解为时间性的。换言之，空间一词在这里被征用，不是用来指我们可能理解为是积极的空间的任何东西（像拉克劳所说的"物理空间"），而是用来划定一种时间性（的特殊定义）的匮乏。它所指的不是作为时-空一个维面的空间，而是指非空间的概念图式。于是，又一次，又是空间即再现，不过是从一个不同的角度来看。这不是以追踪来取代旅行，而是以封闭连贯的系统取代世界的不可避免的移位。我们对空间的想象被严肃地贬低了。

那么，从某种程度上说，拉克劳的详细阐述所具有的问题"仅仅"是专有名词的问题。假如我们放下术语空间/空间的和因果封闭之间的等式（以及霸权化-再现之间的等式），那么所有的一切都将万事大吉。

然而，事实上，事情不会如此简单。因为以这种政治上日渐麻痹的方式所进行的空间概念化，还通过其他分析方式获得了反响。第一，"空间"在拉克劳的详细阐述中被剥夺了所有的政治潜力，因为它在因果上是封闭的，所以它保持不对真正的变化和介入以及崭新的东西敞开可能性。"政治和空间是二律悖反的术语。政治只存在于空间事物逃离我们的范围之内。"（p. 68）因为，正像我们所看到的，"空间"不会真正地指空间，作为一种阐述，这可能看似前后矛盾——当然，除此之外，它的言外之义还倾向于使普遍的空间即什么东西也未发生的领域这一观点长存下去。第二，由于以这样一种不敬的方式来描绘空间的特征，空间（物理的、政治的空间，人文地理学家的空间）本身因此很少得到直接讨论。因此，第三，整个移位根源的潜在领域也弃置一旁，没有得到探讨。因为在拉克劳看来，"移位是自由的源泉"（p. 60），而自由是没有限制，是必要的不可再现的"失调"——它给政治提供了可能性（p. 42），因此，对整个移位潜在领域的探讨，这是很重要的。

假如有人想恶作剧，就可以指明一种潜在的循环性：

> 在任何"超越性"本身都易受攻击的范围内，任何想将时间空间化的努力最终都会落败，而空间本身会变成一个事件。（p. 84，着重号为我所加）

并且……

> 历史的最终不可再现性是承认我们激进的历史性条件。它存在于我们事件的纯粹条件之中，这在所有再现的边缘和败坏所有空间的时间性踪迹中都有所表现，在这里我们发现了我们最基本的存在，那就是我们的偶然性和我们转瞬即逝的本质的内在尊严。（p. 84）

从对激进民主本身论证之内的这种移位中，可以找出一条产生新思想的线索。可以将逻辑推到它显而易见的限定之外。因为如果空间是一个事件，如果时间性的踪迹败坏所有空间，那么两件事就会接踵而至：第一，空间会变得像时间性一样不可再现（权且肯定我们前边的论证），第二，在这一意义上——空间这一术语被用来指一个封闭的、连贯的结构这一意义上，"空间"不可能存在。拉克劳在将空间定义为封闭的同时，又指出封闭是不可能的（"所有空间性的危机"，p.78）。很清楚，不管怎样，必须对空间加以不同的想象。

※

拉克劳规划之后的冲动是卓有成效和令人兴奋的。我将提出，如果将它空间化的话：也就是，如果从外部来确证空间的确如他所言是"一个事件"的话，他对"激进历史性"的倡议甚至可能更为激进。但是，这种对空间和时间两分法的坚持（在两分法中，空间语言由于基本不变得以保存下来），并不是某些特异的特点。它深入到了反对结构主义静止停滞的许多理论家的著作中。

米歇尔·德·塞托在有关空间性，特别是城市空间性的文献中被广泛引用。然而，我仍然要指出，他对这一领域的阐述受到了他最初建立框架手法的拖累，此外，那一无所不包的结构仍是按照时间和空间的术语来进行概念化的，并且同样问题重重。

德·塞托《日常生活实践》（*The practice of everyday life*，1984）中的论文，其框架是按照战略和战术间的对比来建立的。一种战略被定义为与业已建构起的某一地方、静止的、给定的、一种结构联系在一起。战术是牵涉到那一结构的日常生活实践。

这立即引入了结构和能动性之间的二分法，这种二分法按自己的术语来说也是可以质疑的。它涉及作为大一统秩序一方的社会权力概念和弱势一方的战略。这不仅过高估计了"强势方"的团结一致和它所产生的"秩序"的天衣无缝，而且降低了（在试图增强的同时）"弱势方"的潜在力量，模糊了"弱势方"在"权力"中的意义。不过这一问题也更为根深蒂固，因为整本书从头至尾都是根据时间按空间和战略的术语来进行阐释的：

一种战略假设，一个可以被划为专属的地方……这"专属"之地是空间对时间的胜利。相反，由于它没有一个地方，一种战略只能依赖时间——它总是伺机抓住机会"飞翔"。（p. xix；着重号为原有）

　　战略将它们的希望牢牢地放在一个地方的建设所提供的对时间的腐蚀作用的抵抗之上；战术则将它们的希望放在对时间的明智运用之上，以及对时间引入到权力基础之中的游戏的明智运用之上……这两种付诸行动的方式可以根据它们将赌注押在地方还是时间上区分开来。（pp. 38～39；着重号为原有）

　　在解读这样的段落时，立即会出现一百零一种思想和反对意见。它将权力关系的观念处理为仅仅只是二分的：权力对抵抗。从征候上来看，它试图（通过引入抵抗的观念）摆脱结构主义的一种困境，而同时却让结构在概念上原封未动并被定义为空间的。这种权力/抵抗两分的标签法，正如时间的/空间的两分法一样，至多只是来自于那思想史的一种共鸣。

　　在他的整本书中，德·塞托描绘了他自己分析结构和语言学结构（特别是语言和言语间的区分）之间的一种类比。的确，在其"金刚与人蝇"（King Kong and the human fly）中，米罕·莫里斯（Meaghan Morris, 1992a）对由有关结构主义的论战所诱发的挑衅做了探讨，她对德·塞托一次参观世界贸易中心的陈述进行了考察。和我一样，她将他解释为力争脱离结构主义，然而……

　　德·塞托从顶端来到街上，涉及理论/实践间对立的一种令人烦心劳神的重新铭刻——这种对立在语义学上被建构为"高"对"低"（"精英"对"大众"、"统治"对"抵抗"），"静"对"动"（"结构"对"历史"、"元叙述"对"故事"），"看"对"做"（"控制"对"创造性"，最终是，"权力"对"技艺"）——这种对立实际上阻碍了彻底走开的可能性。事实上，德·塞托对世贸中心的参观，是对二元对立的"格栅"从头再进行一次图绘的一种方式。在这种二元对立的格栅之内，曾（由萨特和列维-斯特劳斯等人）进行过如此多的有关结构主义的论战。

的确如此。然而，莫里斯没有注意的一元是空间与时间之间的那一元。德·塞托对那一元也进行了重置。这是一种双重的反讽，因为他所有的意向都在反面。他对功能主义的组织化进行了批评，"通过优先前进（例如时间），功能主义的组织化使自身可能性的条件——空间本身——被遗忘了，空间因此成了科学技术和政治技术中的一个盲区"（1984，p. 95）。这里，在德·塞托使它撼动并得到了发展的论证中，可能确实隐伏着一条错误路线。

这是一种有关权力的想象（中心集团对抵抗的小战术），这种想象将自身图绘到了做了同样划分（城市结构对街道）的城市空间之上。在"作为系统的城市"背景之下，固定化了的可视性的不屈不挠的在场，被浪漫化为战略、日常、细民（the little people）的一种流动的"抵抗"（欲知特别清晰明了的阐述，请见：de Certeau，pp. 94～98）。一方面，不可能存在这样一个安全、自我连贯的系统（作为共时性结构的城市），无论我们是否将其描绘为空间。至少，甚至最铁板一块的权力集团也不得不进行维护。

另一方面，这种中心权力被理解为脱离了"日常"（或对立于……?），被街道形象地进行了描绘。它是一种在都市文献中已经安营扎寨的想象，并伴有它自己将这街道的空间性阐释为"边缘""空的空间"和其他名号的详细说明。在最糟的情况下，它能分解为在政治上最少说服力的情境主义者的欢呼雀跃——从蹦蹦跳跳地冲下黑暗的通道、幻想迷宫等等之中得到男孩般稚气的震颤陶醉（一个人假想的）。（这本身不是另一种形式的对城市的色情化的殖民?）正像克里斯汀·罗斯所问的：

> 街道又怎样？……街道本身，或至少是后街、旁道和弯路……
> 是越轨的或（用因德·塞托的追随者们最流行的词）"抵抗"的场
> 所。但是抵抗什么呢？在德·塞托那里，移动即逃避……（Kristin
> Ross，1996，p. 69）

> 来自于德·塞托的批评（也就是，今日美国许多的文化研究）
> 理所当然地将资本主义当作是处理意义的角力场或交换台；萨尔
> 瓦多人或危地马拉人在洛杉矶的快车道上卖橘子变成了"抵抗"
> 的一个特征——有人侵占都市空间并将它用作自己的手段，同时
> 有人对这种"主设计师"（master planners）嗤之以鼻？但是抵抗
> 什么呢？（p. 71）

罗斯这里实际上所担心的是这种抵抗缺乏连贯一致（"战术积累不
成任何更大的战略"（p. 71），缺乏单一的焦点（"不能制订出返回资
本"的战术，"也不能提供任何理解作为一个整体的结构的方式"，
p. 71）。这不是我的观点，然而它也是一种问题重重的空间化。我现在
赞成抛弃时间与空间之间的两分，这种两分将空间既定位为时间的对
立面，同样也问题多多地定位为固定、权力、连贯、再现。正像本书
其他部分将要探讨的，这种意指，是政治的。

我认为，在例如拉克劳和德·塞托这样的作者的写作中（并且，
正如我将要提出的，在许多广义的后结构主义中），存在着一种反讽。
宽泛的概念的推动力，是要打开我们对时间性的想象的结构（拉克劳
通过移位，德·塞托通过战术）。然而在这种对时间的生气勃勃的关注
之中，作者既没有致力于空间有联系的专门术语的任何基础性批评，
也没有致力于空间概念的批评。在这一方面，他们一点也孤单。柏格
森的《时间与自由意志》采纳了相同的方针。空间是一个剩余的范畴，

其定义未经太多深思熟虑。然而，我将提出，出自所有这些事中的一件事，是空间概念体系和时间概念体系的相互交织。以一种特殊方式想象其中的一方，至少"逻辑地"隐含着一种特殊地思考另一方的方式。这并不意味着它们是同一件东西，处于某些简单的四维性之中。它是说时间和空间相互不可分离，这是一个相当不同的命题。至少，就时间是开放的来说，空间在一定程度上也必须是开放的。不承认结尾开放的多样性的同时性，就是承认空间体可以损害敞开时间性的工程。空间不可能是福柯所指的那种领域——死的，固定的；它也不可能是封闭的领域，或静止的再现的领域。空间像时间一样不可再现（尽管推论出的问题是时-空的再现）。让空间挣脱这种固定不变的意义链，既潜在地有益于对政治存在来说必不可少的移位，也使空间本身向更丰富的政治诉求敞开。

第四章　解构的水平性质

　　运用空间体的专有名词去指固定不变的领域（这是第三章考察的焦点），当然不能概括所有后结构主义写作的特征。当然最显而易见的，还存在福柯著名的反思："空间被当作僵死的、固定的、非辩证的、不变的东西。时间，则截然相反，是丰富、多产、生命、辩证的。"（1980，p.70）尽管在这种姗姗来迟的回顾之后，又认定"结构主义之后"的许多写作还保留着这些概念的意向。

　　不过也存在着更为根本的德里达对空间/间隔意义的认可。不像拉克劳和德·塞托，德里达没有将空间这一专有名词当作是一个简单的对时间体否定的剩余范畴来加以使用。他给空间本身以明确的关注。延异（différence）这一概念既将时间性想象容纳在内，也包含了空间性想象（延宕和分化）。德里达也相当清楚空间的某些层面——我将提出，这些层面十分关键（空间即区间，即对一个开放性的未来可能性持开放态度）。在解构之内（至少在它的理论之内，如果不总是在它的实践之中的话），空间被明确地时间化了，将 e 改成 a 将时间加到了空间之上。"播散""标明了一种不可还原的、生产性的多样性"（1972/1987，p.45；着重号为我所加），只有延异是完全历史的。结构的这种松动和碎裂，不仅质疑了整体性和自我呈现的要求，而且克服了语言对言语的困局。在德里达看来，间隔（spacing）对差异/延异来说是必不可少的。它使历史的通常意义敞开了。在《论文字学》（*Of grammatology*）中，他写道："'历史'一词无疑总是与在场的线性逻辑顺序联系在一起的。"（引自《论文字学》，1972/1987，p.56）有人也许会质疑为什么这里的"总是"会如此轻而易举地出现松动，但这种情感却言之有理。历史（在那时）的霸权意义的这种线性，据称有一整套进一步的意义（"一个完整的意义系统，1972/1987，p.57；着重号为原有），其中包括目的论、连续性、有关一种内在化的意义积累的设想。所有这些在精神上完全是我这里一直试图致力的对象。的确，马尔库塞·多伊尔（Marcus Doel，1999）已经提出，后结构主义已经是空间的。正是空间事件、间隔的活动，解构了所有假设的完整性。① 我的论点宁愿是，后结构主义可以十分容易成为空间的（按我这里所指的空间的这一词的方式）。不过，正像德里达自己所指出的，为了让解构生存下去，特别是当它正被输入到新的领域中时，需要对其进行改造。正像与柏格森、结构主义、拉克劳的相逢中那样，同情性的狡计将会在适当不同的东西中起作用，并且也许会伴随适当不同的东西出现。

解构自始至终高度关注文本性、言说和写作、文本。正是在论争之中，解构建立起了自己的区分。作为一种工作模式，它随后通过争论被扩大到更广的范围（尽管正像德里达所说的，它用的是他自己居家时触手可及的"词语"）。虽然如此，这里存在着一种焦点的转移——由聚焦"在狭义的经典意义上"被称为文本的东西转向后来著作中拓宽了的范围。正像德里达一度所说的，即使不存在任何封闭，间隔的效果也已经潜含了一种文本化（1994，p.15）。某种意义上，再

---

① 多伊尔所用的是比我这里远为宽泛的后结构主义概念。我这里所关注的是更严格的一种德里达式的方法论。当然，即使考虑到这一点，我依然保留和多伊尔在诠释上的这种差异。

现又一次出现了，不过，这里的目标是挑战文本封闭的权利要求。

因此，当观点和语言（解构在语言中寻找自己的实例）已经发展时，就出现一种诉求：要求越来越具有可概括性。随之出现的命题是，"世界就像一个文本"。取代再现被想象为空间化，"间隔……意味着……文本化"，移动被颠倒了过来。像每一个命题一样，这是一种有自己的历史、有自身区分过程的陈述。对我们之中那些不追踪这一特殊历史轨迹的人来说（这些人的参与和区分采取了别的方式），一种对等的（但不是相同的）命题可能是，文本的确只是像世界的安息之所。但是，当然，介入的轨迹，重复和区分的次序，都具有功能。你从哪个方向得到一个论点会影响到论点的形式。"世界就像一个文本"是一个极不同于"文本只是像世界的安息之所"的命题。对思想的想象力的路线保持关注，有真正的原因。

例如，关于解构的方法论，就存在着一种残余的但持之以恒的"水平性质"（horizontality）——它使处理在时-空中完全不可或缺的空间性困难重重（或更准确地说，使激起对空间性的一种想象困难重重）。文本将自身呈现为二维的结构；水平的连贯/完整——通过解构，这种连贯压根不会显示为连贯的。毫无疑问，这里关系到这一戏法的实验室层面。确实，我在这里试图提出的有关空间的观点，具有许多同样的驱动力。对假想的水平的完整性解构，与对将地方当作内在连贯和封闭的观点的批评，可谓异曲同工。对水平性质的重视可以诠释为转向空间性（在某种意义上和某些场合中，实际上也确实如此），而更有甚者，空间性是开放的和分化的。因此，提出任何反对意见似乎是反讽的——如果不是彻底粗暴的话。然而，也许，在这种详细说明中（这种大脑的眼睛对手边的思想任务的想象），有太多对纯粹水平东西的重视和太少对多元轨迹的认可（"水平性质"是这种多元轨迹的瞬间的、流逝的结果）。约翰·拉吉奇曼（John Rajchman，1998）发现，在对水平的观看、拼贴、叠加的建构性进行相关询问的过程中，一旦受到赞扬，就会变成障碍（p.9；也可参见同一卷中他的散文《泥土》）。解构的（实践的）本质，将它引上了强调延异的区分层面高于延宕层面。

这不是解构的概念结构中固有的。德里达频繁强调空间维度和时间维度的综合生产力。在与让-路易斯·乌德比纳和居伊·斯卡佩塔的长谈中（Derrida，1972/1987，pp. 37～96），德里达列举了纠结在一起的利害攸关问题。在这一讨论的一个注释中（脚注42，pp. 106～107），他写道："间隔也是一个（但不是唯一一个）带有生产性、积极、生成力量意义的词。像播散和延异一样，它负载着一个遗传的母题：它不仅是间隔，空间构成于两物之间（这是间隔的常见意义），它也是间隔，是操作……移动离不开时间化（参见《延异》），离不开延异。"（着重号为原有）间隔在这里既是时间的也是空间的（我们通常命名的那种时间和空间）。

然而，德里达想象间隔的这种过程/时间维度的方式，转而也产生了种种问题。以上引文中的省略，在填满时，就提供了一种暗示。在这里，"操作"（其过程即空间化的过程）被定义成"放置一旁的移动"（p. 106）。这一段继续写道："它〔间隔的移动〕标志着什么东西从自身被放置一旁，什么打断了每一种自我同一性，每一种自我的准时集结，每一种自我的同质性和自我的内在性。"（p. 107；着重号为我所加）于是，有两种东西正在这里进行，它们也许可以称作否定性的两种形式。这两者对于社会空间和物理空间的分析来说都是有问题的。

第一个问题正好以着重号突出出来：间隔的概念即一种（有意地）放置一旁的行为，一种据称因建构自我同一性（在这里，是按照同质性、自我内在性等等的概念）的目标而必不可少的排除过程。焦点是在断裂、移位、分裂、同一性/差异的同构。按这种方式构成物的概念，生产出了一种和他者的关系，这个他者，实际上是无穷无尽的同。它是一种否定性的关系，一种区分出来的关系。它被想象为与内部断裂和不连贯联系在一起的异质性，而不是一种积极的多样性。它是一种从内部进入的想象。它减弱了欣赏积极的多样性对两分的同/异的永恒再生产的潜力。这既是政治上的无能，也是空间反思本身的问题。在政治上，正如罗比森（Robinson，1999）所说的，在某些这类传统中，承认多样性和差异，已经太多地导致将关注的焦点放到了内部的分裂和对内部去中心化过程的沉思，而不是转向对外部关联性的介入。因为，无可避免地，这种想象必须公设一个力争"连贯一致"（在这一特殊意义上）的结构，但这一结构不可避免地会受到被定义为"他者"的东西所损害，或内在地依赖于被定义为"他者"的东西。这他者是构成性的外在（the constitutive outside），同时又是内在的分裂。它是提出同一性（连贯性）的一种方式，既是为了一对一地区分它们，也是为了提出它们无可避免地是内在分裂的。迷失的东西是同时共存的。正是在他们对这种否定性的拒绝中，对肯定的重视中，从斯宾诺莎到柏格森、德勒兹的哲学路线，有更多东西提供给对空间的再思考。

在德里达与让-路易斯·乌德比纳和居伊·斯卡佩塔的谈话中，围绕否定性差异与积极的异质性之间的区分，有一段令人捧腹的遭遇。在德里达看来，间隔对差异的构成必不可少。在谈话将要结束时，乌德比纳试图将这一点更具体化一点（Derrida，1972/1987，pp. 80 及以下）。德里达没有抓住问题的要点，乌德比纳再次尝试问道："不，那不是我所说的意思，让我将问题换一种说法：异质性的母题全部被间隔的观念所遮蔽了吗？变异和间隔没有给我们呈现两个相互不同的瞬间吗？"（p. 81，着重号为原有）这两人在谈话中继续自说自话，并且随后在包含着对这次谈话的反思的脚注中（pp. 106～107）以及一系列通信交流中（pp. 91～96），仍然继续自说自话。在他的信中，乌德比纳再一次坚持：

> 一切都出自我有关异质性母题的问题，我认为这一母题不能还原为间隔的单一母题。也就是说，按我的观点，异质性这一母题的确隐含着间隔和变异的两个瞬间，这两个瞬间在功能上是不可分的〔在这里，他对早先坚持不是这么回事的观点的德里达唯唯诺诺〕，但这也不能被认为是相互等同。（p. 91，着重号为原有）

在所有这样的混淆中，依然存在着一条线索，这一线索可能是德里达继续区别于乌德比纳对问题进行解读的根源。接下来，乌德比纳又回到了德里达此前所说的"间隔"，他说：

> 间隔是不可还原的外部索引，是在那一移动的同一时刻的一种移位，这一移位表明了一种不可还原的变异。我不明白有人是怎样将间隔和变异这两个概念分离开来的。（p.81，着重号为原有）

在我看来，这正好指出了一个问题。差异和多样性在这里通过一个过程紧密结合在一起，这一过程要么是移位，要么是外在化（在其他地方则是驱逐、压抑，等等）。他者的共存，它们的差异的详细说明，都通过它们被"放置一旁"（p.107）得到确证。它是这样一种想象，尽管其自身是从"一"开始的，但却否定性地既建构出了多元性，也建构出了差异。一触即发似乎渗透在乌德比纳的信中：

> 它依然停留于〔这种状况〕，异质性的母题不能还原为"不可还原的外部索引"，没有被这种"不可还原的外部索引"所耗尽。它也是诸如此类的变异立场，也就是不是虚无的一种"东西"（一种"虚无"）的立场〔例如，"间隔划定了虚无，……却是一种不可还原的外部的索引"，p.81〕。（p.92；所有的着重号为原有，〔〕内的的文字是加上去的）

确实如此。乌德比纳坚称："异质性母题的深度发展因此迫使我们走上间隔所限定的这一'虚无'的积极性。"（p.92）[①] 到第 94 页，开始达到一种和解。德里达说：

---

① 虽然我赞成我这里所复述的乌德比纳的特定术语，但我不同意他更宽泛的立场，尤其是他对"辩证矛盾"的重视。

他者的不可还原性，在与你用"立场"观念来限定的东西相关联的间隔上最为显著。〔一种"东西"……（一种不可还原的变异性的立场）（Housdebin，p. 92；着重号为原有）〕：联系我们另一天的讨论，这是最新和最重要的观点，在我看来……（p. 94；着重号为我所加）

这种具有喜感的哲学相遇的线性特征，包含许多和空间的另类想象有关联的东西。对认可间隔的事实具有重要意义。包含着在这种既是空间也是时间的东西内部所进行的整合。包含着有关如何对差异/异质性的过程进行概念化而展开的争执。还有德里达观点的否定性（驱逐、抛弃）和乌德比纳对"积极性"寻求之间的对比。甚至还有论证的重重困难。德里达的确承认了它的重要意义。他结束了将题名为《立场》（*Positions*）的倡议之间的交流，即是承认了这种重要意义。就是这样。

在和空间具有共同形式的多样性中，立场、位置是其要素区分的最小序列。

但否定性还有第二个层面：不断运用断裂、移位、分解一类的语言。德里达确实没完没了地致力于这些方面的谴责。他正确地提出，这正是从一开始便不得不去完成的工作。"应当给结构松绑，分解结构，不让结构沉淀下来。"（Kamuf，1991，p. 272，在这里，德里达的确正对自己著作的历史定位展开反思。）按前面所讨论的术语来说，它是一个未打开的封闭体的问题。他也提出，它"不是废弃概念的问题，也不是我们有方法去这么做"，在"结构概念这一案例上……所有的东西都依赖于人们如何让它运作"（1972/1987，p. 24，着重号为原有）。推进的方式是改变概念，并且一点点地，产生新的构型：这就是《两次会议》（*la double séance*）一文，力求逃避想象的遗传基础结构。一种简单地试图和它一刀两断的企图将经常（德里达典型的说法是"总是"）导致旧瓶装新酒式的重新铭刻（p.24）。目标必须是"改变概念，替换它们，将它们的预设颠倒过来，重新将它们铭刻到另一链条之中，一点一点地修饰我们工作领域的地形，并借此产生出新的塑形"（p.24）。最后，我们也许可以像德里达十分美妙地所写的那样，沉醉于"这样的欲望，逃离组合体本身，发明不可计量的编排"（1995，p.108，转引自Doel，1999，p.149）。不过，这的确有困难：发明的进程本身似乎受到了解构的水平状态和否定性的限制，被嵌入到了一种思想轨迹之中，这种嵌入，来自对文本性的关注（并且披着心理分析学的外衣）。从解构走向一种认知——世界即生成，世界即新事物的积极创造——则更为困难，这种认知对斯宾诺莎-柏格森-德勒兹的哲学是如此重要。因此，也不可能产生一种认识——空间即共存的多样性的领域，空间即迄今为止的故事的同时共处。按其自身来说，解构的视角还不足以取得空间的必要转录，将静止/再现/封闭的环环相扣转录为开放性/不可再现性/外在多样性的互相关联。几乎像物理位置的转移一样，从对一个人所细察的文本性的想象，转向认明一个人在连续的、多样的兴起过程之内的位置，这是有分歧的。

也许，使这一诡计多端的战术转移有益于解构同重新形成空间性的概念结合起来的，是另一种传统：文本/写作与空间相互联系的传统。将想象由承担起粉碎空间结构的假定的整体性的任务转向一种还在变动的生成性的空间-时间编排，尤其困难重重，在这里，结构的置换观念本身已经如此经常地被转译成了时间取代空间。正像德里达本人所写的那样，"间隔的功能已经隐含了文本化"（1994，p.15）。从另一个角度来阐明这一点，则暗含着它可能意味着，不是世界（时间-空间）像一个文本，而是一个文本（甚至在这一术语的最宽泛意义上）就像世界的安息所。所以，将空间内容驯服为文本内容的由来已久的趋势，也许是可以避免的。

第五章　空间中的生命

在第二部分所探讨的差不多所有思想路径中，都包含了一种以上对空间的认知。发掘这一点的目的，既是为了指明某些联想问题重重的反复出现，也是为了强调可替代性看法的潜力。希望有益于一种将空间从其旧的意义链中解放出来的进程，有益于将这一进程与一种不同的可能特别具有更多政治潜力的进程结合起来。

论证是从这样一种立场入手的：空间是一种非连续的多样性，不过在这种多样性中，多样性的各要素本身充满了时间性。静态的同期性被抛弃，取而代之的是动态的同时性。另一种中止将动态多样性理解为空间的形式，是主张将空间想象为一个固定不变的封闭系统。与将时间性注入空间体一样，这也是恢复其非连续多样性的层面；因为尽管封闭系统是单一宇宙的基础，但敞开那一系统可以为真正多种多样的轨迹制造余地，并因此潜在地给真正多种多样的声音制造余地。它也反对将空间想象为否定性的间隔的产物，通过抛弃这一观点，提出了一种积极的非连续的多样性。它也拒绝了拉克劳的用法，即按照他自己所认为的空间本身是一个事件的观点，用"空间"来指静态的封闭体（"墓地或疯人院"，Laclau，1990，p. 67）。

按照这一解读，无论时间还是空间都不能还原为对方；它们是不同的。当然，它们也是相互密切关联的，在空间一侧，存在一种动态同时性的完整时间性；在时间这一侧，存在着通过相互关系的实践，产生出必要的变化。"万物之间的关联，只能造出时间"（Latour，1993，p.77——尽管有人可能也希望认识到这种关联中实体的协作生产）；"时间是……实体之间关联的一个临时结果"（p.74）。变化以相互作用为前提。相互作用，包括内部多样性的相互作用，对时间性的生成必不可少（Adam，1990）。确实，假如我们要设想一种本质主义的同一性逐渐展开，变化的条件也应当在初始情境中便已经加以设定。在这一意义上，未来将不会是开放的。因为这里如果存在相互作用，便必定存在非连续多样性；如果要存在（这样一种形式的）多样性，便必定存在空间。或者，正像沃森（Watson，1998）在他有关"新柏格森主义"的探讨中所写的，这一传统是按照耗散结构的结构性耦合来理解自创生的（autopoiesis）。德勒兹受内部和外部关系间的作用同时决定的"极端经验主义者"也抓住了这一点（Hayden，1998）。换言之，没有他者，我们就不可能"变成"。[①] 而且给那种可能性提供必要条件的是空间。柏格森在回答自己所提出的问题"时间的作用是什么"时说，"时间避免万物不被立即限定"（1959，p.1331）。在这种上下文中，"空间的作用"可能被描绘为给生成时间的那些关系的存在提供条件。

当然，这必须同这样一种主张区分开来："空间之所以重要，是因为它有益于时间上新的东西。"事实确实是这样。这一观点还将融入下文中。不过我这里的立场比这一主张还要走得更远。的确，格罗斯伯格（Grossberg，1996）已经反讽地谈到某些试图将空间从一种已经被意识到的非优先化中拯救出来的方式，其中"第一种方式让空间服务

---

① 强调特殊性对这里的观点相当重要。例如，有关地方的部分观点是，它们不像例如生命有机体一样的相同秩序的实体：内部和外部关系间的作用是相当不同的。

于时间；也就是说，使空间的权力成为工具性的，这提出了如何通过空间使用、组织和运作权力的问题，还将它还原到确保时间的权力要求（例如结构的再生产）的角色"（p. 177）。这里的观点关系到时间和空间彼此必不可少。世界的活力基于时间和空间两者，一个也不能少。

这些观点绝不是全新的。我的确试图利用别人有时被轻描淡写了的洞见。此外，在做这样的陈述时，所做的回应可能是："当然，这是显而易见的。"然而，在许多流行话语中，空间是以另外的方式加以实践和想象的。特别是，对空间极为不同的想象和介入会被征用为政治问题领域内的基础。第一部分已经暗示了这一点，在接下来的篇幅中，将直接旧话重提。这里的目的是做好某些准备。

此外，我们可能如何想象空间的问题，与主体性本身的问题交织在一起。在《空间、时间与曲解》（*Space, time, and perversion*）中，伊莉莎白·格罗茨（Elizabeth Grosz）将它们连结为她这里所谈到的许多观点：

> 在事件间的时间关系是通过一条直线上的点之间的关系来表现的范围内，牛顿力学，就像欧几里德的几何学一样，将时间关系还原成了空间形式。即使在今天，将时间关系与数字的连续统画等号的等式，也假定时间是和空间同构的，并且空间和时间是作为一个连续统、一个完整的总体而存在的。时间只有通过从属于空间和空间模式，才能得到表征。（1995，p. 95；着重号为我所加）

正如已经看到的，与这一程序相反的最经常的观点是由它对时间构成的破坏力来驱动的：它将它转化成了一种非连续的多样性。

我的观点是，在那种非连续的多样性被想象为静态的范围内，它也对空间构成了破坏。当然，格罗茨也开辟了另一条论证的路线，这条路线与对主观性的想象联系了起来。她写道："再现空间（在更小的程度上，再现时间）的方式与主观性自我再现的方式之间，存在着一种历史性的相互关联。"（p. 97）后来，通过伊瑞格蕾的著作（Irigaray，1993），她提出了内在性与外在性的连结，在这种连结中，空间被看成外在性模式，时间被看成内在性模式。这是一个坚持不懈的哲学主题。同时，伊瑞格蕾也利用了古代神学和神话学："也按康德的概念，在空间和时间是我们加诸世界的一个优先范畴的同时，空间是理解外在客体的模式，时间是理解主观自身内部的模式。"（p. 98）

格罗茨随后将这种时、空区分与社会性别的构成联系了起来：

> 这也许可以解释为什么伊瑞格蕾声称在西方时间被认为是男性的（主体的一端，具有内在的一种存在），而空间则和女性特征联系在一起（女性特征是男性外在性的一种形式）。女性是空间，为男人提供空间，但它自身不据有任何空间。时间是他内在的投射，是概念性的，回顾性的。时间的内在性只有通过上帝（或他的替身，男人）的立场才能将空间的外在性联系起来，上帝的立场是他们沉思的基点，是他们和谐的轴心。（1995，pp. 98～99）

吉利恩·罗斯（Gillian Rose）也利用伊瑞格蕾分析了时间与空间之间的社会性别区分，其分析与我这里所做的论证有显著的关联。我们已经看到，例如，普里高津和斯腾格尔是如何指出某些哲学家面对自然科学坚持时间的"客观的"可逆性而将时间内在化为不可逆的。柏格森则从经验入手；正是经验，挑战了时间假设的可划分特性；经验即绵延。坚持按这种方式分析时间已经构成一条连续不断的红线（参见，最近的一个例证，Osborne，1995）。即使哲学家们意识到作为一种关联的（亦即，空间的）世界一种元素的具体体现，也没人能减轻主观性的这种纯粹的时间维面的压力。因此，再一次从一个不同的轨道，梅洛-庞蒂写道："我们必须将时间理解为主观，将主观理解为时间"（1962，p. 422，转引自 Mazis，1999，p. 231）），"感觉的综合是一种时间的综合，感觉层次上的主观性只不过是时间性"（p.332，转引自 Mazis，1999，p.234）。"最小可能的时间经验因此是所经验的时间旅程中的一种差异或一个瞬间，"德勒兹写道（1953/1991，pp.91～92；着重号为我所加），"并不是所有的观念都能提供空间的延展品质，但所有的〔经验〕原子都能在它们所出现的时间中提供时间的品质。"（Goodchild，1996，p.17）所以，古德柴尔德评论说，"德勒兹的经验主义不是和材质或经验的天真的原子论概念绑在一起的，而是和既作为意义之基础，也作为经验之基础的时间绑在一起的。"（1996，p.17；着重号为我所加）格罗斯伯格也提出了有意义的主张："时间和空间的二水分流，以及时间高于空间的特权，也许是现代哲学最关键的奠基时刻〔在一个脚注中，他澄清道，关键的问题是时间和空间的"分离"〕。它促成了本体论的延宕和实在向意识、经验、意义和历史的还原。"（1996，p.178）此外，内在性的纯粹时间性的假设反过来与相对应的空间不只是外在的而是物质的假设关联在一起。正像邦达兹所评论的，与柏格森-德勒兹的非连续与连续的区分联系在一起："在一定意义上，从古典理性主义者和经验论者那里继承过来的伟大的两元论——物质和精神——现在被重新安置到了绵延和空间的区分之上。"（1996，p.92）

有两件事在这里一如既往。首先，将时间性的东西当作内心来分析。第二，将内在性理解为纯粹是时间性的。正像格罗茨所说的，这后者是"主观性自我再现的方式"之一，并且反过来，正像她所提出的，已经和理解空间的方式相互关联在一起。

也许，如果接下来我们对空间进行不同的思考和实践，那么它也会在别的领域里获得回响。一种批评路径已经围绕一种哲学的悲惨主义反复盘旋，这种哲学的悲惨主义偶然会被描述为对时间的入神。与柏格森-德勒兹的招魂形成鲜明对照，它已经提出，许多有关时间的写作，以及它与内在性之间的频繁联系，来源于一种压迫性的死亡恐惧（参见，例如，Cavarero，1995）。也存在另一条质疑的路径，特别是来自于女权主义哲学家，这条质疑路径将理解同一性/主观性的政治争议置于更强有力的关联方式之中。它旧话重提，的确回到了时间的关系建构，莫伊拉·盖腾斯和吉纳维夫·劳埃德（Moira Gatens and Genevieve Lloyd，1999）已经利用斯宾诺莎探讨了主观性的关系建构，个人性与社会性的密不可分。这释放了我们的想象。因为如果经验不是一系列内在化的感觉（纯粹时间性），而是多种多样的物和关系，那么，其空间性就像它的时间维度一样意义重大。这是要以另一种方式提倡一种存在和思维的方式；一种对存在更开放态度的想象；一种实践主体性的（潜在的）"外向型"品质。因此，正像柏格森思想的演变一样，"绵延对他似乎是越来越不可还原为一种心理经验，反而变成了物的可变本质，同时提供了一种复杂的本体论主题。不过，与此同时，空间对他似乎越来越不可还原为一种将我们与这一心理现实分离开来的虚构，准确地说，它本身就基于存在之中"（Deleuze，1988，p. 34）。这两种演变是相互关联的。正像德勒兹所引的："运动外在于我不亚于内在于我；自我本身反过来只是绵延中众多他者中的一个个例。"（p. 75）正像劳埃德所说的，"对〔斯宾诺莎〕来说，我们不可能经由撤退到我们防线之后而获得我们的真实自我。通过向自然的其他部分敞开，我们变得最为自我……这是个性的两个维度：此时此地，自我与空间世界的关系，自我与时间的关系。他身体的动态物理现象提供了两者之间的联结……个性的一种内在多样性"（1996，pp. 95～97）。柏格森写到富有想象力的跳跃：在与记忆的联系中，将我们自己"立即"置于过去之中；在与语言的联系中，跃入意义的元素中。同一跳跃能够进入空间性之中吗？一个人能"将自己抛入空间性之中吗？"（Groze，2001，p. 259）接下来，不仅绵延在外在之物中，而且存在的空间化在应答之中。

※

　　空间被设想为时间过程中的一个静态片断，被设想为再现，被设想为一个封闭的系统，如此等等，所有这些都是驯服空间的方式。它们促使我们无视空间的真正重要性：同时存在多种多样的其他轨道，空间化的主观性必要的"外向型"品质。在如此多的哲学中，时间一直是兴奋（在其生命中）或恐惧（在其流逝中）之源。我想提出（并且暂时不讨论我们不应当将时间和空间像这样分开），空间同样是令人兴奋和恐惧的。

假如时间要向新事物的未来敞开，那么空间就不能等同再现的封闭体和水平状态。更普遍的，假如时间要敞开，那么空间也必须敞开。将空间定义为开放的、多样的和关联的、未完成的以及总是在生成的，是敞开历史的先决条件，也是政治可能性的先决条件。

在一篇令人着迷的文章中，莱希特（Lecht，1995）也将"科学"与"写作"联系起来，并转而将两者与空间联系起来。他的观点是，现在，无论是科学（作为机会、混沌等等新话语的一个结果），还是写作（作为后结构主义和解构主义的一个结果），都具有不可避免的非决定性因素。他得出结论说："假如后现代科学带我们走向知识的局限和机会的开端，假如它发现非知识（non-knowledge，作为不能裁定的知识，作为非确定性，作为非决定性）在结构上是不可避免的，那么它也会发现……通过空间，写作和科学紧密地联系在一起；因为写作也是非决定的。"（p. 110）关于这种对科学依赖的性质，我持保留意见，这在第十一章将展开探讨。但不管怎样，我的确同意莱希特的结语："其政治含义也许依然还有待认识。"（p. 110）

第三部分　生活在空间性时间之中？

第二部分反思了某些方式，以这些方式，哲学论争过程中，空间逐渐地依附于一系列无益的联想，这些联想阻碍了全面认识实践的社会-政治空间所提出的挑战。更积极地说，兴起了这样一种观点，空间即动态的同时存在的多样性的维度。本章将处理某些有关社会-政治空间流行的、显著的想象，同时特别关注将当下据称是"空间"和"全球化"时代的想象。构成这些陈述基础的，又一次是需要加以质疑的空间诸概念。因为，又一次，它们是躲避空间体所产生的挑战的手段；确实，它们是将其压抑合法化的隐蔽手段。

第二部分力主空间即多元轨道的同时共处。要承认这一点，应当在原则上确立空间正在向同期进步的存在提出质疑和挑战。当然我这里所探讨的许多占有霸权地位的话语和实践，以不同的方式避开了这种挑战：将空间的多样性合并到时间序列之中；将空间体理解为无深度的即时性；将"全球的"想象为不知怎么地总是在"那儿之上"、"那儿之外"，一般地总是在其他某个地方。每一种都是驯服空间体的手段。所有这些空间的（我愿意称它们为反空间的）策略所做的，就是逃避作为一种多样性空间的挑战。这提出了实践性空间的维面：空间即空间的关系建构；空间即通过物质介入的实践而来的空间生产。假如时间的展开即变化，那么空间的展开即相互作用。在这样的意义上，空间即社会维度。不是在排他的人类社会性的意义上，而是在多样性内部相逢的意义上。它是在异质性的所有形式上（分歧、从属、利益冲突），对异质性进行持续生产和重新塑形的领域。随着论证的展开，首先要声明的是，必须呼唤一种保卫关联性空间的关联性政治。①

---

① "关联性空间的政治挑战"是 2003 年 4 月在斯德哥尔摩所举行的织女星日（Vega Day）专题研讨会的标题，发表于 Geografiska Annaler Series B，vol. 86b，no. 1，2004。

第六章　将现代性的历史空间化

假如构造出享有特权的观念视角的一度是时间，那么今日，有人经常说，这一角色已经被空间接替过来了。引起的回应从大狂欢到恐惧不安，不一而足。近年社会科学思维中令人感动的力量之一，是极力主张对"空间化"做出积极回应。出于各种原因——从一种深深挑战老公式的政治渴望（通过将"后现代"时间描述为"空间的"而不是"时间的"），到一种令人吃惊的快活逍遥的，而且是晚近才出现的对社会地理属性的认可，有许多严肃认真的关注已经倾注到了被称之为"社会理论的空间化"之上。

这方面富有创造性的一个例子，是后殖民论题——重整社会学有关现代性的本质及其与全球化关系的论争。的确，对许多作者来说，"全球化"是某种社会学思维空间化努力所采取的首要形式。费瑟斯通、纳什和罗伯逊（Featherston, Lash and Roberstson, 1994）的合集证明了这一点，并且包含了这种空间化在实践中的佳例。讲述一个全球化的故事，就是用它来将现代性的故事空间化。此外——而且这也是重要的一点——这种空间化对现代性的概念有诸多影响，使以往的现代性展开的故事严重移位。斯图尔特·霍尔确实提出，这是后殖民批评的主要贡献之一：

> 它是在"全球化"框架之内对现代性的回顾性重释……这是
> "后殖民"分期中的真正区分因素。就这样，"后殖民"标志着整
> 个历史编纂宏大叙事中的一种关键断裂，在历史编纂的宏大叙事
> 中——在自由主义的历史编纂学中，在韦伯式的历史社会学中，
> 同样在西方马克思主义的主流传统中，在一个本质上可以从欧洲
> 的变量内部来讲的故事里，都只是给这一全球维度一种附属性的
> 呈现。（1996，p. 250）

将现代化的故事空间化/全球化的意义是深刻的。最明显的后果——它实际上也是主要的意图——是对现代性进行重整，使之不再是单纯在欧洲展开的故事，不再是单纯的欧洲内部的故事。目标的确是要摆脱欧洲中心。因此，"这种重述取代了资本主义现代性从欧洲中心逐渐走向其分散的全球'边缘'的故事"（p. 250）。"殖民化"变成了不只是欧洲事件的一种次要副产品。准确地说，"它假设了一个主要的、广阔的、断裂性的世界历史事件的地位和意义"（p. 249）。此外，这里还存在着进一步重新阐释的可能性。不仅欧洲的轨迹应当"离心化"，也可以认为它只是那里所制造的众多历史之一（尽管十分肯定地是，按军事和其他条件来说，是最强大的历史）。这就是多样性，这种多样性构成了埃里克·伍尔夫的巨著《欧洲与没有历史的民族》（*Europe and the people without history*，Eric Wolf，1982）的负担。它是蒙提祖马与科尔特斯的相遇。它本身隐含了（它可能隐含了）一种不同的空间观。它是从那样一种空间想象中走开，这种想象将空间想象为一个连续不断的平面，殖民者作为唯一的活跃的行为者跨过这一平面，去发现这即将被殖民的纯朴的"那儿"。现在，它将成为空间，不像平面那样光滑平整，而是多种多样的轨迹共存的领域。

此外，一旦认识到轨迹的多样性，以这种方式将现代性的故事空

间化的进一步效果就变得清楚明了。一旦理解为不只是欧洲自身冒险的历史，就有可能领会以往讲述故事（以欧洲为中心）的方式，是如何受到以下方式驱动的：过程是从欧洲内部来体验的；讲述的是从欧洲向外探索的经历；是从作为主人公的欧洲的视角来讲的。将现代性的故事空间化，能促成对它的方位结构、地理嵌入性的认知，对知识生产本身的空间性的认知。

进一步，通过空间化／全球化重讲现代性的故事，暴露出了现代性所处的前提条件和暴力、法西斯主义、压迫的后果。正是在这里，杜桑·卢维杜尔（Toussaint L'Ouverture）加在现代性之上的老生常谈的问题故事便有重要意义（Bhabha，1994）。杜桑·卢维杜尔，造反奴隶的领导者，脑中总是拥有法国革命（现代性）的原则。C.L.R.詹姆斯（C.L.R.James）写道："革命的法兰西所意味着的东西永远挂在他的嘴边，在公开演讲中，在其通信中……假如他相信，没有和法国相联系的恩泽，圣多明哥将会衰落，他也同样确信奴隶制永远不能保存下去。"（1938，p.290）当然，他"错"了。正如巴巴（Bhabha）所说的，他不得不抓住那"悲剧的教训：以革命符号供奉起来的人类的道德的、现代的性情，只能助燃奴隶制社会中的古老的种族原素"。巴巴并且问道："我们能从那种分裂意识，那种现代时间和殖民与奴隶历史之间的'殖民'分离中学到什么呢……？"（1994，p.244）换言之，现代性规划的（某些）物质前提和效果，当被这种空间的洞开暴露出来时，削弱的正好是它所讲述的那个有关它自身的故事："这种重述取代了资本主义现代性从欧洲中心逐渐走向其分散的全球'边缘'的故事；从和平演变到强加暴力的故事。"（Hall，1996，p.250）这些前提和后果的大暴露，表明了现代性正好也是有关一种宣言立场是如何确立起来的，它（ⅰ）尽管特殊，诉诸普适性，但它（ⅱ）事实上不是（不可能是）普适的和普遍的。更为复杂的是，现代性，在这里是以法国革命的形式，打开了杜桑·卢维杜尔问题的可能性；海地的奴隶造反因此在欧洲之外将现代性得以制造出来的种种轨迹多元化了。换言之，现代性的后果之一就是确立了一种在地理学中得到反映的特殊的权力/知识关系，这种地理学本身也是一种权力地理学（殖民权力/被殖民的空间）——一种轨迹相互交叉的权力几何学（power-geometry）。而且在后殖民时刻，报应到自己身上也就在这里。因为揭露这种地理学——通过抬高处于现代性已被接受的言论空间之外（尽管在地理学上通常是之内）的声音，通过坚持轨迹的多样性——也有助于暴露和削弱这种权力/知识关系。

那么，按照所有这些方式，现代性故事的全球化/空间化，既对一种规则系统，也对一种知识和再现系统提出了评论，因而也发出了挑战。无论规则系统还是权力/知识系统都有十分明确的地理学。将现代性的故事空间化（既表现在揭示其操作性的空间性，也表现在敞开这一故事以使多种多样的轨迹呈现出来），已见成效，它已经让故事不再是同样的故事。

※

此外，在现代性的历史内部，也发展出了对空间本身的本质以及空间与社会之间关系的一种特殊的具有霸权地位的理解。[①] 其特征之一是假设以空间/地方为一方，以社会/文化为另一方之间的同构。[②] 当地社区有其地区，文化有其地域，当然，国家有其民族国家。这种假设牢牢地建立在空间和社会是相互图绘在对方之上的，而且它们一道，在某种意义上"从一开始"就被分割开来的。"文化"、"社会"和

[①] 之所以称"具有霸权地位的"，是因为它绝不是对空间的唯一理解；只是在这一领域内具有霸权地位。在其他领域（例如与再现的关系上），还存在其他同样强势的理解，其中有些甚至在矛盾中共存。

[②] 这里的"社会的"不只是在人类意义上的社会。在区域地理学的综合研究中，堪称经典的是，划定有界限的区域，然后按从地质学到政治的顺序对有界限的区域进行详细叙述。这种"空间即分割了的空间"的观念，对从物理结构到文化实践的每一事物都进行了图绘。纳特尔和约翰斯（Natter and Johns, 1993）敏锐地将其称之为"区域地理学的范式叙述策略"（p.178）。这种实践在今天的本土性观念、与非人类的有机界相关的地理控制策略中仍一如既往。

"国家"都被想象为和有界限的空间有一种密不可分的关系，内部是连贯一致的，通过分离才相互区分开来。"地方"逐渐被看成是有界限的，具有其内部生成的本真性，并且通过与位于它们之外的界外的其他地方的差异来界定。它是一种想象空间的方式——一种地理学的想象——它与一个将要成为有组织的全球空间规划的东西密不可分。通过将空间想象为（必要的，按其真正本质来说）分开的/区域化的，跨越全球的民族国家形式的（真正特殊的、高度政治化的）普适化规划才可能被合法化为进步的，"自然的"。这在今天依然余音缭绕。即使存在讨论边界开放，流动的新空间，每一可见的界限被逾越的地方（在这些日子里，不在这些地方又会在哪呢），依然伴随着一种假设：曾经（很久很久以前），这些界限是不可渗透的，那时不存在越界。这是一种态度，一种宇宙学，反映在所有那些对全球化的怀旧回应中——悲叹古老的空间依附感的丧失。这是一种对不曾存在过的事物的乡愁（也可参见：Low，1997；Weiss，1998）。① 它是这样一种想象，一度用于使社会/空间的领土划分合法化，现在则用在另一种合法化之中，将对解除这种疆域化的回应合法化；将对全球化的回应合法化（稍后将对全球化这一术语进行考察，这里只是按其最简单的意义——与日俱增的全球联络和流动——来解读），这种回应由撤退到它假想的对立面——所有种类的民族主义、地方观念、本土主义——所构成。这种回应不是"向后看"（这种指责最为频繁）；它是回溯到一个从不曾存在的过去之中。

它是这样一种回应——风行相信这样一个有关空间的故事：不仅在其霸权时期，将整个帝国主义的疆域化时代合法化，而且在更深层的意义上，是一种驯服空间体的方式。这是对空间的一种再现，一种将空间秩序化和组织化的特殊形式——过去和现在都拒绝承认空间的多样性、碎裂和活力。它是空间内在的非稳定性和创造性的固化；一

---

① "测量"的物化问题是个大问题，此处不赘述——参见 Amin，2001。

种与广大的"界外"达成协议的方式。正是这种空间概念，给所设想的连贯性、稳定性和本真性提供了基础——而在地方观念和民族主义的话语中，如此经常地存在着这一类的诉求。这种对空间的理解，在开篇的三种沉思中曾发挥作用。它也给更普通的观念提供了基础——持之以恒、日复一日——这类观念就是，"地方"或本土（或者，乃至"家"）提供了一个人们可以退居其间的安全的天堂。换言之，在现代性规划之内所演变的，是一种想象空间（以及空间/社会关系）方式的确立和（有预谋的）普世化——它强化了一般的对空间和社会与空间之间关系进行组织的方式的物质执行力。今天，它仍然伴随着我们。

此外，它是一种大部分由社会科学所核准的空间概念。正如古普塔和弗格森（Gupta and Ferguson）所提出的："空间的再现在社会科学中特别依赖中断、碎裂和分离的意象……非连续性的前提构成了将接触、冲突、矛盾理论化的出发点。"（1992，p.6）

换言之，出发点过去是（现在依然还是）极其经常地将空间想象为业已分割的、将地方想象为业已分开的和有界限的。沃克（Walker，1993）提出，一种与民族国家相关的相同立场，以及对"地方"和地方与文化和社会间关系看法的详细阐述，具有相同的经历和过程。除其他人之外，吉登斯（Giddens）也对"空间"与"地方"之间不断变化的关系发表了意见。在"前现代"社会，吉登斯肯定地说（1990），空间像地方一样是本土的。然后，随着现代性的到来，两者出现了分离：空间成了"特殊的、具体的、已知的、熟悉的、有界限的"地方的界外（Hall，1992，对吉登斯的概括描述）。今天，吉登斯说，空间和地方之间的这种关系破裂了。在这一问题上，吉登斯的观点被广泛引用。

目前，这里的许多东西依赖于如何解读这种论证。假如吉登斯是在重审现代性之下（我们应当还加上，西方的现代性之下）的空间与地方的主流话语，那么他的确抓住了一种共识。不过，对这种话语本身也可以加以质疑。更重要的是，它做出了有关"前现代"社会及其与空间关系的假设，这些假设已经受到了严重挑战。奥克斯（Oakes，1993）在他对中国地方认同的研究中，准确地质疑了空间与地方之间在过去的假想的统一，以及目前经常谈论的一种对比，一个过去的地方的"空间"和假设的新的"流动的空间"之间的对比："在声称'人与地方之间的古老'同一性已经消逝的同时，令人吃惊的是少有历史分析……迄今的古老共同体是在何时'在空间上划定的'？"（p. 55）他凭自己在中国所做的工作提出，在过去，"……通过联系而不是分离……不同的文化空间得以维持，'本土性'只不过是'流动的空间'而不是其对立面的一种偶然因素"（p. 63）。

这里存在着许多区分点。第一，过去文化隔离的证据，以及空间和地点的任何单纯的连接，受到了挑战。因而，同样受到挑战的，还有被吉登斯和其他人图式化的那种匀称的分期（这绝不是说不存在变化）。第二，按照空间分割来思考的思维方式，是现代性自身规划的产物（也是它随之而来的某些焦虑的一个根源）。第三，文化特殊性的根源，不只是基于空间隔离以及阐释的"内部"进程突然出现的结果（在这里，对"内部"的定义可能多有变化），更重要的是，也基于和界外的相互作用。正是这种内部阐释，（有时）驯化了相互作用的产物，甚至使相当晚近的文化输入如此轻易地被吸收到了本真性的典型特征之中（英国的下午茶，从中国来到意大利的意大利面团，等等）。

古普塔和弗格森的人类学著作继续对这些观点进行论证，并将它们与同一性观念联系起来。对他们的规划至关重要的是，需要挑战空间、地方和文化的假定的同构。一方面，这意味着要抛弃"非连续性的前提"（也就是，将一种想象——将空间想象为分割开的——当作出发点）；另一方面意味着"通过联接反思差异"（Gupta and Ferguson，1992，p. 8）。用"布须曼人"（the Bushman）是如何逐渐变成布须曼人的作为例子（通过一种在互相关联的空间中永不隔离、从不变化的文化差异的生产过程），他们提出："取代拟想远古共同体的自主性，我们需要考察它是如何脱离总是已经存在的相互关联的空间而形成为一个共同体的。"（p. 8）他们并且更概括地写到了"一种共同的历史进程：在其与世界关联时对世界进行区分的进程"（p. 16）。埃德温·威尔森（Edwin Wilmsen, 1989）对南非这一部分的地方和民族做了详尽的研究，他的观点也是，从一千多年前开始，就有相互关联性的证据（玻璃珠便应证了和亚洲的联系）；需要质疑已被接受的范畴和"本真性"；无论在话语上还是物质上，目前对偏僻和隔离的原因的归纳，都是通过殖民主义生产出来的。所有这些，现在既在理论上经常性地受到重审，同样也经常性地在实践中受到无视。

古普塔和弗格森坦然承认这一规划的困难性，让我们摆脱与生俱来便已习惯的空间框架的困难性。但付诸实践本质上是政治性的。在全球文化分化的范围内，在一句与巴特勒有关个人和团体认同的观点相媲美的话里，他们写道："空间是自主的假设，已经使地形学的权力成功地掩盖了权力的地形学。"（p. 8）

埃里克·伍尔夫的《欧洲与没有历史的民族》对所有这一切至为关键。伍尔夫的目标，还是人类学。一方面，他提出，人类学已经采用了地区研究的实践并且假定那一框架（实际是自己的框架）毫不含糊地与它据称着手研究的对象联系在一起。通过地区研究的透镜，人类学家想象他们自己已经发现了"原始的隔离"。另一方面，伍尔夫提出，在确认这些受地方限制的社会的同时，人类学家继续假定它们是前资本主义的"原版"。而在伍尔夫看来，它们毫无共同之处。它们不仅经常的确是通过欧洲的扩张而来的接触的产物（因此在任何意义上都不"先于"诸如 1492 年一类的东西），而且也不存在任何"原版"一类的事物。因此，"在 1400 年这一世界的每一个地方〔此为举例，指同欧洲接触之前〕，人们已经在相互关联中存在"，"假如存在任何孤立的社会，那也不过是暂时的现象——一个群体被推到相互作用圈子的边缘，并最终留给它自己一段时间去处理。所以，社会科学家的区别和分离系统模式——以及一个无时间的'接触前'的人种学的出场模式，不能完整地描绘欧洲扩张前的情境"（p. 71）。

无论空间还是时间在这里都成了问题。空间的特殊性是相互关联——连接和断开——及其（综合）后果的产物。无论社会还是地方都不能视为具有任何无时间的本真性。它们是，而且总是已经相互关联和动态的。正像阿尔都塞惯常所说的："不存在任何出发点。"

现代的、疆域化的空间概念，将地理的差异理解为主要是通过隔离和分离构成的。地理的变化是预先建构的。首先，地方之间存在差异，然后这些不同的地方走向接触。差异是内部特征的结果。这是一种本质主义的、弹子球式的地方观。它也是一种表格化的空间概念。它清楚地撞上了禁令——空间被认为是关系的突然产物（其中包含那些确定边界的关系），在那里，结果空间必定是相会的地方，一个地方的"差异"必须更多地在独特性持续崛起的不可言喻的意义上加以概念化。这种独特性出自特殊的相互关联格局（或处于这种相互关联格局之内），那一地方就处于这一相互关联格局之中（没有已在的关系，就不可能有方位——Kamuf，1991，p. xv），而且是构成这一关联格局的一部分。这里的独特性是一种由奥克斯、伍尔夫、威尔森等解释为进程、新事物的持续生产的特殊性；它既不是一种从一个根源突然崛起的本质化的东西；也不是驱逐或有预谋的净化意义上的间隔的产物。它指明了空间和时间之间那种如此普遍、如此持久的二元性的可疑特征。

※

此外，不仅空间是在现代性之下被想象为分割成有界限的地方的，而且那种区分系统也是以一种特殊方式加以组织的。简言之，空间差异被并入了时间序列。不同"地方"被诠释为单一时间发展中的不同阶段。所有的非线性的进程、现代化、开发的故事，以及成系列的生产模式……都进行了这种操作。西欧是"高级的"，世界的另一些地方"某种程度上滞后"，而其他地方则是"落后的"。"非洲"不是不同于西欧，它只是滞后（或者，也许，它的确是不同的；它不许有自己的独特性、自己的同时存在）。世界地理学向世界的单一历史的这种转变，隐含于许多版本的现代主义政治学中，从自由主义的改革论者到某些马克思主义者。委婉地给"落后的"重新贴上"发展中的"标签等等，压根不能改变基本的战术转换的重要意义：那就是将共存的空间异质性涂抹成单一的时间系列。

现在，现代性的这种独特战术转换经常得到承认，而且它是一种具有鲜明含义的战术转换。在单一进程的这些概念中（无论具有哪种色调），时间性本身不是真正开放的。未来业已预告，被铭刻为故事之中。因此这是一种无论如何没有任何事件或新奇性特征的时间性。它也达不到空间应当总是并且永远开放、永恒地处于被制造的过程之中的要求。

时间对空间的融合因此对差异的本质做出了修订。同时共存的异质性被宣布为（还原为）历史队列中的地方。正像萨凯（Sakai, 1989）所写的，历史"不仅是时间的和编年的，而且是空间的和关联的。之所以可能将历史想象为一条直线、进化的事件序列，其前提在于还没有将历史与其他历史、其他共存的时间性之间的关系理论化"（p.106，着重号为原有）。这是压制全面衡量所讨论中的差异的一幕活报剧。这一观点，约翰森·费边在有关和人类学之间关系的讨论中已经探讨过，尽管用的是一种不同的调门。在他看来，战术转换的一个至关重要的层面，是人类学家通过将那些"观察对象"放置到一个来自"观察者时间"的不同时间之中（1983, p.2），"核准了一个意识形态过程，通过这一过程，西方与其他者之间的关系，人类学与其对象间的关系，被设想为不仅是差异，而且是空间和时间上的距离"（p.147，着重号为原有）。那么，在这里，（ⅰ）时间和空间的概念化（费边敏锐地称其为"政治宇宙学"），对一种特殊形式的权力/知识的建构至关重要。像霍尔一样，费边坚持殖民主义既是一种规则系统，也是一种权力/知识系统，这后一方面是一种"认知合谋"（p.35），是他主要要讨论的。此外，（ⅱ）时间对空间的融合在这里被用来增加距离。特别是，它将研究对象从科学凝视的源头得体地转移开去（这每天都遭到人类学家的田野实践的反驳），因此实际上向时间上有距离的他者说话，才是对费边的观点至关重要的一种紧张（缺少时间穿梭）。当然，（ⅲ）正像现代性叙述中的一种相同策略一样，这种更大的距离有降低差异实在性（有人也可以说是挑战）的效果。而且，这里所进行的是对空间的驯化。它呈现给我们的所压抑的东西是：当下实际存在的多样性。拒绝面对空间确实是"僵死、固定、不变之物"的反面。人类学所凝视的对象，正如费边所说的，不是彼时彼地而是彼地此时，这才是一个大得多的更大挑战。① 这里的差异/异质性不仅被整齐地塞入有界限的空间，而且被遣散到（"我们的"）过去之中。现代主义者的、人类学的以及（正像我们将看到的依然十分活跃的）时间对空间的融合，拒绝承认费边所称的"同时性"（coevalness）。他写道："同时性旨在确认同期性是真实的辩证对立的条件"（p. 154），"要反对的……不是发展的不同阶段的相同社会，而是同一代相互面对的不同社会"（p. 155）。重要的是要强调，这种根本的同期性既不意味着一种罗曼蒂克化的/色情的根本差异，也不意味着温和的相对主义者的否定——否定存在着任何诸如比如说"进步"或"发展"一类的东西。在后者这里，可以加以批评的，是有关单一性和他们的决定中缺乏民主这一类的假设。同时性涉及相互牵连的情境中的一种认可和尊敬的姿态。它是一种想象的相互遭遇的空间：它诉说的是一种态度。它通过时间和空间的背景概念显示出来。它是一种政治行动。"他者在我们'时间'中的缺席，是他者在我们话语中——作为对象和牺牲品——的在场模式。这是需要加以克服的。更多的'时间'人种学也不会改变这一局面。"（p. 154）费边写到"一种四处弥漫的对同时性的否定，它

———————

① 这不是前后连贯意义上的"此时"。更普遍地说，这里不存在任何这样的含义：解除时间对空间的融合，将事实上解除不平等、"原始的"等等观念。莱文（1993，pp. 133～134）指出：非人类有机界内从低到高的"生物链"观念，在我们的文化中根深蒂固。从源头上看，这不是一个一直以来就有的进化故事。只因为达尔文，它才改变成为一个故事而不是（不平等的）差异的共存。

最终是对令人惊恐的长度和留存的宇宙学神话的意味深长的否定"（p.35）。采纳一种第二章中谈及的外向型的态度，是一种挑战。"人类根本的同期性是一项工程。"费边写道。这是一个极其重要的命题。因为尽管明确地面对这一问题时，与之相对的观点也许看似不言自明，虽然如此，正像我将提出的，将异质性运用到时间序列之中，依然是"政治宇宙学"的一个不变特征。

这种对空间体的驯化的不同层面是关联在一起的。对那些在队列中"滞后"的空间来说，未来缺乏开放性是这种轨迹的单一性结果。反讽的是，现代性地理学这种时间融合不仅是对空间体的压抑，同时也是对其他时间性的可能性的压抑。现代性地理学长期占有霸权地位的时间融合，带来了对其他轨迹（也就是，除了按西欧模式庄严地迈向现代性/现代化/发展之外的其他轨道）的可能性的压抑。[①] 这种压抑，可以被视为对现代性终结的挑衅一种主动出击的回击（如果可以说现代性终结的话，这种终结是由所谓"边缘抵达中心"所带来的）。照此，它解释了为什么这种抵达以及随之而来的对讨论中差异的深度的重新肯定，本身会是对西方的一种冲击。以费边的专有名词对其进行重写，它就不只是经常所称的"边缘"（一个空间概念）的抵达，而且也是从过去时代而来的人的到达。无论时间上还是空间上，距离忽然被抹去了。移民因此成了对共时性的一种肯定。此外，并且是凭借相同的方式，对空间的压抑与基本的全称命题的确立（反之亦然）、对多元轨迹可能性的压抑、对他者真正差异的否定紧密联系在一起。无论什么样的方式，成问题的是确立了一种权力/知识地理学。然而它也是一种深层的具有反讽意味的地理学，因为它所带来的，是对空间的

---

① 的确，正是在这些方面——也就是，有关存在其他时间性和故事方面——与现代性的主流阐释相悖的观点经常被提了出来。因此，正像在前一章所看到的，阿尔都塞力争将多元化时间的可能性概念化。存在这样一种轨道的多元性，确实是瓦解本质截面（一种连贯的、共时的"此时"）之可能性的事物之一。

现实挑战的压抑。

※

还存在一种进一步的缠绕扭曲。在前面的章节中，探讨了一种相当奇妙的观念——空间征服时间。假设要做到这一点，我提出，要通过同样的假定的等式——空间等于再现。假借将时间记录下来，空间化征服了时间。它将生命从本质上是时间的世界中抽离出来。（我回应的观点是，这里的错误移位是将再现等同于空间。在再现时间可能将生命从时间中抽离出来之时，将再现等同于空间也会将生命从空间中抽离出来。我们想将哪个维度送进墓地就可以将哪个维度送进墓地。）此外，而且确实是作为这一公式的一个结果，有人频繁断言，相反的事不可能发生：空间也许可以征服时间，但时间不可能征服空间："相反的事是不可能的：时间不可能称霸任何东西。"（Laclau，1990，p. 42）

然而相反的事已经发生了，而且继续在发生，并且具有显著的效果。在许多这类现代性话语中，同期差异已经被概念化为时间序列。[①]空间体的多样性被当作只是时间队列中的各阶段。这是一种话语层面的时间对空间的胜利。（当然，毫不妥协地坚持以下观点也依然是可能的：这里不存在任何矛盾，再现本身依然是空间化——发生的只是这种特殊的再现利用时间去再现空间——克恩〔Kern，1983〕有效地诉诸这一点。这种观点令人纠结的复杂性，表明了再现与空间的原初等式的难题。）这也有悖于通常的观点。在这里，对空间的再现是通过空间融入时间序列而发生的。空间的挑战是通过一种对时间的想象来发布的。在这类现代性话语中，只存在一个故事，它是"先进"国家/民族/文化领头的故事。只存在一种历史。空间性的现实重要性，多元叙述的可能性，都丧失了。对世界进行控制管理，经过时间对空间的融合，使世界进入一个单一轨道，过去是，并且依然经常是拒绝承认空

---

① 这是结构主义人类学希望避开的叙述化（narrativation）。

间体有基本多样性的一种方式。这是强迫接受一个单一的宇宙。

换言之，这种现代性的空间，不将空间视为出自相互作用，不将其视为多样性的领域，不将其视为本质上是开放的和持续的。它是一种对空间体的挑战的驯化。这是一种比经常提到的非优先化远为深入的时间对空间的胜利。"认可空间性"涉及（可能涉及）认可共时性，认可存在种种轨迹，这些轨迹至少具有某种程度上相互区别的自主性（它们不可能简单地排列成为一个线性的故事）。这正是我在下文中将要表明的意思。至关重要的，按照这一解读，空间体是潜在的不和谐（或和谐）叙述的塑形领域。地方，不再是连贯一致的场所，它成为了以前互不联系的东西相会或不相会的焦点，因而对新奇性的生产必不可少。从其作用是将不同的时间性融入新的塑形来说，空间体启动了新的社会进程。并且反过来，这强调了叙述的本质，时间自身的本质，不关系到某些内在化了的故事（某些已经确立起来的同一性）的展开——欧洲还在自产的故事的展开，而是关系到相互作用和同一性构成过程的展开——（多元化的）殖民化观念的重新解释。

(对科学的依赖？〔二〕)

民族国家或文化隔离的现代主义概念，与物理力学所提出的世界仿佛就如弹子球的观点交相呼应。首先，实体存在，存在于其全部的同一性之中。其次，它们进入相互作用。存在着内和外的区别。它是一种有用的类推。向相互关联的同一性、开放性的未来及诸如此类的东西迁移，同样可以解读为与自然科学随后的发展相似。

是许多因素造成了这种迁移，我的怀疑，仅仅来自于类比似乎被假定为远远多于令人恼怒的类推的地方。在第二部分，我们已经讨论过这种疑虑——对试图求助于自然科学，将其当作任何形式的最终合法性表示怀疑。（一种令人敬畏的参照："它必定是对的，因为物理学这么说。"如此等等。）将自己的个案安放在这样的基础上，是不可靠的。很少会出现这样的情况：一个人可以毫不含糊地诉诸比如说"物理学最近"在证据上的"发展"，或求助于一个观点在另一个领域得到证明，因为这些发展本身通常就是激烈争论的主题。试想想有关量子理论和进化问题上争论的情形。假定我正提出一种有关空间的想象，那么，我可以轻易地诉诸某些自然科学分支的验证，以进一步证实我的观点。但是我也能够——诚实一点地说——找到一帮提出完全相反视角的自然科学家。而且，在自然科学之内，我没有能力做出判断。因此，也许我们不应当求助于现实中积累起来的这类战术：为了引用的目的，挑选出一个人所喜欢的或最相匹配的"更过硬"的科学家。

此外，想想前面所说的试图采用这一策略的企图，会稍微使头脑清醒一点。假定那些热情追随以前科学家的人，像今日的复杂理论研究一类的拥护者和采纳者一样信心满满、激动不已。然而，也请想想费边在谈到现代主义的政治宇宙学根源（他主要思考的是时间）在于那时的进化论科学和"牛顿物理主义"（Newtonian physicalism）相结合时不得不说的话：

> 时间在进化论人类学中的运用（以自然史对时间的运用为摹本），毫无疑问是走出前现代概念的一步。然而，现在也可以说，对来自物理学和地质学模式的全盘吸收（以及在人类学话语中对它们的修辞表达的全盘吸收），就一种人的科学来说，令人悲哀的是，在思想上是退化的，在政治上是相当反动的。（1983，p. 16）

在详细地阐明他视为某些具有退化意义的东西的同时，他发现：

> 这在政治上之所以更加反动，是因为它假装基于严格的科学原则，因而也基于普遍有用的原则。（p. 17）

也许，同样，在空间这里，在为一种基本上区域化了的空间宇宙学提供一个背景方面，在主张一个民族与其地方的基本归属方面，在主张有必要确立边界以抵御本质上是外来的侵略方面，在诉诸数不胜数的地球起源神话方面，以及诸如此类的各个方面，一种原子主义的想象的科学合法性，具有至关重要的意义。

费边提到，这种对科学的依赖，有可能出现更进一步的政治反弹，也就是将我们既带回到时间对空间差异的整合，又再一次将我们带回到蒙提祖马和科尔特斯的相会。在这一点上，他一直在思考"物理时间"的观念：

> 在意识形态之手中，这样一种时间概念容易被转化为一种政治物理学。毕竟，将最古老的规则之一——两个身体不可能在同一时间占据同一空间——由物理学转换为政治学并不困难。在殖

民扩张的过程中，一种西方的身体政治逐渐地占据了（在字面意义上）土著身体的空间，几种可替代的选择被构想出来，以应对这种对规划的冒犯。最简单的一种，如果我们想想北美和澳大利亚，当然就是迁移或移走其他身体。北美的统治者紧紧抓住这种解决方案不放〔该书出版于1983年〕。更经常地受青睐的一种策略，是简单地操纵另一种变量——时间……借助各种排序和隔离手法，将一种不同的时间分配给被征服的人群。（1983，pp. 29～30；着重号为原有）

这绝不是反对各个领域的对话（Massey，1996b）。但它鼓励对对话所用的术语保持警省，而且更重要的是，明确地意识到对话所用的术语。鉴于这种历史，有必要对目前沉迷于复杂理论、分形论、量子力学等等保持警惕。不仅这种版本的有关事物的描述，像以往的版本一样，逐渐消失或只是成了故事的一部分，而且我们需要高度意识到它的潜在政治含义。那些接受被罗宾斯（Robbins）视为"西方思想界对现代性不加反思嗤之以鼻"（1999，p. 112）的人，应当意识到，也许在一代或一代以上的时间里，等待他们的，是对他们自己立场的同样拒绝。费边对人类学策略的批评之一（其方法"在思想上是退化的"），是在依赖科学方面，人类学策略简直是老掉牙的："在一个接近19世纪末的时刻，当后牛顿物理学的轮廓……已经清晰可见的时候，人类学通过采纳一种本质上是牛顿的物理主义。"（p. 16）今日那些带着同样程度的热情，将他们的案例置于"新科学"基础之上的社会科学和人文科学领域内的后现代作者，既应当意识到这种历史，同时也要记住，不加反思的接受，相对于积极的介入来说，正好是一种游牧哲学家柏格森奇妙地没有采用的策略。

（又是再现，以及知识生产的地理学〔一〕）

古典科学时代也和可称为知识生产地理学的一般层面的主流概念联系在一起。而且，对自己的校园邻里望而生畏的一种社会科学，对这些特征亦步亦趋。伊莎贝尔·斯腾格斯（Isabelle Stengers，1997）详细地复述了物理学家所做的选择（正如她所说的，在爱因斯坦和开普勒之间所做的选择）。他们选择了爱因斯坦，和他一起将物理学理解为是有关"基本法则"的。与基本法则相对的，则是"只是现象的"，以及"现实世界"的杂乱无章。此外，它们也决定了所有的事物——包括那些杂乱无章的现象性的事物——最终是可以被基本法则所解释的（目前实际上不能做到这一点被归因于科学"还"没有达到那一步）。然而，到19世纪末，（卢德维格·玻尔兹曼的著作在这儿被当作具有特殊意义的经典加以引用）这一构想已经遭遇到了时间问题……"物理学家认识到，他们大约两个世纪都以为理所当然并且觉得是基础性的法则，不容他们将从前和往后区分开来！"（Stengers，p.23）于是，第二部分提到的激烈争论开始了。不过，和这里相关的是，基础法则的这种选择代表了一种认知：将科学理解为出自只是现象的"现实界"的一种特殊抽象形式。这一裂隙的形式意义重大：基础法则被从具体形象中剥离出来，封装到语言、代码、等式、表征之中，它们然后被当作本源。N. 凯瑟琳·海勒斯称之为柏拉图式的反拍（Platonic backhand）："柏拉图式的反拍的工作方式，是从世界的吵吵嚷嚷的多元性中推导出一种简化的抽象。迄今为止是如此地美好：这是理论化应当做的。然而，当绕了一圈，将抽象视为世界的多元性之起源的原始形式时，问题就来了。"（1999，p.12）

同样还存在其他种类的鸿沟。当我们将空间差异融入时间序列时，（正如那么多的现代主义叙述过去和现在所做的那样），我们就是在压制这些差异的实在性。当然，另一种进程也一如既往。在费边和其他许多人看来，关键的地方在于，战术转换表明了知识关联。它安置了一种知识生产的地理学（以及费边的时间性）。它是一种隔离行为，一种特殊裂隙的创造。其基本层面是，成为一个知识生产者（以及据说是各类事物的定义者和保卫者）的过程，涉及让自己与自己正研究的东西分离开来。正像费边所指出的，人类学将自身与其研究对象隔离开来的手腕，对这一学科来说过去和现在都不特殊："毕竟，我们似乎只是在做其他科学在做的事：使主体和客体分开"(1983，p. xii)——维持（所谓）"认知者"与"被认知者"之间的距离。它是一种也许可以（正像这里的情况一样）在概念的意义上来生产的分离（这里是将已知迁移到另一时间之中）。不过它也可以在物质的意义上来生产。从《沙漠的智慧》（the desert fathers，Waddell，1987）到西方知识生产的各种专门化的（解读为：排他的、排除性的）地方——修道院、早期的大学（有人还会提出许多今日的大学）——再到例如科技园和硅谷这一类的新的精英地点，已经存在着一种知识生产的（精英的、历史上主要是男性的）社会地理学——这种知识生产已经并且将继续从其空间性的优越标志和排他性中获得它至少一部分名望（Massey，1995b）。此外，知识生产的空间结构——它假定认知者和被认知者之间有一条鸿沟——正好是可以通过再现和空间化之间的等式加以证实的结构。

费边将其解释为出现在人类学之内的特殊方式，自始至终贯穿了通过分类学所进行的知识建构。其他一些人也在一种更普遍的语境中提出了相同的观点。通过分类学的建构（经由隔离和影视化）——通过图绘、排序、写作而进行的再现才得以成为可能。费边频繁写到分类学上的空间（或者与结构主义联系在一起的、福柯之后的"图表的"空间）（Latour，1999b）并且将它与生态学上的空间或"现实空间，也许是人文地理学家的空间"（p.54）区分开来。可惜的是，前者的名誉已经对后者产生了影响。

所有这些对空间这一术语的明显操纵之间的勾联，都引向了在第二部分提示过的某些建议性的可能性。知识生产的地理学，与经由再现来理解的问题紧密结合在一起。因此，除其他许多人外，费边鼓励道："必须加以发展的是过程理论和唯物主义理论的种种因素，这些因素易于对分类学方法和再现方法之霸权形成反作用——这种霸权被认为是人类学异时取向（allochronic orientation）的主要根源。"（1983，p.156；着重号为原有）① 斯腾格斯寻找的是一种拒绝基础的-现象的两分法的科学：一方严格地接受时间的不可逆性（和非决定性）——"过程物理学不能还原为一种状态物理学"（1997，p.65），一方尽管十分肯定地是一种特殊形式的实践，却明显地是嵌入社会的。除其他人之外，思里夫特（Thrift，1996）一直致力于走向地理学中的非再现理论。也许，知识关联的潜在空间性上的这类迁移，可能会进一步有助于"空间"从其古老的联系中解放出来。接下来，我们也许可以转向那些更加棘手、难以对付、充满挑战的事物——真实的空间，人文地理学家的空间。而立竿见影出现于我们这里的一件事，就是需要思索精英主义的、排他主义的围墙，在这些围墙之内，有这么多被定义为合法知识的产品依然在大行其道。

---

① "异时"是费边用来保持对共时性的否定的一个术语。

第七章　即时性/无深度性

有人说，我们生活在空间性时间之中。存在着一种有关全球化的想象，这种想象将全球描绘为一个总体上一体化的世界。经由一个被历史所建构和抢先占据的世界，我们已经让我们自己置身于一种即时连接的没有深度的平面状态之中。据说，这是一个纯粹空间性的世界。用一种微妙的反讽，格罗斯伯格（Grossberge）提出，这种对空间重新优先化的肯定，依然受制于时间性。这种"策略对空间进行年代排序：比如，使历史重新享有能动性的特权——以历史取代了地理。这是大多数所谓'后现代主义'的策略"（1996，p. 177）。甚至更为反讽的是，人们也许还可以加上一句：这是一个在一种单一历史中搞定一切的公式。

从其最极端的形式看，有关事物当前状态的这一看法是一种对即时性的想象——对单一的全球现在的想象。它以大量方式具体表现出来——戴安娜王妃之死、奥运会；它具体表现在有关全球村的谈话中，也许还表现在大量广告策略中一种不费力的跨大陆多元文化主义的主题句中。即时性的极限，又一次且以新的外衣，让人回想起了空间即结构主义结构天衣无缝的连贯性、时间流程中片断的基本截面。按照这一公式，时间性成为不可能的了——如何在一系列自足的现在之间流过？历史变得不可想象了。于是出现了对无深度性的领悟。然而，这是要提出两种相互排除的可替代选择——对时间体的欣赏，对空间即时连接性的意识。它们不只是当作在经验上相互排除的，而且在定义上被当作相互对立的。即时性是空间的，因而不可能是时间的（我们在之前碰到过这种跳跃）。而且，这没有能做到将空间体的相互连接想象为不是静态物体而是运动、多元化轨迹间的连接。"新的无深度性"对历史性的思考提出了诸多问题是勿容置疑的，但它也对空间性的思考提出了种种问题。正因为不承认时间经由其产生的（空间）多元性便不足以对时间进行概念化，空间也不足以被想象成一种无深度的、总体上相互关联的即时性的静止停滞。任何对一种封闭的即时性的假设，不仅否定了空间的这种自身不断生成的本质特征，也否定了时间本身的复杂性/多元性的可能性。将相互关联性解读为一个封闭平面（同时性的牢笼），正好是否定了多种多样的轨迹/时间性的可能性。假如这是那种要取代现代主义的地域暂时结盟的想象，那么它必定是一种直线向前的运动，从一个由本质化的地方所构成的弹子球式的世界，走向一种导致患幽闭恐怖症的整体论，在这种整体论中，每一地方的每一事物总是与其他每一地方联系在一起。而且，它没有给一种积极的政治学留下任何缺口。

当然，不存在任何单一的一元化的全球时刻。麦肯齐·沃克（McKenzie Wark，1994）对全球媒体事件的分析证明了其建构的复杂、不均衡和空间分化的本质（以及对建构的重视是至关重要的）。世界的多种多样本质连接到了这些临时性的时空格局之中，有助于突出多样性的意义，而不是表明要取消多样性的意义。的确，这些媒体事件之所以被建构为全球的事件，正是这样一种多样性内部的相互交集的一个结果。它们是虚拟地形建构出来的"地方"：

　　一个都市场所充满象征意义；一个全景式的政体在面对它既

热烈渴望、又毅然反对的一种现代性时，力争纳入它自己的权力；西方媒体带着它们的全球信息矢量粉墨登场……这些力量以不同的速度追随着不同的轨迹。按列宁的术语来说，它构成了一个紧要关头；按阿尔都塞的术语来说，构成了一个多元决定（overdetermination）的点。(p. 127)

无论如何，将全球化理解为即时兑现，从一开始就是模棱两可的。一方面，它经常，至少是隐含地，声称是已经和我们在一起。另一方面，它又是全球化据称要呈现的即将到来的一个未来的真正条件。正是这后一个命题，允许那些"还"没有整合到这单一全球性中来的人被描绘为落后的、暂时还"滞后的"。按照这种双重阐述，单一的时间性（它假设空间差异融入到了时间序列之中），将在一种统一的全球现在的单一时间性中，找到它的功成名就。

正是这种转换（如果你喜欢，可称之为从垂直到水平的转换），被弗雷德里克·杰姆逊（Fredric Jameson，1991）认为代表了从现代到后现代运动的典型特征。尽管在现代时期，"自然"的真正生存，"传统乡村和传统农业"的真正生存，或者说，"不平衡发展"本身的真正生存，为历史性的观念、新事物的观念、的确也是总体上的"时代"观的观念提供了条件，但同时也伴随着杰姆逊视为后现代经济基础的"晚期资本主义"的来临：

现代性大获全胜，老的彻底摧毁：自然连同传统的乡村和传统的农业被消灭；甚至幸存的历史遗址，现在也全被清除，变成了过去的华丽的拟像，而不是过去的遗物。现在所有的东西都是新的；但是由于同样的标志，新的真正范畴随之丧失了自身的意义……(p. 311)

不考虑这种主张的经验基础，注意其概念基础是至关重要的。按照杰姆逊对现代的解读，实际上存在的差异，例如不平衡发展，具有时间上的特征：它们是残留物，它们给予我们一种历史观（有关我们从何处来），相应地，也给我们以新事物和未来的观念。这里只存在一种轨迹。按照他对后现代的解读，由于落后者已经迎头赶上或被遗忘或被拟像化，我们都处于一个单一时间之中（这单一时间即现在），都处于一种处境中，这一处境使我们根本不可能拥有一种时间感、历史感：

> 后现代必须被描绘为这样一种情境，在其中，幸存的东西、残留的东西、过期的东西、古代的东西，最终都不留一丝痕迹地一扫而光。那么，在后现代，过去本身（连同众所周知的"过去感"或历史性及集体记忆）烟消云散了……我们的处境是一种更同质化的现代化处境；我们不再受到非同时性和非共时性窘境的困扰。万物都抵达了发展和理性化的伟大时钟的同一时刻。（pp. 309～310）

尽管我不想与杰姆逊对后现代（或现代）政治宇宙学的诊断论争，但抽出这里接下来要谈论的东西仍ं相当重要。这一非时间的单一时间被杰姆逊称为"空间"："因此，尽管每件东西都是空间的，但这里的这种后现代现实比其他每件东西都更是空间性的。"（p. 365）这是静止的空间，是可以和无深度性画等号的空间。

杰姆逊也将作为封闭的共时性的空间（后现代）与作为融入单一时间线性的空间（现代）对立起来。以我的观点，它们都不足以说明空间或时间。杰姆逊对无深度世界的回应，正像他所看到的，是用一个其深度采取了单一历史的形式、对空间差异进行了组织的世界来取代无深度的世界。毫无疑义，我们的确需要一种新的想象，但是回归那种区域化的、时间融合的现代性并不能提供一种政治上胜任的可替代选择。视点上的这种转移，在现代性和后现代性的比较中是如此司空见惯，从一种历史到没有任何历史，从一种单一的（进步）故事到一种共时的无深度性，在这两个时代尽管是以极为不同的方式，但都否定了空间体的现实挑战。

但是杰姆逊为这种战术转换所提供的理由，他回归单一的秩序井然的历史的渴望，也相当重要、值得注意。在他看来，多样性可以引起恐惧。在杰姆逊看来，如果我们不按照某些文化主因来理解世界，"那么，我们就会退回到这样一种观点：现在的历史即完全的异质性，随机的差异，其有效性不可判定的众多不同力量的共存"（p.6）（等一等：为什么异质性必须是完全的，差异必须是随机的，缺乏单一的主导力量会让每一事物难以判定？）；它留给我们的是"四散的存在的杂乱无章"（p.117）以及——其他方面的与现代空间性的脱离——"缺乏内和外的奇怪新感觉"（p.117），"……牛顿式的地球安全感的退场"（p.116）。

当然，尽管他回应的术语也许可以争议，但杰姆逊在这里的确对全面认识空间体所面临的挑战的各方面相当敏感。的确，杰姆逊的分析特别有魅力的一个因素，是他在对这种巨大的异质性的新意识和他所称的"后现代人口学"（p.356）之间建立的链接。在一些精彩的段落中，他写道："西方……现在有这样一种印象：没有多少警示而且出人意料地，它现在面对着许多以前西方所没有的个人主体和集体主体"（p.356），以及"作为新现象的'他者'本身近在咫尺、清晰可见，这些他者占据了他们自己的舞台——本身是一种中心——并且凭借他们的声音和自己发言的行为不得不引起人们的注意"（p.357）。这里要放到一起来看：国际移民（从一种特殊的西方视角看），现代性的终结，对同时性的肯定。① 杰姆逊承认所有这些变动中都存在种族优越感和法西斯主义，但在他看来，正是这些巨大的变化，确立了将视角转化到开始讲述"我们时代"的故事的人身上来的基础。

在进行自己思考的时刻，他引证了萨特。萨特试图把握到在柏林进行战斗的共产主义和纳粹，在纽约游行的失业工人，"在公海上飘着音乐的船"，以及"在所有欧洲城市将持续下去"的灯火（Sartre，1981，p. 67，转引自 Jameson，1991，pp. 361~362）。杰姆逊申斥萨特的这一段落为"伪经验"，"是没有做到再现"——是"唯意志论的，一种一意孤行的攻击，攻击的是'按定义'在结构上不可能达到的东西，而不是力图增强我有关此时此地的信息的经验性的、实践性的东西"（全部出自 p. 362）。现在，在一个层次上，杰姆逊的意思是清楚的：引自萨特的段落是启发性的（尽管对我来说格外有启发）而不是分析性的。不过照道理它想成为分析性的。杰姆逊对"没有做到再现"的抱怨，似乎是指内容不可避免的未完成（什么内容留下来了？）。当我们不得不去处理所有这种令人困惑的同时性的时候，（完整的）再现是可能做到的——这是杰姆逊的潜在主张吗？（什么时候我们能够在占统治地位的有关时期的叙述的监护之下对每件事物进行矫正？什么时候将空间融入时间序列能够使其再现成为可能？）否定空间体之多样性的，正是这种"再现"。

不过，杰姆逊的确有一个现实的核心问题，再现空间体的难题（"感觉将其拢到一起的不同要素流的同时性"，p. 86），是他一次又一次重返的论题。它是一种与拉克劳相反的解读。对拉克劳来说，空间准确地说是再现的封闭体。对杰姆逊来说，空间体的现实性是它的绝

---

① 我在这里持重大的保留意见，那就是尽管在西方内部，共时性或主体状态的确立可能已经出现，或至少是作为一种已经认识到的挑战已经存在，但它在西方和世界的多数地方之间确实还没有大功告成。的确，在西方宗主国内部对杂交性的颂扬和多元文化主义的争论，在一定程度上已经代替或取代了一种老的（而且自认问题重重的）国际主义。

不可再现性。① 当然，只将这与后现代主义联系起来，将会默认这样一种对现代性的解读：通过将其还原为时间序列，同期异质性是可再现的（并且因此既对再现构成了挑战，也在政治上取消了这种挑战）；正如我们已经看到的，承认现代性的空间性，将使现代"时代"也成为对现代意义上再现的一种挑战。但潜在的观点抓住了意义重大的东西：不是赞同再现的稳定性，现实空间（时空）的确是难以固定的。

　　然而无论如何，争论不应当真的是关于内容的（在为迄今为止的故事的同时性召唤时，存在某些明显徒劳无益的企图，试图列数每一个故事，每一种轨迹）。准确地说，它是视角的问题，是对其他现实事实（不全是有关内容）的认可，对尽管具有它们自身历史的同等"现在"的认可。当然，我们不可能对他们一一进行复述，或是永远意识到每一种、每一个"忙忙碌碌地与我同时生活在一起的他者"。也许，首先需要的是跃入空间。接下来，将会出现一种优先化，一种选择，有可能折射出实际的关联性实践。也许，在这里回顾格罗兹有关主体性的观点是有的放矢的。也许，需要的是灌输这样一种主体性（主体性观）：他不是排他的时间性的主体性，不是一种内在的-概念的、反思性的主体性规划（参见第二部分），而是这样一种主体性——它也是空间的，在视角上是向外看的，并且意识到它自身的关系构成。

---

① 不过杰姆逊（1991）也提到再现即空间化；参见 pp.156～157 的举例，以及接下来的讨论。也请注意，拉克劳引入了"物理空间"——在再现即空间化的意义上，物理空间根本就不是空间的。

第八章 非空间的全球化

在我们的地理想象和社会想象中,"全球化"是目前用得最频繁而且最强有力的术语之一。最极端的(尽管极端,但这一说法仍然是高度流行的),它所唤起的是这样一种幻像:完全不受约束的流动性、自由的没有边界的空间。尽管有像安东尼·金(Anthony King)、扬·尼德文·皮特森(Jan Niedeven Pieterse)、米歇尔·彼得·史密斯(Michael Peter Smith)、阿尔君·阿帕杜莱(Arjun Appadural)等许多其他人的探索性的、引起争议的介入,这一幻像还是接踵而来。在学术工作中,也许会发现其典型的在场方式是:一篇论述"更加文化"的论文的开篇,有对经济全球化的综述。不过,这样一种理解,也全面涌入到了大众的、政治的、新闻的话语之中。最糟糕的是,它已经变成了一种咒语。典型的词汇和短语造成了一种强制性的表象:即时性的;互联网;全天候金融贸易;边缘侵入中心;空间樊篱的崩溃;时间取消空间。新兴的世界经济将被一种符号经济学所捕捉到:提及美国有线电视新闻网、麦当劳、索尼就经常被认为足以说明这一点。明智的头韵法力争传达出全球化的所有错踪复杂:北京-孟买-巴马科-伯恩利。所有这些东西中成问题的是我们的地理学想象。(在这一方面,头韵法具有特殊的趣味：它们是如何怀着对它们将产生的效果的期待，显示出一种想象的地理学的——这种地理学仍然知道何者是"异域的"，何者是"野蛮的——以及什么时候将它们带入出其不意的〔虽然事实上现在已是如此普遍的一种修辞〕并置"。它是一句咒语，能勾起对浩瀚的、未结构化的、自由的没有边界的空间以及一种富丽堂皇、复杂多变的混杂性的强有力的幻想。①

　　毫无疑问，它也是世界地理学（按费边的术语，是一种政治宇宙学）的一种想象——这种想象与现代主义者的想象截然对立。取代将世界想象为有界限的地方，现在提供给我们的是一个流动的世界。代替分离的认同，是将空间体理解为通过联接而相互关联的。"全球化"包含着一种对空间性的认可。在某种意义上赞扬（正如现在许多写作所做的那样）空间体的胜利（尽管与此同时又在谈论它的消亡），是一种幻像。然而如果"全球化"所引发的全球空间图画与现代性之下的主流想象是对立的话，那么，空间概念的结构化特征也无疑是类似的。

　　最为明显的是，正像在现代性的老故事中一样，这是一个有关无可避免的故事；而这转而又通过一个不言自明的空间概念成为可能。克林顿（Clinton）所做的与地球引力的类比，只是以一种特殊的引人注目的方式突出了常规认为理所当然的东西。无论是通过一种考虑不周的技术决定论，还是通过一种屈从于市场扩张不可避免的特性，这种版本的全球化逐渐差不多拥有了一种宏大叙述的无可逃避的特性。在这里，全球化像现代性的进步故事一样无可避免，其含义再一次是巨大无边的。然而，又一次，而且正好像在现代性话语中一样，空间差异被融入到了时间序列的标志之下。马里和乍得不是"还"没有被拖入即时通讯的全球共同体之中吗？不要担心，它们很快就会的。在这一方面，不久它们将和"我们"一样。

　　这是一种非空间的全球化观。马里和乍得的轨道的潜在差异被阻

---

　　①　第六章和第八章吸收了 Massey，1999c 中的观点。

断了。（空间体的基本多样性被否定了。）这类国家被假定为正在追随相同的（"我们的"）发展之路。（部分是空间体多样性结果的未来开放性受到了严格控制。这是只具有一种单一轨迹的故事。）效果是政治性的。由于空间是在时间的标志下集结的，这些国家没有任何空间——严格意义上的空间——去讲述不同的故事，去追随另一条道路。它们被强制进入到那些设计队列的人之后的行列中。此外，不仅它们的未来因此据称是业已预告的，而且甚至这也不是真的，因为准确地说，因为它们在资本主义全球化关系中的牵连纠葛确保它们没有"追随"。坚称是不可避免的未来有可能不会达到。这种将同期的地理差异融入到时间序列之中，这种将同期的地理差异转化为"迎头赶上"的故事，包藏了今日的关系和实践，以及资本主义全球化目前的循环圈内无情的与日俱增的不平等的生产。它包藏了今日形式的全球化同期性内部的权力几何学。甚至在西方内部，追随美国模式的欧洲政府在辩解中也诉诸"未来"，从而关闭了一种政治学的大门，在这种政治学中，一种欧洲方法也许可以对一种美国方法构成挑战。正像布鲁诺·拉图尔所写的，"正是在全球化话题谈论得如此多的时刻，才正是不相信美国的未来和过去是欧洲的未来和过去的时候。一个左翼政党应当生产一种新的差异"（Bruno Latour，1999a，p. 14）。

进一步，至关重要的是，这类无可避免的故事需要有干预之外的动力。它们需要一个外在的代理人，一个解围的机械神。全球化将世界地理的不平等历史化的未受到置疑的动力，是以各种混合形式出现的经济与技术。这意味着，取得了更进一步的政治效果：在政治考量中排除经济和技术的思考。唯一的政治问题，变成了关于我们接下来如何适应它们的不可避免这样的问题。拉图尔（1999a）有效地写到了这种走向：保护经济（也就是资本主义的市场）免受政治的质疑（他也写到了和科学联系在一起的一种相同动向）。所有这些一个必要基础就是空间融入时间：空间体同期多样性随之而来的闭锁，也阻隔了关系的性质发挥作用。

进一步，我们此刻正经历的特殊形式的全球化（新自由主义，由多国引领，等等），被当作了全球化的一种而且是唯一形式。对这种特殊形式全球化的反对，持续不断地碰上了嘲弄性的机敏回答："世界将不可避免地变得更加相互关联。"资本主义全球化被简单地等同于全球化，这是一种话语的战术转移，一下子就掩藏了看到可替代形式的可能性。全球化正是按照这种特殊形式，因此被当作是不可避免的。这里的"成就"是将一种抽象的空间尺度（全球）变成政治的界分，并且偶尔刺激起保护"本土"的回应。需要成为争论对象的，准确说来，是那种相互建构双方的关系。

最后，将全球化视为无可避免，置经济/科技于政治论争范围之外的这一方式，也使全球化成了唯一的故事。"全球化"，正像它之前的"资本主义"一词一样（对资本主义来说，正像它那一时代的现代性一样，常常为一种令人困惑的委婉说法所代替），在与所有被界定的其他东西的相互关联中，是唯一的（自我指涉的）身份（参见 Gibson-Graham, 1996）。这又一次没有认可空间体的多样性。全球化不是一场单一的无所不包的运动（它也不能被想象为西方和其他经济权力中心越过广阔的"空间"平面向外扩张）。它是一种空间的制作，一种通过多元化轨迹的实践与关联达成的积极的再塑形和避逅，而且正是在这里，隐藏着政治。

※

按照无界限的自由空间所展开的有关全球化的想象，围绕自由贸易而展开的新自由主义的强有力的修辞，正如同现代性的空间观一样，是一种过度断奶的政治话语中的一个关键元素。它是一种主要产自世界的北半球国家的话语（尽管也为南半球的许多政府所默认）。它有自己的机制和专业人士。它是标准的，而且有其效果。

在南半球，正是这种对未来空间的理解（视为无界限的全球贸易空间），使强制接受结构性调整项目及其后续项目成为可能。正是对这一形式不可避免性的这种理解，将一国又一国的经济执行出口取向合法化了；将出口优先于服务于本土消费的生产合法化了。换言之，这种全球化话语，这种特殊形式的全球化话语，是继续将以下观点合法化的一个重要因素：存在着一种特殊的"发展"模式，一条通向单一形式的"现代化"的道路。

在北半球，这种地理想象也有其效果：不断地谈论它，以一种特殊形式无休无止地对它进行描绘，是其活跃的生产规划之一部分。它成为了真正决定将其付诸实施的基础。一方面，全球化被表征为无可逃避的——面对这种力量，我们必须适应，或者注定被遗忘。另一方面，世界上某些最强势的代理者则全面热衷于它的生产。强者在这方面的双重性是深刻的，莫里斯（1992b）已经参照性欲亢进对其进行了描绘（为了替代一种粗俗的陈述，也可参见：Lapham, 1998）。世界经济领导人齐集（华盛顿、巴黎、达沃斯）自我祝贺自己的无比强大，并炫耀和强化这种无比强大，这种无比强大是存在于坚称无能为力之中的——面对正在逐渐全球化的市场力量，绝对一无可为。当然，除非进一步推动这一进程。这是一种英雄般的阳萎不举，它服务于伪装这一事实——它的确是一种规划。

那么，全球空间的这种幻像，不是对世界是怎么回事的如实描绘，而是一种意象，世界正按照这种意象被制造出来。正像在现代性那里一样，在这里我们拥有了一种强有力的想象地理学。它是一种极为不同的想象：取代这里被分割开来、划定了界限的空间的，是一种空间幻像——空间是没有樊篱的、开放的。不过，这两种想象的功能，都充当了世界按其加以建造的意象。两者都是将它们自身的生产合法化的想象地理学。

很明显，世界不是总体上全球化了（无论全球化可能是什么意思）；一些人如此卖力地这么做，就是这一规划还没有完成的证明。不过这远不是一个未完成的问题——远不是一个等待落后者迎头赶上的问题。这里存在多元轨迹/时间性。而且，像在现代性那里一样，这也是一种地理想象，它忽视了结构化了的分割、必要的断裂和不平等、排除，对这一规划本身的成功实施就依赖于这些东西。时间对空间融合的进一步效果在这里又一次变得显而易见。只要按照先进和落后的步骤来解读不平等，那么，不仅可替代的故事得不到允许，而且在全球化内部并通过全球化产生了贫困和两极化这一事实还可以从视野中被抹除掉。再者，这是一种无视其自身的现实空间性的地理想象。

让我们暂时忘记索尼和美国有线电视新闻网。一种可替代的符号经济将讲述一个生产平等、分化和排除的故事。像所有现代性的老故事一样，新的占霸权地位的全球化故事是作为一个普遍的故事来讲述的。但全球化的进程还是一个没有（并且按目前的术语来讲）普遍化的进程。

有关全球化的争论通常被认为是有关它有多新和它已经进步了多远的论争，而且事实上的确也存在这些方面的论争。存在着像欧马（Ohmae，1994）这样的"超全球化人"（Hyperglobalisers）。不过也存在怀疑论者。例如，赫斯特和汤普森（Hirst and Thompson，1996a，1996b）便认为，主要的世界民族经济在贸易和资本流动的意义上，不比它们在金本位时期更为开放。他们指出，从中期来看（比如上世纪），不存在任何单调的线性的变化方向，取而代之的是，开放度随时间的流逝因经济发展的性质而有波动起伏。他们的论证相当好。当然，将这种论证局限于全球化的程度问题将严重损耗它们的作用。应当加以讨论的还有全球化的形式：赋予它以结构关联性的社会形式。在赫斯特和汤普森所研究的那段时间里，民族经济的开放度究竟出现了怎样的变化，还存在异议（有关哪一衡量标准最为合适，也还有许多吵吵嚷嚷），但毋庸置疑的是，那些关系的世界地形已经发生了变化。全球空间，正像更普遍的空间一样，是权力的物质实践的产物。通过联接，我们或金融资本或其他什么……着手我们自己的业务，要讨论的不只是这种联接的开放和封闭或"长度"问题。要加以讨论的，是在不断生产出来的新的权力几何学、不断变化的权力关系地理学。经济开放的意义，比如说，对 20 世纪初的英国来说，是极不同于现在的意义的，因为那时英国依然死抱着帝国的辉煌，而且那时是金本位的高点，而现在的英国依赖于外来的投资，而且在 20 世纪 80 年代的重创之后，依赖于生产意义的生产，它需要从其他地方将这么多的贸易工具带进来。在更早的时期，"开放"说的是统治；今天的开放更为暧昧不明。犹豫不决地谈论全球化的形式随时间的流逝而变化不定，等同于无视全球化可以采取不同于现在的形式，并且强化了对这种可能性的视而不见。空间——这里是全球空间——是有关同期性的（而不是时间融合的），是有关开放性的（而不是有关不可避免性的），它也是有关关系、断裂、非连续性、介入实践的。空间体的这种内在的关联性不只是一幅地图上的线条问题；它是一种权力制图学。

※

所有这些，都提出了有关全球化这种阐释论题的最终根源。它让我们再一次重新回到自由市场的（所谓）全球化的话语策略。最卖劲地大喊大叫支持全球化的主流机构和政府，是按照自由贸易赞扬全球化的。而它们提倡"自由贸易"，又是按照转而提出存在某些全球流动的不证自明的权力。"自由"这一词立即暗含了某些好的东西、某些作为目标的东西。它是不证自明的权力——空间应当无界线。然而，一种有关移民的论争登场了，它们立即求助于另一种地理想象、另一种全球幻像——这种幻像同样是强有力的，同样是——表面上——无可辩驳的。这第二种想象是对可防御的地方的想象，是对"本地人"拥有他们自己的"本地"权力的想象，是对一个由差异和有点像稳定边界划分开来的世界的想象，总之是一种民族主义的地理想象。在喘息之间，这些发言人假定"自由贸易"是近似于伦理德性的；但在下一刻，他们却将毒液喷向寻求政治避难者（普遍假设他们是冒牌货）和"经济移民"（似乎，"经济"对想移民来说不是一个足够好的理由——他们说到资本的时候是怎么说的？）。

埃莱娜·佩尔兰（Hélène Pellerin，1999）曾分析过从根深蒂固的自由主义到新自由主义的转移，以及各自所涉及的不同的空间协议。

正像她所指出的，实践中的新自由主义不只是有关流动性的：它也要求某些空间固定不动。其中无与伦比的是劳动的空间组织（正如强制的自由贸易受到批驳一样，试图策划一种新的劳动力地理学的企图也受到驳斥——特别是，她指明了非法移民流和土著联盟）。

所以这里我们有了两种表面上不言自明的真理：一种无边界和流动性的地理学，一种有边界约束的地理学；两种完全矛盾的有关全球空间的地理想象，它们相互在向对方叫板。不管它们相互多么矛盾；因为它在起作用。"起作用"是因为一系列原因。首先，因为每一不证自明的真理都是分头露面的。不过，第二，尽管按其形式来说，两种想象都是不可能的（一个空间既不可能严丝合缝地封闭到疆域中，也不能仅仅由流所组成），但政治上真正需要的是，由于这种紧张状态，需要明确地并且在每一特殊情境中进行协商。这与德里达（2001）有关好客的观点结构形成了类比。每种"纯粹的"想象本身都驯服了空间。是它们的协商将问题（运动的权力/封闭的权力）带入了政治学。诉诸一种纯粹封闭的想象或纯粹流动的想象作为不证自明的基础，既在规则上是不可能的，对政治争论而言也是欠开放的。

所以在"全球化"时代，我们拥有嗅探犬去侦测躲在船的藏匿处的人，试图越过边界而奄奄一息的人，严格说来试图"寻找最好机会的人"。那种双重想象，按其双重性的事实来说，一方面是有关空间之自由的想象，一方面是有关"一个人自己的地方权力"的想象。这种双重想象在运作时是有利于原本是强者的一方的。资本、富人、有技能的人……可以轻易地在世界各地流动，作为投资、贸易、寻找活计或作为观光客；而与此同时，无论是在西方控制移民的国家，还是在任何地方主要大都会富人的有门禁的社区，抑或是在知识生产和高科技的精英圈子里，他们都能保卫自己的堡垒之家。同时，来自所谓世界边缘的穷人和没有技能的人，则一方面受到训导，开放自己的边界，欢迎西方的侵入（来时以任何方式），一方面又被告知待在他们所在的地方原地不动。

又一次，如何讲述现代性的故事在这里有了回音。正像杜桑·卢维杜尔要求参与现代性的合法化话语的规则一样，今日世界的穷人所提出的自由流动（全球化的话语）的诉求也不受穷人控制地被拒斥了。（尽管如同海地的奴隶一样，"自由贸易"的宣言使挑战成为可能。）资本（无论如何高度不平等的）全球化的当前世界秩序，被断言是在合适的地方坚持（某种）劳动，正如早期现代性对奴隶制所做的断言一样。佩尔兰对美国政府在北美贸易协定谈判期间带着恐吓性的轻蔑对待墨西哥移民问题的叙述，让人想起和 C. L. R. 詹姆斯所叙述的巴黎人对杜桑·卢维杜尔的要求所做的回应一模一样。按巴巴的话说，如果现代性话语助燃了"奴隶制社会中的古老的种族元素"（1994，p. 244），尽管，当然，除了古老之外，其他确实是如此，那么，所谓全球化即是在世界各地自由迁移的话语，也正在助燃"古老的"（但不古老）地方观念、民族主义情绪，以及对有差异的人的排挤。

那么，今日占统治地位的全球化的故事，与一种形式极为特殊的全球化联系到了一起。对强有力的（前后矛盾的、虚假的不证自明的、从未普遍化的——但确实是强有力的）空间想象的征用，是其成就的不可缺少的部分。

滑入压抑空间之挑战的思维方式是多么容易；空间想象可能在政治上是多么有意义。"全球化"，以这种方式来讲述的全球化，就如同现代性的老故事一样。又一次，它将空间差异融入了时间序列之中，因此否定了多元轨迹的可能性；未来不是一直敞开的。全球化的这种透视图，为"第三条道路"一类的政治建构提供了结构性的不可避免性——第三条道路取消了左右翼以及围绕一种不允许移位的话语形成的政治封闭体——尚塔尔·墨菲称之为"一种没有对手的政治"（1998）。它安置了一种对空间、"流的空间"的理解，这种空间就像现代性的地方空间一样，被用来（当需要时）将自身的生产合法化，并且假装是一种普遍性——无论如何，在实践中，它系统地否定了这种普遍性。因为，事实上，在这种全球化的语境中，并且作为这种全球化的一部分，新的封闭体目前正在被建立起来。

※

也正像现代性的老故事一样，这种对全球化的想象全然没有意识到自己的言说立场：肯定是新自由主义的，但其定位也是更普遍的西方的。与目前对混杂性进行分析和赞扬的地理学结合到一起，这一点表现得尤为明显（Spivak，1990；King，1995）。这也同样适用于有关开放性的某些论点。正如上面所指出的，西方突然意识到全球化不能当作是一般意义上的新"开放性"的一个结果。更有可能带来一阵风式的关注的，是那种开放性日益变化的术语和地形。西方的地域逐渐被外国的资本所统治。地方古老神话般的连贯一致受到了来自外部的资本和劳工的挑战（在世界的大部分地区，这实际上也不是一种新经验，这一形式的全球化也并不特殊）。现在的西方，已屈从于外来的投资。从中期来看，西方城市一直在体验从世界其他地方来的人陆续抵达。正像经常所说的，许多有关混杂性的著作是由著名的"从边缘抵达中心"所促成的。（这是重述现代性历史的一种刺激因素。）在这样的意义上，它已经公认是一个从"第一世界"来讲的故事。

除此之外，同所陈述的相比，这甚至还远不只是一个西方的故事。因为边缘还没有抵达中心。这是那些已"在中心"和从边缘来、多年来想方设法想进入中心的人的看法。大多数"边缘人"——即使他们愿意移民——也受到了严格的排除。

这是一个主要由正在西方发生的、由西方的经验所引发的全球化的故事（正如同现代性的故事一样）；按某种标准来衡量（正像殖民话语一样），它是建立在一种西方的焦虑基础之上的。此外，正像现代性的情形一样，这种全球化话语，将许许多多的事物合法化了；提供了一种想象的地理学，这种地理学将宣扬它的人的行为合法化了，包括——转了一大圈——将一种对待空间和地方的特殊态度合法化了。

我的论点是，这种有关全球化的叙事不是空间化的。我的意思不只是，图画在地理上远比通常所宣称的要复杂多变：存在着意义重大的空间可变性，或者"本土"持续不断地以一种或另一种方式重申自己。这类事情是真的，但它们不是我在这里要提出的论点。的确，洛和巴尼特（Low and Barnett，2000）曾指责，地理学家过于关注他们对有关全球化的论争所作出的这一层面的贡献。他们提出，这样一种关注的焦点，将地理学科简化成了本土的、经验的、非理论的学科。（我同意这一批评的要点。空间社会理论在范畴上不能简化为只是坚持本土变量。但我依然极为警惕任何这样的假设——本土的/经验的/非理论的这类术语之间存在一种必然关联；参见 Massey，1991b。）所以本土的可变性不是这一章所要讨论的问题。准确地说，我的论点是，真正的"空间化的全球化"意味着认可空间体的关键特征：其多样性，其开放性，它不可还原为"一个平面"，它与时间性的完整联系。非空间的全球化观，像现代性的老故事一样，取消了空间体，进入了时间体，并且在这一步也耗尽了时间体（只存在一个故事要讲）。空间体的多样性是时间体的一个前提：两者合二为一的多样性是未来开放性的一个条件。洛和巴尼特（2000）提出，地理学家聚焦于"主张更复杂或更纠结的空间概念"（p.54）（他们用它们来指实践中更大的空间可变性）的错误在于，我们应当取而代之，批判全球化的标准故事的历史主义。我的论点是，批评这一版本的全球化故事的历史主义（其直线发展，其目的论，等等），也会带来对它空间性结构的重构。概念的重建可以（应当）将时间性和空间性合在一起来进行。

不过，这依然是一种观点。假如空间真正是多样性的领域，假如空间是多元轨迹的一个领域，那么就也将存在多种多样的想象、理论化、认知和意义。任何迄今为止的故事的"同时性"，将会是区别于一种特殊的占优势地位观点的不同的同时性。假如空间体在现代性之下所受的压抑与基本命题的建立有紧密关系，那么，对空间体之多样性的认可，则既挑战了基本命题，也将基本命题理解为时空意义上的特定立场。对同时性的全面认可，要求接受一个命题也回过头来并且潜在地以不同的术语受到观察/理论化/评估（参见，例如，Appadurai，

2001；Slater，1999，2000）。认可极端的同期性，不得不包含也认可存在这些限制。

正像对以往现代性故事的后现代重造有效地瓦解了这故事的许多方面一样，将我们思考全球化方式的真正空间化也将促成一种极为不同的分析（或许多极为不同的分析，一种真正的空间叙事）。也许，最重要的是，它将涉及挑战那种"无所不在的对同时性的否定"。费边曾写道，它将"带着想象和勇气去描绘，如果时间堡垒突然受到他者的时间的攻击，西方（和人类学）将会发生什么"（1983，p. 35）。我们目前描绘全球化的那么多种方式，也同样如此。

第九章 （与流行观点相反）
空间不可能被时间取消

目前全球化时空想象中存在的最严重困扰（反讽的是，很少受到关注），是这样两种看法和观点相安无事的同时共存：一种看法认为这是一个不无矛盾的空间时代；但同时又接受这样一种观点：这是一个空间将最终按马克思的古老预言的实现而被时间所取消的时代。

尽管显而易见相互冲突，这两个命题仍然是相互关联的。一方面，越来越多的"空间"连接，越过更长的距离，卷入了所有地方或经济或文化以及日常生活和行动的建构、理解和影响之中。在我们的生活中存在着更多的"空间"，但它占据更少的时间。另一方面，"我们"现在跨越空间（通过空中、银屏上，通过文化流）的速度，似乎暗含了空间不再重要了；提速已经征服了距离。准确地说，相同的现象引向了这样的结论：不仅空间现在已经胜出，不利于任何欣赏空间性的能力（对无深度的抱怨），而且时间也取消了空间。① 这两种观点都是

---

① 道奇森（Dodgshon，1999）指明了某些经常运用的专有名词（尤其是时空压缩和时间融合）中的一些内在矛盾。

站不住脚的。

让我们从全球互联的提速和银屏的即时性所引起的取消问题入手。毫无疑问，这两条锋线上最近的变化是巨大的。洛和巴尼特（2000）讲述了一个故事，在伦敦北部旅行时，他们偶遇了一块英国电信公司的招贴板，招贴板向世界宣称"地理成了历史"。我们笑而认同；我们知道比特（BT）触手可及。（虽然，为了让主题的模棱两可延续下去，我也有一块鼠标垫带着同样的自我肯定和同等的看似不言而喻的能力声称："地理与我们所有人息息相关。"在所有这类相互矛盾的自信中，保持镇静是至关重要的。）确实是这样，因为时间可以解读为运输和通信速度的提升，时间缩减的确甚至偶然取消了距离的某些效果。这是马克思所发现的东西。值得注意的是这样一种反讽：这里实际上正被缩减的是时间，正被扩大的（在社会关系／相互作用的形态，包括运输和通信的形态的意义上）是空间（距离）。这是这种构想的一个奇怪之处。更重要的是，空间不再可能简化为距离了。距离是多样性的一个条件；但是同样的，如果没有多样性，距离本身就是不可思议的。我们也许还可以注意，尽管赛伯空间是一种不同的空间（Kitchin，1998；Dodge and Kitchin，2001），它肯定是最为内在多元的（Bingham，1996）。（并且，反讽的是，经常被用最笛卡儿式的空间隐喻语言来谈论。）多样性是根本性的。没有人提出（我猜想）银屏、即时的金融交易，甚至赛伯空间正在取消多样性。那将是像在说，由于电话呼叫是即时性的，所以参与通话的人被汇合到了一个实体中。而如果多样性现在没有被清除（它会将所有运输和通信事务都说成是完全多余的），那么两者都不是空间。正是多样性的概念带来了空间性。而且无论如何，就达成万物的光谱都消失于一个黑洞之中而言，在时间和空间两者相互交缠之时，时间如何能够消除空间（参见第二部分）？所以，只要存在多样性，就将存在空间。

齐格蒙特·鲍曼在他对重现代性（疆域化和对规模的入迷）和轻现代性的区分中已经对即时性进行了详细复杂的论述。"随着软件资本主义和轻现代性的来临……一切都变了。"（Zygmunt Bauman, 2000, p. 176）抓住常用措词中的模棱两可，他写道："所讨论的变化是空间的新的枝节问题，乔装成时间的湮灭……很少计算空间，或者压根不计算。"（p. 177）"计算"在这里依赖于成本的观念——来自齐美尔，它所说的是物的价值是通过获得它的成本的多少来衡量的。因此，"假如你知道你可以在你希望的任何时候到访一个地方"，"由于空间的任何部分可以在同一时间跨度（也就是，"无时间"）内抵达，那么，空间的任何部分都没有优势地位，都没有特殊价值"（p. 177）。这是纯粹延展的空间，是一个平面直角坐标的问题。假如空间不只是坐标（或甚至不是坐标），而是关系的产物，那么"到访"就是一种介入实践，一种邂逅相遇。正是在确立一种关系的过程中，"成本"可以稍加衡量。（而且在这种相遇中，空间是制造出来的，同样也是被跨越的。）

空间不只是距离。它是多样性内部开放式的塑形的领域。考虑到这一点，那么，为提速、"通信革命"、赛伯空间所提出的真正严肃的问题，就不是空间是否将被湮灭，而是何种多样性（独特性的叫卖语）和关系将随着新型的空间塑形被共同建构出来。

※

这种关键的对空间和差异共同建构的重新安置的一个层面，已经得到许多讨论。除许多其他目前流行的有关空间与时间的警句外，还有这样两个命题：（ⅰ）远和近之间不再存在任何区分，（ⅱ）边缘已经侵入中心。

正像已经看到的，存在一种按照奠基时刻的条件理解现代性盛衰的方式，按照这种方式，来自"世界其他地方"的差异被西方或者通过时间融合，或者通过疆域化建立起来。这种感觉的瓦解，是由面对一种地理学的崩溃不再可能维持这一故事所引发的，这种地理学试图描绘边缘抵达了中心，描绘以往天南海北的人（在时间和空间上）现在已近在咫尺。

面对这一阐释有许多可说的：它已作为一条线索贯穿第三部分。

的确，我打算将它解释为现代性驯化空间分裂性的一种方式，以及它随之而来的一种无能为力——当"真正的地理空间"现在不能适应环境（它事实上总是未能适应）以致排序的框架不再能支撑的时候，它就丧失了对事物的控制感（其政治宇宙学的失败）。

那么，这是一种好的方式，能让我们把握到现代性构成的某些重要方面，把握到我们现在所经验的无论什么东西的某些重要方面。当然，这得谨慎小心地加以对待。从一开始，这个"我们"是谁？处于殖民主义、侵略、欧洲多国经济剥削的漫长历史之末端的国家，现在不是第一次经验以前遥不可及的人的抵达了。远和近的崩溃，对西方以外的地方来说，早就是一种铁打的事实——它是通过"发现"、帝国主义和殖民主义而内在于现代性本身的确立的。蒙提祖马将证实这一点。而且，这种主流感觉的西方之根显而易见。边缘抵达中心的故事需要同样的审问。这里，不仅感觉的转移、老的排序机制的瓦解明显是处于西方，而且其经验基础本身也是可质疑的。边缘还没有抵达中心。

在这一故事的最复杂版本中，有一种策略是生成一种有关距离与他者性之关系的论点。罗伯·希尔兹（Rob Shields，1992），在比其他许多人更健康地怀疑从一种"时空制度"到另一种时空制度的旅程的同时，提出我们在社会空间化的一个层面见证了一种重要的转移。他的观点是，通过其特殊的全球地理学制度，已经在现代性内部开发出了以在场/缺席为一方，以容纳/排除为另一方的强有力联系。经历了种种变化之后，现在已令人心烦意乱，"文化的渗透，远方他者在西方发达国家的日常生活中已经增加的在场，也许是变化的关键驱动力"（p. 193）。一种"后现代的空间化"开始走向议事日程。

希尔兹在坚持承认社会经济变化和主流感觉转变的时空特殊性时，绝对是审慎的。的确，他猛烈地批评其他人不是如此："吉登斯（在现在已是西方社会科学家内种族主义中心论错误的一个传统方面）将历史上特定的、现代主义者的形式和自我阐释处理成了普遍命题"

（p. 192；参考 Giddens，1984）。当然，他自己的论证，提出了另一类的问题。他的观点是，在现代性之下，而且与现代性本身的体制/本质密不可分，"容纳与排除与邻近和遥远、在场和缺席等术语搅在了一起"（p. 192），伴随着后现代空间化，"一度将'他者性'的所有范畴从'我们的'日常生活的本土领域分离开来的距离，似乎崩溃了，或至少经历了重要的变化"（p. 194）。[①]"他者"的存在和差异对现代感性的确立如此有用，但并不是所有的"他者"都处于地球的遥远区域。在内部也存在着"他者"：不仅只是有"妇女"和"自然"。麦克林托克（McClintock，1995）曾探讨过英帝国主义建立过程中种族、社会性别、阶级的相互交织。哈拉维（Haraway，1991）也曾指明排除女性、动物、机械的形象的重要意义。甚至在现代性内部，也存在着许多种建立他者性（排除）的模式，所有这些模式并不都是依赖于距离。

这里的论点不只是，在考虑现代性和全球化时（的确也是一般的建构空间、将空间概念化的过程中），要讨论或将讨论的不是一种裸露的空间形式本身（距离，开放度，相互连接的数字，邻近性，等等），而是这种空间形式的关联内容，特别是嵌入式的权力关系的本质。在距离与差异之间，不存在任何机械的相互联系。在现代性古典形象的社会秩序内部将世界其他地区他者化，将女性特征他者化，都运用了将空间性当作一种权力工具的诡计，不过所涉及的权力类型、通过空间的塑形对所有这些施加强制的方式，在每个个案那里都极为不同（参见 Massey，1996a）。空间性在这两个个案中都至关重要；但是空间不只是距离。定位、限制、象征符号……也都发挥了它们的作用。要讨论的是空间塑形内部权力形式的表达。

---

① 希尔兹的论点，与空间原本是没有结构的看法有紧密联系（参见 pp. 189～190）。在此，他引证了黑格尔、德勒兹和加塔利，在黑格尔看来，"只有否定原初的纯粹性，区分才进入纯粹的空间"（Shields，引自德里达，1970，《论黑格尔的"自然哲学"》）。这奠定了空间化与时间化之间的一种关系。当然，有人也可以对这一意义上的原始平滑的空间假设（甚至在概念层面上）提出严肃的异议。

的确，也许是通过确立新的投入权力的空间塑形，而不是单纯通过借用提速而来的对空间的征服，对空间性的一般特征发起挑战被潜在地提上了议事日程。"赛伯空间"最名闻遐迩的一件事，是使远距离的即时联系成为了可能。此外，这种即时联系既是网络化的，也是选择性的。连接可以是多元的，你可以选择你所要联系的人（当然，后者就不完全是这样，反讽的是——参见下文——也许是碍于情面）。社区，在具有共同兴趣、连带着相同选择维度的交际网络的意义上，可以远距离地轻而易举地建立起来；非邻近时空的公共性也可以远距离地轻而易举地建立起来。不过，也有不详的预感。凯文·罗宾斯（Kevin Robins, 1997）曾充满说服力地写到某些不详的预感。尽管他所称的"新乐观主义政治学"的主角们——比尔·盖茨（Bill Gates, 1999）、尼古拉斯·内格罗蓬特（Nicholas Negroponte, 1995）、威廉·米切尔（William Mitchell, 1995）谈到了电子化地克服社会分工的可能性，但罗宾斯要谨慎得多。这种乐观主义政治学涉及一种假设，不仅假设空间仅仅是距离，而且假设空间总是一种负担。在这种话语中，空间被坚持不懈地描述为一种限制。（是距离的限制，而不是，也许可能是，迁移或旅行的快乐。）内格罗蓬特说："后信息时代将移除地理的局限。"（1995，p.165，转引自 Robins，1997，p.197）正像罗宾斯所说的：

> 乐观主义政治学想消除地理的负担（以及与之伴随的历史包袱），因为它认为地理决定因素和地理处境是人类和社会生活的困境与局限的根本源头。(p.198)

罗宾斯提出，有"一种由来已久的渴望，渴望超越"这种地域分界、"空间和地方的限制"（p.198），他并且赞成在通信和社区观念方面保持谨慎态度（并在由数码乐观主义所想象出来的理想化版本〔无摩擦的版本、怀旧的版本〕方面保持谨慎态度），同时在物质性（与虚拟性相对）的重要意义方面保持谨慎态度。

这一观点所强调的一个方面是，当我们的远程通讯增加时，生活在隔壁的人们的重要性也许相应地会减小（"我们将在和物理空间无关的数码邻里街区中社会化"——Negroponte，p. 7，转引自 Robins，p. 197）。这确实会破坏物质空间性的一种真正的创造性特征——以前互不相关的轨迹偶然并置的潜力，也就是这一类的事情：低头不见抬头见，与通过不同于你的途径来到"这儿"（这幢公寓、这一街区、这一乡村——这一类的相会）的人（不知以何种方式，或好或坏）相处；你们在这儿的共同相处，在那种意义上，是相当不一致的。这是空间性的生产性的一个层面，它可能促成"某些新的东西"的产生。它也提出了社会范围里的问题。"净化空间"的战斗所反对的就是这种不请自来的并置，这种战斗无论是通过雇用保安巡逻有门禁的特权阶层社区，还是通过控制国际移民，抑或是通过——因为这种战斗不总是有关强力排除弱者的——被社会边缘化了的群体试图保护他们自己的某些空间。我们也许可以支持一方或另一方——问题是一种空间化的权力不是抽象形式的权力——重要的是，接触联系是和别人密切相关的，重要的还有，社会协商的某些形式。按照某些解读，赛伯空间可能潜在地促成一种脱域（dismbedding），进入到像我们一类人的邻里社区，这将避开所有这一类的挑战——物质的空间性总是将偶然的、未加选择的（不同的）邻居塞给你。将空间视为只是一个距离问题，随后再以只是否定性的为借口将空间视为一种限制，其后可能隐藏着一种趋势——试图逃避空间的最具生产性/断裂性的一种因素：一个人的不同的邻居。斯特普尔（Staple，1993）曾谈到一种"新部落制"。"征服"距离在任何情况下都不会湮灭空间，但它的确围绕多样性和差异的塑形提出了新问题。

这绝不是对混合的本土性之乐，或地方的单一定位的一种情感诉求。（的确，在下一章我将提出一种替代性的对地方的理解。这些有关跨政治距离的封闭性的争论也已经具有显著的政治潜力，从一种地理学的视角看，能够瓦解那一古老的假设——一个人在情感和责任两方面的优先考虑，始于限于你的家庭、你的邻里街区，然后随着共鸣的减弱，以同心圆的形式向外扩散。）准确地说，这里所标志的是一个有关门禁（gatedness）的潜在新维度的命题。假如以前的很远，现在的确变得太近了，让你感觉不爽，假如按你的看法，边缘现在的确太多地侵入了中心，那么，除了运用市场力量和歧视的机制以重新组织你自己的定位、选择你自己的邻居之外，你现在至少还可以让你自己的部分生命沉醉于另一个净化了的空间，通过在网上让你自己摆脱困境。

除非……除非这一"空间"不让你这么做。空间永远不可能明确地被净化。假如空间是多样性的领域，社会关系的产物，而这些关系是真正的物质实践，并且总是在进行中，那么空间永远不可能是封闭的，将总是存在松散的结尾，总是存在界外的关系，总是存在潜在的机会元素。的确，又一次，对当下时代的一系列特征的描绘，会受到其对立面的挑战——杂交性、混合性的故事，黑客、入侵、病毒和流量的故事。当然，所有这些故事全然是暧昧不明的；不过这才是重点——无论是密封的封闭体，还是只由流动所构成的世界（没有任何稳定性，没有任何种类的边界），都是不可能的。尽管赛伯未来学家信心满满地预言城市经过技术引导的消散将走上末日，但城市还是在前所未有地增长（Graham，1998）。移动性与固定性，流动与定居，它们相互以对方为前提。正如萨斯基亚·萨森（Saskia Sassen，2001）所指出的，全球城市本身，连同其巨大的生成和控制流的能力，是建立在超大的经过部署的资源基础之上的。运动和移动性的动力，对于一个流的空间来说，只能通过建构（时间的、暂时的）稳定性才可能获得。在各种相互冲突的趋势之间，只存在永远的、经常的协商（以及一种协商的责任）。一种对迄今为止的故事的同时性的地形的重构。这不是对空间的取消，而是一种对空间性所提出的挑战的激进重组。

无论如何，赛伯空间的故事被它自己的、十分物质的需要证明为虚假的。贯穿这类文献中的空间和地方的贬值是一种普遍的变换的一个层面，经过这一变换，信息已被描述为剥离了物质性，它的一种潜在意义是"物质性和具体化的一种系统贬值"（Hayles，1999，p. 48）。因为所有这么多有关赛伯空间之后果的故事都是围绕它能使空间毫无意义而展开的，在它自己的物质生产和运作的语境中，（在这种基础上，仿佛）空间又具有根本的重要性。赛伯空间的生产者事实上十分清楚空间不只是距离，而且空间至关重要。科技园和同样的高科技生产场地心知肚明地创造了飞地：与乱哄哄的世界分离开来，致力于单一的活动（生产/加工，赞颂高科技），相当严格但永远也不会完全成功地净化"不合格的"用途（那些不只是用过程而且用形象加以干预的东西），敏锐地意识到定位，并且经常苦心经营地加以护卫。它们不仅在物理的意义上得到校准，而且在意义方面也十分深思熟虑：科学家地位和地方位置上声望之间的相互作用，支持了社会地位的权威、地方和科学本身的权威（Massey，1995b；Massey et al.，1992）。这是作为多样性的空间，因而也是异质性与独特性的空间。赛伯空间的假定效果与它自身生产的动力之间的对比——也就是战胜空间与极其细化地使用和制造空间之间的对比——正好突出了只是被理解为距离的空间和处于更丰富意义之中的空间之间的差异。无论前者发生什么，后者都远远不会被湮灭。赛伯空间的虚拟性根基深厚这一事实，同样也突出了其他某些东西：物理空间的世界和电子媒介连接的世界不是作为两个分离的层次而存在的——一个（在我猜想的普通大脑的视觉想象之中）轻飘飘地飘浮在另一个的物质性之上的某一个地方。正像罗布·基钦（Rob Kitchin，1998）所说的，"赛伯空间的链接和带宽……〔在空间上〕是不平等分配的"；"信息只是像身体所栖居的场所一样有用"；"赛伯空间依赖于真实世界空间的固定性——登录点，网线的物理特性和物质性"（p. 387）。或者又一次，在斯蒂芬·格雷厄姆看来，"在经济上发挥作用、在社会上建立连接的力量，越来越依赖于已建成的、基于地方的物质空间，这样的空间被紧密地编织到了复杂的远程信息处理的基础设施之中，这些基础设施将它们与其他地方和空间联系起来"（Stephen Graham，1998，p. 174；也可参见 Pratt，2000）。正因为虚拟性的根基与地点的独特性紧密结合在一起，所以空间和地方通过它们在通讯网络中的嵌入性（embeddedness），也会改变自身的物理性质和自身的意义。"虚拟"世界依赖于并且进一步形塑了物理空间的多样性。这从来就是如此；新媒体在这种意义上也不是新的，不过它的确重塑了（或有潜力重塑）这些网络将如何运转。

格雷厄姆（1998）有效地区分了对信息技术、空间、地方间的关系进行概念化的三种模式。第一种模式，我们前面已经思考过，他将其描绘为"替代与超越：技术决定论、普遍化的互动性、地理的终结"，他并且严厉地批评了它的技术决定论。第二种是"共同进化"模式："地理空间和电子空间的并列的社会生产"，这一模式拒斥了技术决定论，提出了电子空间和地域空间必须一起生产。第三种模式是"重组"模式，涉及技术和社会领域的共同构造（参见，例如：Callon，1986；Haraway，1991；Latour，1993；Pratt，2000）。他提出，在第三种即共同构造的模式内，我们才能最恰切地理解空间的持续重造。

此外，而且像"重组"方法的作者长期以来所主张的，"共同构造"不单存在于人类与科技之间，而且存在于人类与（我们选择所称的）"自然"之间。假如围绕新技术的咒语激起了无数即时性的去物质化的移动性，那么围绕自然的咒语则反其道而行之。正像克拉克（Clark，2002）所指出的，虽然我们认可文化和社会中的移动性，但也存在着一种因非人类生活的移动性而身心俱疲的趋势。奇（Cheah，1998）提出了一种有关"杂交性理论家"（p. 308）的相关观点。我们为我们正在"自然"界所生产出的"非自然"混合体忧心忡忡："社会和文化理论家正将全球生态掠夺当作一种普遍的去自然化的证明，这种非自然化现在席卷了整个生物物理界。"（Clark，2002，p. 103）这虽然认可了共同构造，但它也与一种背景性的假设结伴而行：如果将"自然"界留给自然界本身，那么它无论如何将依然真的通过那种现代主义的领土空间性来加以组织，适应处于根深蒂固的本土性中的连贯一致的区域。

> 但是我们也许会奇怪，为什么真的会这样——来自自然一经文化之手就会败坏的观念的政治买卖会如此之多，而在思考生命由于本身的原因取得的东西方面，行情又如此之低？……为什么会在经历了令人苦恼的自然/文化的二分之后，我们依然如此心安理得地追踪全球化对生物物理界的影响，而不是去思考生物或地理学对我们正面对的全球面貌的贡献？（2002，p.104；着重号为我所加）

而且"尽管也许是这样，生物学的观点已意识到，尽管本土的行动已经尝试'站在全球的角度思考'，但这一姿态还是试图参与一种行星级的具有无家、无根特质的规划"（p.105）。克拉克将这诊断为一种来自欧洲和美国城市的视角："两种结构成分——环保主义者对'原地不动'的自然的信仰和世界主义者对摆脱了根基和物质责任的文化的庆贺——可以视为是相同的大都市摆脱生物-物质性的日常活力之衍生产品（p.117）。"（他提供了殖民边缘的经验当作一种替代性经验。）

将自然理解为基本"原地不动"是一种诡计，它暗示了对一种基础、所有这一切的一种固定底线、科技和文化的全球移动性可以大显身手的一个稳定场地的渴望。这一星球的全球流（有机的和无机的），禁止所有这一类的避难所。克拉克"毫不迟疑地"拾起了"现在例行公事的对千疮百孔的自然/文化二分的坚持"，提出"'自下而上的全球化'观念可能具有新的意蕴——假如它能表明这个'下'不存在任何最终的切分点，没有任何的栏杆阻挡人们进入已经人化的领域"（p.105）。而一旦将这一点考虑在内，那么无论如何，所有对所谓即时性和提速的兴高采烈，都将消失殆尽，它们将被还原到永远都是全球流动的地球之内一个属于它们的更恰当的位置之上。

第十章　替代性选择的诸种元素

无论是否存在特殊的空间性时间，空间概念本身于正在出现的冲突中，都是关键的并且经常潜在的一个筹码。理查德·皮特（Richard Peet，2001）在他对麦克·埃万《新自由主义或民主?》（*Neoliberalism or democracy*，1999）的深思熟虑的评论中提出，有必要进一步深化对新自由主义及其嵌入其中的政治规划的批评。我这里的观点是，关注互不服输的对空间理解的潜在博弈，可能是这一规划不可或缺的部分。对他的建议来说，可能最为关键的是，我们需要"揭示新自由主义最终是由多国公司建构出来的一种话语"（p. 340）。新自由主义的全球化作为物质实践和霸权话语，已经是漫长的试图驯化空间体的另一条路线。这不只是一个需要批评的问题。关注空间的潜在概念，在抵抗实践和建造可替代性选择之上也至为关键。

这里所提出的是，许多和全球化有关的话语回避了空间的全部挑战。将空间异质性融入时间序列偏离了极端同期性的挑战，弱化了对差异的欣赏。将空间等同于无深度的即时性剥夺了空间的所有动力。将空间预想为总是已经疆域化的，正如同将空间预想为纯粹的流的领域一样，误解了流和领土互为条件所取的永远变化的方式。需要加以讨论的，是建构流和领土两者的实践与关系。相比之下，而且基于第二部分的论点，这里要强调的是其他特征。第一，空间即异质性的领域。方位、场所，是对和空间一起形成的多样性进行元素区分的最小定量。它因此也是更极端的异质性的条件。格罗斯伯格已经写到，需要让空间成为一种哲学规划，他并且提出，在这种规划中，"将现实界空间化"将意味着将"作为他者的唯一性之产物的现实界概念化"（1996，p. 179）。第二，空间即关系、协商、介入实践、所有形式的权力的领域（Allen，2003）。在这一语境中，空间是提出社会问题的维度，因而也是提出政治问题的维度（同时"真实的"空间是通过社会界和政治界生产出来的）。第三，空间即同时性的领域、极端同期性的领域。

放在星球变化的语境中，人类的全球化是小事一桩，但它却激起了对空间性的一种新意识。阿帕杜莱（2001）、卡斯特尔（Castells，1996）、谢泼德（Sheppard，2002）和其他人都曾写到伴随全球化的演变而来的空间组织和（人类）经验的一些变化。已经激起了对各种扭曲的、折叠的空间的新幻想。我的观点可能比这些人的观点更单调，并且更关注关系的性质及它们的社会和政治含义。它们是建立在这样的观念之上：空间是通过介入实践和关系的权力几何学来构建的，是通过这些关系来构造的（既通过封闭也通过流动），并且通过将这些关系理解为在其功能上有差异（且不平等）的赋权来构造的。这些实践和关系甚至不是测量空间而是创造空间，它们派生出的"距离"可能是某种物理力量、某种政治联盟、某种想象……并且在这样的意义上存在于它们任何一种中都可能是非对称的。为市场关系所创造的空间是这方面的最佳个案：其指向性、它们内部权力的不平等、多元的管理和影响维度，意味着在这种意义上较少存在"欧几里德式"的空间，而多有全球新自由主义的空间。

并且这也是一种永远未完成的、处于生产中的空间。其开放性（反讽的是，其再现的重重困难——按杰姆逊的术语，其"不可把握性"）是其挑战的另一层面。多元轨迹的开放性交织，相应的断裂、分裂和结构性分化，最终使它不可能被命名为一个单一的总体化的规划。卡斯特尔的文化和空间非连续性，他的"结构性互不相关"的人口和地方，阿帕杜莱的分离……甚至在交叉点和并置点所形成的新的杂交性，正像互联建构的任何单纯增加一样，是全球化过程内部的不和谐、缺席和分裂的产物。那么，假如我们要画一幅新的全球化地图（乃至一幅相当平常的，比如说，流的地图），它也不会呈现出一个总体上相互关联的系统：将既有长期以来的缺席，也有新的不相关的系统化的生产。这并不意味着存在自主的孤岛（不是重新招唤一种主张地球就如弹子球式的地理学）——而只是这里讨论的是全球化的地形。这种分离性时刻在不同的词典中将以不同的名字出现，并且将出现不同的变调（依然不可能总体化的差异之间的冲突；一种接合的前途未测的未来属性），但它们共同拥有一种开放性，在这种开放性中，依然有政治的余地。

最重要的也许是，在面对全球化的主流想象时，接受费边所说的挑战，在全球化中转移到这一语境中来，按费边自己的话说："一种四处弥漫的对同时性的否定，它最终是对令人惊恐的长度和留存的宇宙学神话意味深长的否定。"（1983，p. 35）[1]

即使这样仓促的概述也提出了和新自由主义全球化相关的政治学问题。我在这里只想聚焦其中的三种元素：关联性、含义和独特性。最为明显的是，以自由移动的空间为一方、以封闭的领土空间为另一方的两极化，不仅是一种悖论——它对突出目前保守主义的/新自由主义的格局至关重要，它同时也可能是建构对立和/或替代性选择的危险基础。一方面，对空间崇拜的古老理由来说是如此——抽象的空间形式本身丝毫不能保证建构那一形式的关系社会、政治或伦理内容。通

---

① 有关这一点的相当不同的说法，参见：Chakrabarty，2000；Kraniauskas，2001。

常要讨论的问题，是关系的内容，而不是关系的空间形式，通过这种关系，空间得以建构起来。不过问题远比这严重。无论在学术和政治文献及其他形式的话语中，还是在政治实践中，都存在着一种令人吃惊的趋势——将本地想象为全球的产物，但忽略它的对应物：本地对全球的建构。普遍意义上的"在地"（Local places），无论它们是民族国家或是城市或是小地方，都被有代表性地理解为产自全球化。在这种对应的两侧，都存在问题。一方面，是将全球潜在地理解为总是起源于其他地方。因此，它是未被测量和划分的；是乌有之乡（nowhere）。这与将信息想象为脱域的和脱具体化的（disembodied）构成了直接类比（Hayles，1999）。另一方面，在地，按照这种对全球化的理解，没有任何代理。正如阿图罗·埃斯科巴描绘经典咒语时所说的："全球是与空间、资本、历史和能动性联系在一起的，而本土，则反之，是与地方、劳动力和传统关联在一起的——同样是与妇女、少数族、穷人关联在一起的，并且，有人也许还可以加上本土文化。"（Arturo Escobar，2001，pp. 155～156）换言之，地方，被无可避免地描绘为全球化的牺牲品。[1]

在最近一些年里，在这一战线上存在一些反击，以及对"在地"在新自由主义全球化语境中潜在能动性的明确肯定（Dirlik，1998；Escobar，2001；Gibson-Graham，2002；Harcourt，2002）。甚至这些重要的陈述也仍然停留在一种"保卫地方"的话语之内，在一种政治保卫本土抵制全球的话语之内。

当然，认真地对待空间的关系建构指明了一种更为变化多端的关系建构。因为在对新自由主义全球化的一种关系认知中，"地方"在更广泛的权力几何学中，是既构成自己也构成"全球"的纵横交错的网。按这一观点，在地不只是全球的牺牲品，它们并不总是抵抗全球的政

---

① 这里的观点在 Massey（2004）中得到了更全面的阐述。地方在这种规划中被准许的能动性是媒体的力量，通过媒体的力量，差异化得以生产出来。

治上可防御的最后堡垒。将空间理解为权力格局永远开放的生产，指明了这样一个事实：不同的"地方"将处于同全球的对立关系之中。它们将分别处于更广泛的权力几何学之内。最为肯定的是，马里和乍得也许可能被理解为占据了相对无权无势的位置。但是伦敦呢？美国呢？抑或英国呢？这些地方，是全球化在其中生产出来且通过它们生产出来的地方：在全球通过它们构造出来、创造出来、协调起来的那些时刻，一直就是如此。它们是全球化中的"当事人"。这并不是说"所有地方"都是演员（参见下文），它只是鼓励一种政治，这种政治考虑到并且主张新自由资本主义全球的本土生产。

有许多立竿见影的含义。从一开始，全球的不可避免的本土生产意味着，在更广的全球机制上，通过"本土"政治潜在地存在一些买卖。不只是保卫本土抵制全球，而是寻求改变全球本身的机制。它提出了本土对全球的"责任"问题——这将在第五部分中谈到。不同的地方在全球更广的权力几何学中占据着不同的位置。结果，无论是在介入这些更广的组织关系的可能性之上（购买力之上），还是与这些更广的组织关系潜在的政治关联的本质上（包括责任度和责任的性质上），也都将出现变化。许多和地方保护有关的文献来自于南半球，或与南半球有关，或者，例如，与南半球的非工业化地方有关，丝毫也不偶然。从这样的视角看，资本主义全球化作为一种令人恐惧的外部力量的确已经来临。但是，在别的一些地方，也许恰好是，对地方的一种特殊建构，作为抵制新自由主义全球化之政治的一部分，在政治上不是正当有理的——而这不是因为这种策略不能付诸实践，而是因为，这类地方的建构，通过它而建构起来的权力关系网，以及其资源被征用的方式，的确是必须加以挑战的东西。

随后，认真承担起空间和地方关系建构的将是一种本土政治，并且空间和地方将通过这种关系的极为不平等的表达高度区分开来。本土和全球的关系将千变万化，结果是任何挑战全球化的潜在本土政治的坐标也将千变万化。的确，提出以一种不加区分的方式保卫地方，事实上是维护本土及其好的东西与埃斯科巴和吉布森-格雷厄姆相当正确地反对的脆弱的东西结合起来。

最后，和这里相关的是一种持之以恒的免除本土的趋势。布鲁斯·罗宾斯（Bruce Robbins），对已经获得名望的美国民族主义的各种形式进行了沉思，他说：

> 一个鲜明的特点是，只有当资本主义可以等同于全球时，资本主义才或从根本上受到攻击。资本主义被当作是好像来自于其他地方，仿佛美国人压根没有从中受益——仿佛……美国社会和美国民族主义是它可怜的牺牲品之一……通过拒绝承认温暖的内部是由冰冷的外部加热和提供食粮，这些公然的反资本主义的批评家让资本主义的后果从民族的荣誉感中消失得无影无踪。(p. 154)

实际上，这同样的观点，也可以用在许多其他被建构为全球几何学内部权力节点的地方。政治上问题重重的是，对本土的持之以恒的保护，作为（qua）本土，不考虑体制性的社会联系，可能导向不谈论本土自身的体制。

这种观点中的一条重要线索是，根据实践和关系将空间概念化，提出了有关含义的问题。地方隐含在全球的生产中。此外，严肃地对待这一点，会从根本上挑战某些最持之以恒的隐喻性的"抵抗地理学"。第二部分对德·塞托的时间与空间概念的讨论已经提出了这一问题。那里的构想是按照微战术的意义展开的——街道某种意义上是抵抗权力的"恰当地方"。在他们按照这种方式所展开的空间分离的想象中，"权力"和"抵抗"也是分开加以构建的。按照这种结构，没有任何机会去考察它们之间的关系（在这一点上，也可参见 Sharp et al.，2000）。以这一类的方式，在"边缘"或"裂隙"意义上展开的对"抵抗"的想象，阻碍了更严肃的政治介入。无论如何，它们都是各种形式的空间拜物教，是从一种地理学构想一种政治学。他们上演了一出超脱的罗曼司——拒绝承认这种"权力"中的潜在含义，或拒绝为其承担责任。由于这么做，他们丧失了一种有效政治的一个可能购买点。

最后，对全球化空间之本质的这种理解，指向了一种有关特殊性的政治。正像前面所说的，一种本土-全球政治的建构，各地都相互不同。此外，即使是在面对全球体制时，认可特殊性也是必要的。因此，世界贸易组织是通过实施声称在普遍适用基础上的一碗水端平的规则（自由贸易规则，等等）来运作的。然而，显而易见，在一个充满无穷无尽特殊性的世界，更不用提总体上的不平等，平等、抽象规则的运用，事实上是不"公平"的。那种表面的大公无私永远不会带来声称属于它们的平等主义的结果。随之而来的是，应当更公平地运用"自由贸易"规则（欧盟应当取消纺织品的配额，美国应当减少棉花的生产，等等）。这一观点是对的（由于目前规则倾向有利于强者），但它还不够。反对自由贸易的观点同样是不充足的——保护主义也许是合理的或不合理的，这依赖于构成每一特殊情境的权力关系（"保护主义"是像全球化一类词的另一个词，它已经被政治权力所捕获）。当然，为了对特殊性做出回应，需要就目标达成共识（哪怕是临时的），这需要一种性质极为不同的全球论坛。它们需要的是这样的论坛：能够争论目的，争论和其目的相关的全球化的形式（Massey，2000a，2000b），并且以一种设身处地的方式对处于更广条件之内的单个情况做出回应。对这种建议的反对意见毫无疑问会是，它将导向无休无止的论争和异议。它毫无疑问会的。不过，无休无止的论争和异议恰好也是政治和民主的材料。（运用"规则"的后果是，由于声称全球化不可避免，它将政治从论争中剥离了出来。它将全球化过程当作是一个技术问题。）通过权力几何学的特性来理解全球化，加强了它的政治化，超越了支持它或反对它的意义范围，而且是围绕它将支持什么、它将采取什么形式而展开的。

第四部分　重新定向

　　无论是细察地图，周末乘火车回家，熟悉最近的思想潮流，或者也许漫步山岗……我们以数不胜数的方式涉及我们潜在的空间概念。它们是我们整理世界、定位自己以及在与我们自己的关系中定位其他人类和非人类的一种关键要素。本部分将综合探讨这类东西：普通的物质实践，一般的通用辞格和态度，一两个特殊文本。空间给我们的是同时性的异质性；它坚持存在意外的可能；在最广泛的意义上，它是社会的条件，是社会的欣喜和对社会的挑战。

第十一章 空间过程中的片断

通过地图降落

我爱地图——地图是我成为"一位地理学家"的原因之一。它们令人着迷；它们让你梦想。然而可能最好仍然是，我们通常的地图观，有助于让我们大多数人最经常的思考空间的方式平静下来，从中抽离出生命来。也许，我们目前"正常的"西方地图，是那漫长的驯化空间努力中的又一元素。

面对一种想知道的需求（只不过是乌兹别克斯坦到底在哪？这一城镇的布局如何？我如何从这儿到达阿德维克？），你伸手拿起地图，将它平铺在桌上。在这里，"空间"即一个平面，一个连续的平面。空间即这一成品，即一个连贯的封闭系统。在这里，空间是完全并且同时相互关联的；是你能够穿越的空间。地图在以结构主义的共时性方式运转。它诉说着事物中的一种秩序。凭借地图，我们可以确定我们自己的位置，找到我们的道路。我们也同样知道别人在哪。所以是的，这一地图能让我梦想，能让我的想象飞扬；但它也给我以秩序，让我获得这一世界上的一个支点。

地图是再现的一个原型吗？我们"在地图上标出物体"以获得对它们结构的感觉，我们呼唤"认知地图"，[1]"我们"（大约我是用靠得住的资料来解读的）目前正在"图绘"DNA。地图是一种基本结构的呈现。那种有序的再现。

不过我们对"地图"最初意义的看法，目前西方对地图这个词最普通的用法，都与地理有关，因而也与空间有关。因此所有的合并走到了一起，依次糅合到了一起。地图是有关空间的；它们是再现的形式，确切地说是图像形式；再现被理解为空间化。不过，说一幅地形图就是地形——或那一空间，最多就像说一幅画管子的画就是管子一样。

显而易见，地图是"再现"。而且地图是在我们已知的"再现"这一词所具有的复杂多变、富于创造的意义上的再现。很明显，而且也不可避免的是，它们是选择性的（正如同任何形式的重新呈现一样）。这是柏格森的老观点。而且，通过它们的编码、陈规及它们的命名和排序程序，地图是作为一种"权术"而发挥作用的（Harley，1998，1992）。但在这里，对我至关重要的东西不是这些。甚至也不是——当我们将地图（我们将到访的国家，将被征服的城镇、地区）摊开在我们面前的桌子上之时——"自上而下的看"的多有综合的观点。并不是所有自上而来的看法都是问题重重的——它们只不过是另一种看待世界的方式（参见第三章与德·塞托不同的观点）。只有当你没能想到纵向的距离给予你的真相时，问题才会来临。尽管，主流的图绘方式的确没有将观察者——未经观察的观察者自身——放在所凝视的对象之外和之上的位置上。这里困扰我的仍然是权术的另一个和较少被人认识到的层面：地图（目前西方型的地图）给人以这样的印象——空间是一个平面——也就是一种已经完成的平面状态的一个领域。

---

[1] "地图"一词的这一用法意义非凡。杰姆逊（1991）事实上不断地回到"图绘"，回到制图学，回到图绘的"现实"本质，回到认知地图是否"真的"是地图。

但是假如——回想一下第二部分的观点——抛弃掉时间和空间是相互排斥的对立面的假设又会如何？假如空间不是一个非连续的多元惰性事物的领域，乃至是一个完全相互关联的领域又会如何？反之，假如它提供给我们多彩多样的实践与过程又会如何？那么，它将不会是一个业已相互关联的整体，而是一种仍在进行的相互联系和不相联系的生产。那么，它将总是未完成的和开放的。这一空间舞台不是可供站立的坚固场地。任何意义上它都不是一个平面。

这是动态的同时性领域的空间，因为新的抵达而永远不连贯的空间，因为新的关系的建构而永远等待做出决定（因而也总是悬而不决）的空间。它总是被制造出来因而也总是在一定意义上是未完成的（除非那一"正在完成之中"不在议程之上）。假如你真的从时间过程中取出一片断，它将布满孔洞、断裂、半成型的首次相遇。"每一事物都与其他事物联系在一起"，这话可以是一种有益的政治提醒：无论我们做什么，都有也许比我们通常所认识到的更广泛的含义。不过，假如由此引向一种总是已经成型的整体论，那将是有害无益的。这"总是"远不是总是有尚未建立起来的联系，总是有尚未开花结果进入相互作用（或者不是这样，进入永远不会建立起来的潜在连接）的并置。松散的结尾和正在延续的故事。那么，"空间"也许永远不可能成为已完成的同时性，在这种同时性中，所有联系在其中已经建立起来，每一地方已经（而且在那一刻一成不变地）和其他每一地方连接了起来。

松散的结尾和正在延续的故事对制图学来说是真正的挑战。地图当然是变化的。在哥伦布不期而遇之前的大西洋两侧，地图将时间和空间整合为一体。它们讲述故事。在提供世界在"那一刻"（假定的）的一种图像的同时，它们也讲述世界起源的故事。古世界地图宣扬世界拥有基督教的道路，并且生产了一种讲述基督教故事的制图学。在大西洋的另一侧，在将要成为美洲的地方，托尔特克人、米斯特克-普韦布拉人和其他群体设计了叙述他们宇宙之起源的制图学。在第一章

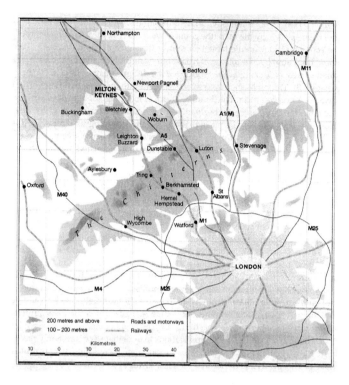

图 11.1

北安普敦（Northampton）	特林（Tring）
贝德福德（Bedford）	巴克汉姆斯特（Berkhamsted）
米尔顿凯恩斯（（Milton Keynes）	黑梅亨普斯特德（Hemei Hemstead）
白金汉（Buckingham）	圣奥尔本斯（St Albans）
布莱奇利（Bletchley）	海威考姆勃（High Wycombe）
沃本（Woburn）	沃特福德（Watford）
莱顿布扎尔德（Leighton Buzzard）	牛津（Oxford）
剑桥（Cambridge）	
邓斯特布尔（Dunstable）	200 米及以上
卢顿（Luton）	100～200 米
斯蒂夫尼奇（Stavenage）	道路和公路
爱斯伯雷（Aylesbury）	铁路

所提到的"索洛托法典"（Codex Xolotl）中，"事件是经过编排的"（Harley，1990，p.101）。这些复述历史的地图，它们将时间和空间整合为一体。这里也存在反讽。这种将移居变为一种地图上的线条、"索洛托法典"上的足迹线，是许多道路中的一种，凭借这一道路，再现将最终被称为空间化。运动被转化成了一种静态的线条。第二和第三章探讨了这一点，尽管最好在这里做一点补充：德·塞托的部分观点（关系到他决定不用轨迹这一术语），受到了"法典"地图干净利落的反驳——足迹的指向清楚地表明：不存在可逆性，你不可能在时空中往回走。然而这些地图让人回想起了第二部分的一个进一步的观点。这些是对时间和空间的"再现"。让时间体固定下来的不是空间体，而是使时空稳定下来的地图（再现）。稳定化，或至少在宇宙中获得（被给予）一个支点，而且在许多情况下提出这样的要求，全都是这些地图有关的事。它们是 500 年之前的主流认知图绘。它们企图把握、发明一种总体观；驯化混乱和复杂性。

另一方面，有些图绘则恰恰相反，致力于破坏连贯感和整体感。情境主义的制图学，在依然试图描绘宇宙的同时，将宇宙图绘为不是单一秩序的宇宙。一方面，情境主义者的制图学寻求不辨方向、陌生化，以激发来自于非熟悉角度的观点。另一方面，而且对这里的论证更为重要的是，他们寻求暴露空间本身的不一致和四分五裂（在他们那里，主要是城市空间）。这是结构主义者共时性的反面：对地理空间的一种再现，而不是一种非空间的概念结构。这里是将空间体固有的断裂展示出来，而不是将其包裹起来。在这里，空间体是可能性的舞台。这样一种制图学试图尝试列文所称的对非连贯性的模仿（Levin，1989，转引自 Pinder，1994）。它是一种给新的东西留有余地的地图（和空间）。

所以，最为肯定的是，空间不是一幅地图，一幅地图也不是空间，甚至地图也不必假装具有连贯一致的共时性。

最近有一些别的经验。"制图学的特征出现在当代文化理论，"伊莉莎白·费里尔（Elizabeth Ferrier，1990，p. 35）写道，"……图绘对后现代来说至关重要。"在某些后殖民和女权主义者的文献中，地图的特点被当作一种既可以代表过去的僵化而又可以从内部进行重造的形式（Huggan，1989）。在这些规划中，地图既可以解构，也可以随后进行重构，所采取的形式是挑战单一性、稳定性和封闭性的诉求，这些诉求构成了我们通常的制图学再现观的典型特征（而且在大多数情况下也是制图学再现的意图）。

德里达对再现的敞开，引出了和西方、现代地图的经典形式相关的问题。哈甘（Huggan）认为，这类地图的生产是一种"典型的结构主义者的行为"（p. 119）。它们是概念性的、非时间性的——但反讽的是，假定这些是地图，它们就不是空间性-结构（spatial-structure）。哈甘利用德里达前后矛盾的观念提出，这类地图必定按图索骥地"回到一个其稳定性得不到保证的'存在点'"（p. 119）。这种地图的"共时本质主义"因此被打开了，地图及其绘制者们所渴望的封闭或许可能从内部受到挑战。这是一种旨在以多种方式扰乱"经典西方地图"的挑战。一方面，它抵制经典地图明确要求的内部一致、高度完整——它指明了"盲点"，"先前的空间塑形所遗忘之处"（Rabasa，1993），不能被抹除的"不一致和近似值"（Haggan，1989）。换言之，种种多样性的线索。另一方面，这种解构性的挑战认可一种必要的临时性和暂时性——它们将削弱构成经典西方现代地图典型特征的对固定性的诉求、对使物体纹丝不动的诉求。按女权主义和后殖民主义对制图学可能性的再想象，接下来将要进行的是，继续推动对作为"权术"的地图的批判，以撼动我们对地图本身形式的理解。

可是……"盲点"，"先前的空间塑形所遗忘之处"以及从斯皮瓦克开始，殖民者的"对一个未加铭刻的地球的必要的但矛盾的假设"（Spivak，1985，p. 133），在后殖民语境中都利用了这一观念——殖民文本即对因此被遗忘的他者的书写。它们用一种羊皮纸式的可反复擦除重写的方式对多样性进行了描绘。这可以捕捉到统治的策略，也可以暗示断裂的可能性。因此拉巴桑（Rabasa）说："羊皮纸的形象成了将地理学理解为一系列已经改变世界的擦除和复写的启蒙隐喻。并不完美的擦除反过来是从土著和非欧洲视角重构或重新发明世界的希望之源。"（1993，p.181）并不完美的擦除也许同样可以是"描绘一系列盲点的方式——从这些盲点中，也许可以形成与欧洲中心主义截然相反的话语"（p.183）。确实如此；但是当解构策略可能促成对殖民话语的批评、指向他者的声音时，他者的故事暂时也被压抑了，其肖像不再是那种轻易能提供资源、给他者声音带来生命的肖像。这是拉奇曼在他对拼贴和重叠的回顾性批评中所持的保留意见之一（Rajchman，1998）。由于对明显连贯一致层次的批评遮盖了主流权力（按后殖民主义的意义，是欧洲权力；在更普遍的意义上，是这一形式的地图绘制者的权力）所发出的替代性声音，它继续在层的意义上想象异质性的多样性。然而"层"（像在"层的堆积"中一样）似乎准确地指空间的历史而不是空间的极端同期性。通过羊皮纸的隐喻，也许会指向同时性，但并不会建立同时性。羊皮纸有过多的考古学的意义。在这一故事中，从地图中漏掉（擦除）的东西不知何故总是来自"从前"的东西。再现中的裂隙（擦除、盲点）与同期性空间中的多样性的非连续性不是同一回事。后者是同时性事物共存的一个标志。披着这种外衣的解构，似乎受到了它主要聚焦于"文本"的阻碍，无论从多么宽泛的意义上来想象，都是如此。通过羊皮纸的形象来描绘这种观点，是为了留在对平面的想象之内——这没有让共同形成这一空间的轨迹栩栩如生。因此拉巴萨写到了"羊皮纸的层构成了制图学的基础"（p.182）。不过，这是将空间想象为被图绘成是附加的水平结构的产物——也就是空间是一种即时性的空间——而不是完整的同期的共存和生成。

情境主义的制图学，晚近的解构，试图按根茎的术语来思考，它们都力争敞开地图的秩序。德勒兹与加塔利，在与再现和自闭的两种借口做斗争的过程中，区分了描图（一种居中的企图）和地图，地图

"是完全趋向于与现实接触的一种实验……它本身是根茎的一部分"（1987，p.12）。但是在今日西方对"普通"地图之空间的主流认知中，假设却正好是，没有任何出人意料的空间。正像当空间被理解为（封闭的/稳定的）再现时一样（通过这种"空间化"，"出人意料"被回避掉了，De Certeau，1984，p.89），你在这种对空间的再现中永远不会迷路，永远不会因与出人意料的事物相逢而感到惊奇，永远不会面对未知世界（有如坚定的科尔特斯和他所有的下属，在济慈笔下，在胡思乱想中凝视太平洋一样）。① 在讨论墨卡托的《阿特拉斯》（*Atlas*，1636）时，若泽·拉巴桑指出：尽管"对应于匿名的土地的地域也许可能缺乏精确的轮廓"，它们仍然在已知的框架之内在这本地图书中（在这一个案中，按拉巴桑的解读，是一种复杂的寓言重抄本）得到了呈现："《阿特拉斯》因此构成了一个所有可能的'出人意料'都已被预先编码的世界。"（José Rabasa，1993，p.194）② 我们没有感觉到空间的断裂，没有感觉到与差异劈面相逢。在路线图上，你不会驶离你已知世界的边缘。在空间中，只要我愿意想象它，就可以想象它。

空间的机遇

因此空间带来了不期而遇的东西。特别是时空之内的空间体是由互相关联的（有时是巧合，有是则不是巧合的）排列生产出来的，而这种排列又是存在多元轨迹的结果。在空间的塑形中，别的不相关联的叙事可能会被联接起来，或者以前相关联的叙事可能被强行分开。总存在着"混沌"的元素。这是空间的机遇；偶然相遇的邻居只是一

① 参见 John Keats, 'On first looking into Chapman's *Homer*'，第11～13行。

② 拉巴桑也注意到："将阿特拉斯当作地理学家的象征，代表了制图学的任务即从一种稳定的全球总体性转向另一种细节得到矫正的总体性。"这也就是："就这点而论，《阿特拉斯》是一个重抄本。"（1993，p.250，注释21）

个个例。作为基本截面的封闭系统的空间预设了（保证了）单一宇宙。但是在这另一种空间性中，不同的时间性和不同的声音必须设计出通融的方式。必须对空间的机遇做出回应。

所以有关空间中的机遇因素的一种观点与当前的时代精神一致。当然，这本身可能比说明它更成问题。今天，沉醉于兴高采烈地将所有这一切混为一谈相当流行。它被看作是反抗过度理性化和封闭结构统治的一种方式，一种对"现代"的极端和片面性的回应。尽管更多的时候，它是一种虚弱的、混乱的反抗。对同一件事，在你看来可能像随机性和混沌性，在其他某些人看来可能就是秩序。街边市场和地方政府的地产是此处对比的经典例证。后者是官僚的、整齐的、一律的（应当受到嘲弄的），前者则充满了自发性。简·雅各布斯的《美国大城市的死与生》（*The death and life of great American cities*，Jane Jacob，1961）确定了基调。乔纳森·格兰西（Jonathan Glancey）对有序/无序的难题进行了深思，提出了这样的思考："当然，无序可能产生变化、兴奋和它自身的不管命中不命中的美……我们这些不能禁止超级市场的人……喜欢街边市场的乱糟糟的活力。"（1996，p. 20）我的心和他在一起，但仍然……城市街边市场事实上像简·雅各布斯所认识到，是多元道路、节奏和陈腐的路径排序系统复杂多端的建构。（要弄清楚这些复杂建构，否则可能会与精英阶级对底层生活的自发性的假设形成共鸣。为什么无论如何，地方政府的地产总是"阴郁的整齐划一"，而小资产阶级的巴斯①温泉浴的整齐划一又是普遍值得庆贺的？可能问题完全不在整齐划一吗？这里有所有的问题；其中就有阶级和政治问题。）那些在我看来通过违规和私人化给城市带来痛苦的乱糟糟的肮脏货，对那些通过它来建立自己的财富的人来说，可能就是一场他们熟知其规划的游戏。它就是"市场的秩序"。再一次，这里存在一种政治。因为尽管通过这么容易的批评就被拒斥的秩序和整齐划

---

① Bath 为英格兰西南部城市，以温泉著名。——译者注

一，频繁地和"规划"与"国家"联系在一起，但市场的或其他非国家的社会力量的规训化的秩序却极少引起同样的注意，将它的权力隐藏在与混乱之间的新的风流韵事之后（Wilson，1991，触及了这种危险；至于一种修正，请参见 Glancey，1996）。在一个公司权力的时代里，将形容词"国家的"当作圣像般的符号加以滥用，是极其危险地具有误导性的。正如利奥塔（Lyotard，1989）所说的，在后现代资本主义中，有许多东西与非决定性和先锋派的崇高存在高度一致。或者又一次，如萨德勒（Sadler，1998）写到情境主义时所说的，他们为其背书的的建筑类型，"是通过偶然而不是设计而存有：后街、随时间层叠而成的都市构造、贫民窟"（p.159）。最古怪的是贫民窟。市场的系统的、强有力的秩序化机制和歧视相互联手又有什么关系呢？于是，秩序和机遇的语言变得松散和问题重重。然而，重要的是要强调，出人意料的元素、不期而遇的事、他者，对空间给予我们的东西至关重要。

　　"机遇"成为思考空间的有机部分的一种方式是通过建筑。早期情境主义者所玩的理念就是，建筑物可能是使不期而遇和未加计划之事得以成为可能的空间。阿尔多·凡·艾克的阿姆斯特丹东儿童之家就被设计成一个"邂逅和想象之地"（Glancey and Brandolini，1999，p.16），他的阿纳姆雕塑展馆也具有"撞啊！——对不起。怎么回事？哦，你好"的效果（van Eyck，引自 Jecke，1973，p.316；Sadler，1998，p.171），它完美把握到了空间潜在的出人意料。凡·艾克的目标是将秩序和偶然融为一体——他称之为"迷宫般的清晰"（Sadler，

1998，p. 30)。①

　　这一类的探索依然在继续，尤其是在有时被聚集到（经常受到争议的）解构题目之下的建筑学中（参见，例如：《建筑设计》（〔Architectural Design〕，1988），并且也利用了情境主义者的共鸣。在《建筑设计》给 1988 年泰特美术馆论解构的学术研讨会所做的导言中，伯纳德·屈米（Bernard Tschumi）的设计被描绘为发布了"新的时空概念……屈米的目标是挑战长期受到称赞的城市标志和城市理念，以表明我们所居住的城市是一个分形的偶然空间"（p. 7）。在同一期稍后，屈米自己在讨论他的拉维列特公园的"《建筑设计》愚行规划"（Folies project）时写道："最重要的，该规划旨在攻击因果关系……用连续性和叠加的新观念取代其反面观念。"（Tschumi，1988，p. 38）要创造的是"未决的东西，站在总体性的对立面的东西"（p. 38）。此外，这种不可决定性（undecidability）不是某些无所不包的随机性的结果，而是通过叠加三种独立的结构（点系统、坐标轴、弧线），每种结构自身内部都有严密的逻辑。屈米的观点是，这些结构的叠加导致了"对它

―――――――――――

　　①　这是一种随之带来了令人着迷的论争的立场，论争触及了"普遍性的空间"与特殊的建筑空间的关系、设计的作用与机遇的本质。一方面，建筑物会让人既不受偶遇的控制，又能创造人们想向空间索要的东西（这两者往往会被避而不谈——也许因为在这一时期，真正严肃地对待"机遇"将面临概念难题？参见本章下边的论述）。另一方面，确确实实存在着建筑师可能加以研究并使其成为可能的种种行为模式。强调其中的某一方面，是更无政府主义的 COBRA 与第十团队之间的论争中的一个重要因素。正像萨德勒所说的："第十团队正确地将注意力放到了'联系模式'之上，情境主义者也许会提出异议，但是随之将这些模式凝结为固定的'地方形式'是错误的。设计师在客观效果上已经制造出了机遇，当第十团队建筑物的业主沿着建筑物的地洞快速走过时，他们便会碰到设计师们所留下的这种机遇。"（Sadler，1998，p. 32）它是就建筑家的角色而展开的一场冲撞："情境主义者要求建筑家重申他们的宏观愿景……第十团队则要求建筑师奋力前行，直至发现住所的基本原则。"（p. 32）不过，它也是一种有关机遇，特别是空间的机遇的本质与现实的冲撞。如果第十团队一条道走到底，那么可能就不会留下任何未决性。凡·艾克自己也追随第十团队的道路和结构主义人类学的著作："假如人类的'联系模式'受到原初关系的基本结构的制约，那么他们的容身之所、建筑的地方形式也会受到同样的制约。"（Sadler，1998，p. 171）

们作为秩序化机器的概念性塑像的质疑：三种连贯结构的叠加永远也不可能导致一个超连贯的超大建筑"（p. 38）。正是空间的并置，产生了开放性，产生了不可能封闭到一种共时的总体性之中。或者，以一种迂回的方式，空间的这种机遇/开放性因素是结构共存的结果，这些结构每一种本身都不是混沌的——正是多样性产生了未决性（indeterminacy）。屈米致力于一种努力使事件成为可能的建筑风格（Tschumi, 2000a, 2000b, p. 38）。他写到了"异质和不匹配术语"、差异的并置、事件、令人震惊之地、发明我们自己的地方的结合（2000a, p. 174, 176）。这的确抓到了空间性的开放性的某些方面。然而，这种想象是不幸的。在屈米看来，未决性是通过一种层层叠加的水平线创造出来的。正是这种未决性，在三种平面结构的叠加中有其根源。问题在于这里没有任何时间性。这里的空间是通过将三种封闭的横向平面堆放在一处而形成的。

我想提出一些不同的东西。空间在屈米的意义上的确是"不可决定的"，但这一特征不是平面叠加的结果，而是来自多元（的确也是复杂和结构化的）轨迹的空间塑形。在"六个概念"（Six concepts, 2000a）中，屈米反思了叠加作为一种手法在他的设计方法中的突起。他提出，它是一种挑战形式与功能、结构与装饰二元论及其中所隐含的等级制的方式。在一种暗示了脱离视角的平面状态（这种视角伴随着一种对话语的关注）的转向中，他继续写道：

> 但是如果我既考察那一时期我自己的作品，也考察我同事的作品，我会说它们既来自于对建筑的批评，也来自于对建筑本质的批评。它拆卸了概念，使之变成了一种引人注目的概念性工具，但它没有声称一件东西——一件使建筑家的作品最终区别于哲学家著作的东西：物质性。
>
> 正像存在着一种语词或绘画的逻辑一样，也存在着一种物品的逻辑，它们并不是一回事。然而不管怎么对它们进行颠覆，最

终有些东西会进行抵抗。这不是一个管子。一个词也不是一个具体的障碍物。狗的概念不会咆叫。引用吉尔·德勒兹的话来说是："电影的概念不是在电影中给定的。"(p. 173)

这是一种与视角转换有紧密关联的转向，它带来了从关注水平状态到聚焦共时轨迹的转移。

不过就对机遇意义的设想来说，还有其他来源。其中之一是"科学"。来自自然科学的有关混沌理论、复杂性和不确定性的文献，并且极为频繁地带着经由对量子物理学的一种或另一种理解辗转而来的阐释路径，现在也被用来特许赞扬社会问题方面的未决性。

正是在这一语境中，约翰·莱希特（John Lecht，1995）反思了布雷顿和屈米及他们与空间的关系。他所关注的是探讨"后现代空间"的本质，特别是与城市的关系："建筑和城市是我们所关注的"（p. 100），"我们想知道何种空间是后现代城市的构成成分"（p. 102）。在对后现代城市的空间性的这种反省中，莱希特所突出的最关键元素是未决性：不确定性，机遇因素。超现实主义得到了探讨，还有德里达和建筑中的解构也得到了探讨，当然，不容回避地，还有花花公子也得到了探讨。在其文章快要结尾的地方，莱希特提出，通过未决性，机遇因素使空间具有了不可再现的特征。这是一种非常有趣的论点，我对这篇文章的详细解读征引标志着：这种想法值得明确赞同。

然而得出这一结论的方式也提出了更进一步的问题。莱希特从"科学"入手："科学的发展是必不可少的，有助于我们理解在现代（或后现代城市）发生了什么，特别是在其建筑中发生了什么。"（p. 100）他对科学的讨论采用了熟悉的轮廓：19世纪的科学首要关注的是消除机遇（这是平衡和静止的科学），到19世纪末、20世纪，开放系统和不可逆时间概念的崛起，导致科学本身开始处理并接受未决性的事实。① 未决性的观念反过来向我们敞开了"一种对城市的不同理解。我将提出，后现代性，部分地就是这样一种新的理解"（p. 102）。

第一个问题关系到莱希特对科学依赖的普遍性质。他饶有兴致地提出，自然科学的一般发展与利奥塔、德里达、屈米的著作之间存在着关联。在这里他写到了利奥塔的《后现代状况》（*The postmodern condition*）："在这一段他谈的是科学。他不是在谈政治学或哲学——尤其不是所有的文学理论。我认为这一点至关重要，因为通过将自己限制在（但是这真的是一种限制吗？）科学，利奥塔依然让自己停留在这样一个领域之内，在这一领域，在发展的性质和重要性方面，仍然存在着许多共识，尽管这些很少得到理解。例如，几乎没有人想提出，要在意识形态上对量子论、相对论做出指控？"（1995，p. 99）。好极了。意识形态的即对应于……？（想一想目前生物学上的论争。）科学视角上的伟大转变通常与科学实践嵌于其间的社会的变化（和冲突）在边缘重叠。有关量子论意味着什么、应当如何对它进行阐释有着巨大的争议（参见，除其他人外，Bohm，1998；stengers，1997）——的确，莱希特在一篇坚持未决性和知识局限的文章中所持的观点，似乎是一种相当欠缺反思的观点。② 也许，对科学的依赖本身也应当稍微向未决性敞开。

然而，也存在牵涉到何种机遇的问题。它也许可以按照许多种细微理由来想象（这些理由可以促成任何事件），并且，当莱希特写到《尤利西斯》（*Ulysses*）中布鲁姆的散步时，他可能触及了这一点："细

---

① 我所概括的只是莱希特的观点和这里的论题最相关联的几行。

② 可以提出的是，尽管物理学长期的概念重建导致从研究决定论的可逆过程转向认可随机的、不可逆的过程，但量子力学只是在这一进程的中间阶段有所斩获。它纳入了或然性但没有纳入不可逆性。普里高津和斯腾格斯（1984）希望往前推进一步，做到这一点，但是其他人——他们说——只希望重申经典的悖论。也可参见思里夫特（Thrift，1999）的观点。

节堆积在细节之上……直到看上去不再可能往上堆砌。"（1995，p.103）接下来的问题是，这是一个我们缺乏这样一种细枝末节层次上的知识（缺乏分析能力）的问题吗？或者也许可以将它更准确地阐释为一种真正的过程的未决性？在其他地方，莱希特拾起了被结构主义者所省略的对机遇的理解（正如在屈米那里一样）：一种"重写本的图象"，在那里，"各种层次……在标准版本的表层'之下'会浮现出来"，这种重写本的品质，使决断脆弱不堪（p.106；这里提到的是一种维特根斯坦式的语言观）。或者，又一次，在对波德莱尔的花花公子的已脱离了严格意义的现代主义解读的重新诠释中，莱希特写道：

> 浪荡子的轨迹不引向任何地方，也不来自任何地方。它是一种没有固定空间坐标的轨迹。简言之，没有任何的参照点以便对浪荡子的未来做出预测。因为浪荡子是一个没有过去或未来、没有同一性的实体：一个偶然性和未决性的实体。（p.103）

这与该文开头所提及的后现代科学、复杂性和混沌理论是如何联系到一起的呢？这种关联，看上去肯定对莱希特来说至关重要，他通过特纳画中的浓烟和蒸汽的任意飘浮来描述自己的观点（参见 Serres，1982）。"在特纳的画中，何处……潜伏着任意性……？在（汽艇、汽车、钢铁铸造厂的）浓烟中；……因此，现代工业城市的象征物将会让位于未决性……这种未决性构成了对城市的不同理解。"（p.102）他所参考的东西，没有利用与开放系统的动力的特殊类比，或涉及分叉点、非线性一类事物。在重点部分，他更是吁求偶然性、不可预测性、偶发效果、未决性等概括性的词汇。他所赞扬的是一种时代精神而不是任何特殊的"科学"公式；这是一种合情合理的策略。另一方面，时代精神不只是起源于自然科学，莱希特对那类事件版本的忠诚也许应当受到质疑。

此外，这种普遍的形而上的不确定性，的确不是空间机遇观中的问题所在。尽管它可能是同样的更广泛现象的一部分，但它却是更特殊的。空间的机遇处于空间形塑的永恒构成之中，处于屈米所触及的计划前的空间性和偶然发生的相互关系中定位的复杂混合之中。它存在于偶然发生的并置之中，存在于未预见到的痛苦分离之中，存在于内部的断裂之中，存在于封闭的不可能性之中，存在于突然发现你自己与他异性（alterity）比邻而居之中，存在于准确说来发现空间的机遇时有可能大吃一惊之中（德·塞托提出这种惊奇被空间化湮灭了）。这是空间的惊奇。莱希特也召唤这种惊奇："不期而遇之上的不期而遇。"（p. 103）但这对后现代城市来说不是独一无二的，或者说对异位空间（heterotopic spaces）来说不是特殊的。这是空间体的非稳定性与潜力，或至少是我们在这类时空中最有创造性地想象空间的方式的非稳定性和潜力。

情境主义者的地图试图召唤的东西就是机遇这类元素。在他们看来，它必须提供的对景观同质化的抵抗就存在于（都市）空间的这些特征之中，存在于空间的封闭体中。不过，也许，封闭空间的不可能性，将其还原为秩序（或者甚至"征服它"）的不可能性，给总是存在一个逃避复原的机会提供了一线希望——硬壳之中总有裂缝。

然而单有机遇也是不够的；浪荡子不足以捕获城市。这类形象只是抓住了事物的一个方面，对空间来说还存在比这更多的东西。因为正像莱希特在回顾库诺特（Cournot）的定义时自己指出的，空间也许也可以定义为"两个或两个以上的因果关系链的交叉"（p. 110）。在这里，存在混沌和秩序。（的确，正如哈金〔Hacking，1990〕所指出的，"这种长期以来的有关相互交叉的因果线的看法"，是存在于一种更广泛的、决定论的理解内部的"挽回面子、必须挽回面子的观念"〔p. 12〕。）情境主义者鄙视超现实主义对机遇的单纯依赖。在对他视为漫无目的的超现实主义战术转移的总体失败进行评论时，盖伊·德博尔（Guy Debord）严厉地遣责他们"没有足够地意识到机遇的局限，并且没有足够意识到它不避免地被反革命所运用"（1956/1981，转引自 Sadler，1988，p. 78)，萨德勒对此加以评论说，"尽管情境主义者将破坏资产阶级的世界观当作自己的事务，但他们丝毫不希望将所有工具性的知识和行为问题化"(p. 78)。或者，又一次，尽管像情境主义者拒绝固定性、拒绝决定论者的封闭性一样，凡·艾克的"迷宫般的清晰"还是丝毫没有坍塌为总体的未决性。萨德勒机敏地捕捉到它是"一种更复杂多端的秩序"(p. 30)。为了再一次拾起浪荡子的偶像（假如问题多多）形象，萨德勒写道：就他们对理性主义主张的普适主义的所有拒绝而言，就情境主义和第十团队成员而言，它依然不是"步行者的漫游使所有逻辑陷入混乱"(1998，p. 30)。机遇和未决性的确也不是所有新科学的唯一焦点。更准确地说，在机遇与必然性和圣杯之间存在着相互关联——复杂性的许多最坚定的拥护者目前所寻求的是"深层的秩序"（Lewin，1993）；有序和无序是相互折叠的（Hayles，1990；也可参见 Watson，1998)。

旅行的想象

旅行是什么？我们如何才能参照时间和空间对它进行最好的思考？赫南·科尔特斯远涉（将要成为的）墨西哥湾。"发现的航海家"远涉重洋。我自己常规的工作旅程：坐在从伦敦往米尔顿凯恩斯的火车上，看着窗外一路经过的风景——出伦敦盆地，过深深的白垩山谷，最后跃入眼帘的是东米德兰开阔的平地。穿越空间？是这样吗？想想这一路，这陆地或海洋的平面，逐渐就和空间本身画上了等号。

不像时间，似乎你可以看到空间在你周围展开。时间要么是过去，要么在到来，要么是一分一秒的瞬息即逝以致难以把握的现在。而另一方面，空间是那儿。

其直接和明显的后果之一，是空间比时间似乎远为物质。时间性似乎容易在抽象中加以想象，被想象为一个维度，一种变化维度。与之相反，空间被等同于"延展"，并且通过延展与物质等同起来。这样一种区别，与第五章所看到的那种理解异曲同工——将时间理解为内部，理解为一种（人类）经验的产物，而与之相反，将空间理解为与时间的无形相对立的物质：它是窗外的风景，地球的平面，一种给定物。

有许多人试图揭穿那一光滑的平面。克莱夫·凡·登·伯格（Clive van den Berg）的艺术事件旨在用能提醒作为其基础的历史的东西来瓦解白人南非的自鸣得意的平面（1997）。伊恩·辛克莱（Sinclair）的穿过伦敦东部的《漂流（方向舵）》，经由平面唤起不经常引人注意的过去（和现在）（1997）。安妮·麦克林托克（Mcclintock）挑衅性的"错时"观——现代空间内的一种永恒的先前的时间——也在捕捉相同的东西（1995）。在伦敦与米尔顿凯恩斯之间的路上，我们会穿过伯克姆斯特德。在车站的右侧矗立着一座诺曼城堡的遗址：丛林、外墙和环绕它们的壕沟依然轮廓分明，灰色的石墙业已坍塌、零零落落，带着一种风烛残年的气息。我们随后知道了空间的平面状态的"在场性"是多元历史的一种产物，只要我们愿意瞧瞧它们，它们便依然会在那儿给出回音，并且有时会出其不意地用全力吸引住我们。

图 11.2 伯克姆斯特德城堡：过去抑或现在？（右边的田埂是铁路的路基）ⒸTim Parfitt

然而，这里所讨论的不只是被埋葬的历史，还有现在依然正在制造出来的历史。更具流动性的是通过对今日空间的平面进行一种人类学的发掘所暗含的东西。更具时间性的是历史即历史时期的一种拼贴的观念（11 世纪的城堡毗邻 19 世纪的火车站）。

所以再乘一次从伦敦往米尔顿凯恩斯（Milton Keynes）的火车。[①] 不过这一次你不只是穿过或跨越空间（从一个地方——伦敦——到另一个地方——米尔顿凯恩斯）。因为空间是社会关系的产物，你也正在帮助改变空间（尽管在这种情况下是以一种微不足道的方式），参与空间的持续生产。你是制造或中断联系的永恒过程的一分子。是你自己、伦敦（伦敦这一天不会拥有你作伴的快乐）、米尔顿凯恩斯（它这一天会拥有你作伴的快乐；作为通勤的一个节点，其存在将因为结果而得到强化）的构成中的一种元素，因而也是空间本身之构成中的一种元素。你不只是在穿过或跨越空间，你正在对它做一点点改变。空间和地点是通过积极的物质实践而突起的。此外，你的移动不只是空间性的，它也是时间性的。当你快速穿过杰丁顿（Cheddington）时，你半小时之前所离开的伦敦不是此刻的伦敦。伦敦已经继续前行了。生活急速推进，伦敦城里已经进行了投资和收回投资，它已经开始下起倾盆大雨（他们曾说将要下）；一个关键的会议不欢而散；有人在大联合运河逮到了一条鱼。你正在你通往与米尔顿凯恩斯会面的路上，而此刻该地也在继续前行。抵达一个新地方，意味着加入了对那一地方被制造的相互交织的故事总集，以某种方式与这故事总集建立起联系。到达办公室，收集邮件，整理讨论线索，记起询问昨晚的会议是如何进行的，心怀感谢地注意到你的房间已被打扫干净。理出线索并将它们编织到或多或少连贯一致的"此时"、"此地"感之中。再与你上一次在办公室所遭遇的轨迹联系起来。移动，关系的建立过程，花费/生产时间。

那么，在你旅程的终点，是一座本身由许多轨迹所组成的城镇或城市（一个地方）。同样，在这之间也有许多地方。你在那列火车上，不是穿越作为一个平面的空间（作为一个平面的空间的将会是风

---

① 有关这一旅程的更全面的沉思，参见：Massey, 2000c。

景——并且无论如何，对人类来说可能是一个平面的东西，对雨来说却不是，对千百万在平面上纵横交织、穿梭往来的小虫子也不是——这一"平面"是一种特殊的关系生产），你是在穿越轨迹。现在在火车车窗外头远处的风中婆娑起舞的那棵树，一度是另一棵树上的一粒橡实，有朝一日这棵树也将从此处消失。黄灿灿的油菜花的田野、肥料的生产和欧洲的补贴，在工业化农业生产的链条上，只不过是一瞬间——意义重大但正在逝去的一瞬间。

有一条著名旅程，我想是从雷蒙·威廉斯（Raymond Williams）开始的……他也是在一列火车上，捕捉到了一幅画面：一位扎着头巾的妇女弯腰用一根棍子清理阴沟。对火车上的过客来说，她将永远在做这一件事。她被定格在那一刻，几乎一动不动。也许，她在做这件事时（"我确实应当在我离开之前疏通阴沟"），恰逢她要锁上房门，起身离开去看她处在另一半球、已多年未见面的姐妹。因为这列火车，她走入了无名之地；她陷入了永恒的时间之中。

认为空间是多元轨迹的领域，将（例如）一次火车旅行想象为快速经历正在发生的故事，意味着带给这一扎头巾的妇女以生命，承认她是另一个正在进行中的生命。伯克姆斯特德城堡也是如此。正像有人所提出的，火车并没有快速穿越不同的时间圈，从诺曼时代到20世纪。它将以一种记忆场所的形式起作用，将空间理解为不同时代的众多瞬间的组合，一种反历史的、在对立于时代发展的意义上起作用的想象视角。空间即静物的拼贴。然而当我通过时，无论城堡还是车站都在继续它们的历史（我也许对这种历史做出了贡献）。经由诺曼要塞，城堡变成了宫殿，在众多国王和其他王室成员间传替，充作牢房，随后被拼装用作公馆的建筑。今日，作为著名的观光胜地，其故事仍在继续。（无论遗产产业偶然多么想将有些东西冷冻保护起来，他们都不能使它们静止不动。杰姆逊如此有效地指明的无深度的商品化的现在确实否认这一切。但它不仅是像通常所认为的那样通过将"过去"商品化做到这一点的，而且也是通过拒绝承认在目前依然在进行的历史来做到的。）"唯一恰当的图像是包括了移动感本身在内的图像。"（Rodowick，1997，p. 88）火车将城堡的持续不断的历史横切了开来。

正像杰姆逊所说的（第七章），认可所有这一切是不可能的。认可这一切，所有火车旅行至少都将会成为一场怀着内疚承认所有故事的梦魇，当火车加速前进时，你不能设法承认这些故事能完美地实现同时共存。问题不在这而在于视角的改变……空间想象性的敞开。它是拒绝想象之眼从现代主义者的单一时间性向后现代主义者的无深度性快速翻转；是为了至少保留某些同期的多元生成的感觉。

当赫南·科尔特斯气喘吁吁地爬上白雪覆盖的火山之间的关口顶端，俯看布满金字塔和堤道的不可思议的岛城时，山间的巨大中央峡谷直抵炎热的地方，他不只是在"跨越空间"。当他和他的军队，还有他们一路征召的心怀不满的本地人向下往特诺奇提特兰城进发时，将要发生的是两个故事的相会，每一故事都具有自身的空间和地理学，两种帝国的历史：阿兹特克和西班牙。我们如此经常地解读对空间的征服，但过去和现在都成问题的也是与他者的相会，这些他者也正在旅行，也正在制造历史。并且也在制造地理学和想象空间：就同时的回顾来说，无视你，处于一种和你的"此时此地"不同的关系中。征服、探险和发现之旅是有关历史的相会的，而不只是有关一种向外推进的"跨越空间"的。命名的变化——从"征服"到"相见"——诉说的也是对时间与空间交会的一种更积极的想象。正像埃里克·伍尔夫（1982）已经如此完美地提醒我们的，换一种方式思考就是想象"一个没有历史的民族"。它是让旅程另一端的那个地方一丝不动——将其悬搁起来等待我们的到来；它是将旅程本身设想为一种单纯的越过某些被想象成静止平面的运动。

伍尔夫的观点，以及同一脉络的其他人的写作，现在获得了很好的口碑和广泛的征引。然而他们的言外之义很少被采纳，这种失误具有政治后果。若泽·拉巴桑与米歇尔·德·塞托著作的有褒有贬的交锋，为一种对立的思维方式（"外面"的"他者"没有任何历史）是如何深嵌于我们想象世界的方式之中以及为什么会这样提供了一种令人愉快的说明。拉巴桑（1993）特别分析了德·塞托对让·德·莱里自己在巴西的旅行历史的处理（de Certeau，1988；de Léry，1578），并且摘出了德·塞托建立在德·莱里两个"平台"之上的对立。他引述道：

> 事实和功绩的编年史是写在第一个平台上的……这些事件是按一种时态来叙述的：历史由十分详细的大事年表所构成，描述的是一个主体所采取或经历的行为。在第二个平台上，客体被载于一个不受本土化或地理路线所控制的空间中——这些标示非常之少而且总是模糊不清——而是由有机物的分类学、系统的哲学问题目录等等控制的；总之，由知识的目录表来控制的。（de Certeau，1988，pp. 225～226；引自 Rabasa，1993，pp. 46～47；着重号为原有）

德·塞托在此建立了一系列对立：积极的历史性的欧洲与还有待命名的被动性之间的对立；凝视/知识的主体与客体间的对立；以及（尽管拉巴桑对此未加评论）时间与空间的对立。拉巴桑的第一个观点反映了业已讨论过的论点（第三章），对德·塞托"坚持二元论"（Rabasa，1993，p. 46）持批评态度，并且将这与德·塞托的根源在结构主义内部联系起来，与"重复遭到批评的方法范畴的危险"（p. 43）联系起来——即使是在批评中，也难以全部避开其术语。

不过拉巴桑随后走得更远。他说，"被动性"事实上不只是被动的；巴西也不只是知识的一个对象。正像在更广泛的拉丁美洲之内，存在着一种实际性的输入——积极的本土知识输入到对这一"新世界"的殖民阐释之中。这不是"西方欲望"大踏步进入即将被征服/殖民的"空白之页"，而是，并且无论条件有多么地不平等，它是一种相遇。（按本书的论证语言，这里存在着不只一种历史。）此外，拉巴桑提出，不仅在对过去的阐释的意义上来说，这种二元解读有效果：更普遍地讲，它们建构了一个无视潜在公开性的同义反复的封闭系统。它是一种"封闭意志"，必须撬开它才能找到一条摆脱今日欧洲中心主义的出路。

然而，拉巴桑没有做的（它不是他所关注的东西），是摆脱从时间和空间方面来说这里即将持续下去的东西。这也是一种嵌于德·塞托引文之中的对立。（尽管应当认识到，可以提出这种可能性——空间可以通过"路线"而追踪——它能够更积极、流动吗？）按照这种阐释，历史／时间是积极的术语，它们远航穿越消极的地理／空间。也因此，"他者"被赋予了静态的特征，没有历史。

也因此，它们可以被描绘成"空白之页"（blank page）。这是一个重要的短语：一个德·塞托运用过、拉巴桑分析过的短语，它将我们链接回了其他主题。拉巴桑的观点是，对这些积极／消极的殖民主义话语（以及，按我的话说，这些时间、空间话语）的建构和阐释，充满了更广泛的历史转换。首先，它们与一种更一般的正在兴起的区分——知识"主体"和"客体"的区分紧密联系在一起（而且，按拉巴桑的看法，还伴随着"西方主体性是普适的"〔p.47〕这样一种观点的兴起）。其次，他们与"文艺复兴的书写经济"（the scriptural econo-my of Renaissance）的兴起、书写与口述的严格区分有紧密联系，口述被限定为原始形式："只是在文艺复兴中，书写才将自己定义为劳动，与非生产性的口述相对立。这种书写经济将美国印第安人简化为没有'文化'的野蛮人，从此被简化成西方文化的学徒。"（pp.51～52）口述被放逐到了客体的空间性之上；人们在其上进行书写（据称，就像一个人跨越空间一样）。

无论专有名词"文艺复兴的书写经济"还是拉巴桑的口述与空间

性的关联，都取自德·塞托（de Certeau，1984，第十章；1988，第五章）。① 德·塞托写道，"口述所隐含的'差异'……限制了空间的扩张，科学活动的一个目标。为了被说出来，口头语言等着书写对它做出限定并辨识出它正在表达什么"（de Certeau，1988，p. 210，着重号为原有）。两种用法因此合而为一：在这一个案中，空白之页将变成美洲——西方将在其中书写上自己的欲望——空白之页就是"适当的'书写'之地"（Rabasa，1993，p. 42）。在德·塞托看来，"书写"是"在建构过程中在其自身的空白空间——纸上——构成一个文本的具体行动，这个文本拥有超出它首先被从中孤立出来的外部性的力量"（de Certeau，1984，1984，p. 134）。空白之页的观念既与将他者定义为"缺乏文化"（Rabasa，1993，p. 42）有关联（或按我的说法以及更普遍的说法是缺乏历史/轨迹）——也与作为再现的写作和空间的联系有关联。而且，对德·塞托来说，这种"适当"是空间对时间的一种胜利（1984，p. xix）。此外，正像拉巴桑继而提出的，与相对于"中世纪铭刻"的印刷出版的发展联系在一起，"书籍和地图……不仅制造了更容易获得的信息，而且将世界在平面上展示出来以备'探索'"（1993，p. 52；着重点为我所加）。②

随后，两件事情在这里一起共同协作，它们有力地相互强化了对方。一方面，将空间再现为一个平面；另一方面，在空间化的意义上想象再现（这里，再一次，以特殊的书写形式，想象为科学的再现）。它们一起所导致的是他者的固定化，他者的历史被剥夺。它是一种政治宇宙学，这种宇宙学促使我们用心灵的眼睛剥去他者的历史；我们为了我们自己的目的让他们保持静止不动，同时我们却在调兵遣将。

---

① 正像拉巴桑所指出的（1993，p. 44），德·塞托意识到自己的方法是一种具有特殊历史的方法，并且意识到自己的方法有影响（de Certeau，1988，pp. 211~12）。

② 随后的引文是："这种客观化使挪用领土成为可能。"（p. 52）这里我部分同意。挪用也需要大炮、战马和其他物质支援。拉巴桑的分析似乎只停留在话语分析内部（1993，pp. 224~225，脚注 6）。

这种操作至为关键的是对空间的驯化。

这里的观点可以和其他观点联系起来。因为我们用我们通常的空间观表演这一类的魔术。我们不仅将空间想象为一个平面，我们事实上的确经常将我们的"跨越空间"的旅程设想为也是时间的。但我指的不是这种方式，某种位置上我们的轨迹将与别人的轨迹相逢。正像已经提出的，"西方"，在它的旅程和它的人类学中，在它目前对全球化地理的想象物中，已经如此经常地将自己想象为外出和发现过去，而不是发现同时代的故事。（到加利福尼亚旅行的人，会想象自己是在历史过程中加速吗？）或者，又一次，存在着如此经常讲述城市故事的方式——从雅典到洛杉矶的单一的变化的故事。（按这一发展路线，我们将撒马尔罕和圣保罗置于何处？它意味着加尔各达有朝一日会像洛杉矶一样吗？班加罗尔又将如何？）那么，空间即一个平面，但却是一个在时间中倾斜的平面。

我们在日常生活中就是这么做的。移民想象"家"，他们过去所在的地方，宛如它过去的样子。20 世纪五六十年代英国的"愤怒青年"在这一方面已经成为偶像；到南部去求名，既嘲笑他们所离开的北方地区，又如此经常地按"母亲"的形象，时不时地崇敬他们所离开的北方地区。不过他们也如此经常地试图将这些地方凝固起来；他们让这些地方的历史停留在移民离开的那一点上。空间的平面，从伦敦到北方，是在时间中往回潜行。

我也是一个现在"南下"谋生的北方人，我经常在这种"回家"的语境中想到这一点。当火车穿过康格尔顿以远的云山时，我们就快到家了。我放下我的书（这是一种仪式），山变得越来越高，人变得越来越小，我知道当我走下火车时，我将再一次碰到兰开郡南部那永远的令人愉悦的顶嘴。我到"家"了，我热爱它，我所爱的一部分是我在这里的一系列更为丰富的联系，准确地说来是它的熟悉感。

这有什么错吗？就移民的实例来说，这种对他们所熟悉的"家"的渴望有什么错吗？在她深思熟虑的著作中，温蒂·惠勒（Wendy

Wheeler，1994）曾谈到作为我们融入到现代性规划之中的一种代价，我们所遭受到的丧失（也可参见 Wheeler，1999）。正如许多其他人一样，她指出在后现代内部，怀旧，包括对地方和家的怀旧，占有引人注目的地位（有一节的标题就是："作为渴望回家的后现代性"）。她同意地方认同逐渐走向固定的过程总是权力和斗争的问题而不是实际上仍然存在的本真性的问题，她也承认"过去不比现在更为静止"（在这一点上，她引用了我的话并进行了回应，Massey，1992b，p.13），但她继续写道："然而虽然如此，但正像安杰利卡·巴梅（Bammer，1992，p.xi）所说，后现代主义的这些怀旧姿态是我们情感需要的修复姿态。"后现代主义给政治提出的问题之一，就是回应"情感需要"的问题（Wheeler，1994，p.99）。她的观点是，启蒙现代性已经付出了激进地排除所有可能威胁到理性意识的东西的代价。此外：

> 这种对理性的"他者"的排除，既构成了现代性建基其上的主要区分（理性/非理性；成熟/稚气；男性气质/女性气质；科学/艺术；高雅文化/大众文化；批判/影响；政治学/美学；等等）的基础，也构成了现代主体性自身的基础。（p.96）

这是一种至关重要的观点，而且这一观点以许多种方式与该书的论点联系在一起。[①] 按照这种解读，后现代主义的怀旧，至少可以部分地解释为一种被现代性所压抑的东西的回归。此外，它可以采取许多种形式，而且一种潜在的政治规划正好清楚地表达了一种政治上的进步形式。温蒂·惠勒文章的标题即是"怀旧不是令人厌恶的"。

于是，怀旧在构成上与时间和空间观有联系。在最宽泛的层次上

---

① 它也是这样一种观点，一旦拥有了这种观点，就会极富建设性地挑战极简主义的公式——目前回归地方的潮流，趋向本土保护的潮流，只是对富有攻击性的、令人失去方向感的全球化进程之反应的产物。

我赞成惠勒的论点，我乐意提出，当怀旧以一种剥夺他人之历史（他们的故事）的方式表达时间和空间时，那么我们的确需要重构怀旧。也许在这类情境之中，怀旧的确是"令人厌恶的"。

我的观点是，回家的想象（而且任何情况下我都相信，正如惠勒所暗示的，回家的想象不只是一种后现代现象）如此频繁地意味着既回到空间之中，也回到时间之中。回到老的熟悉的事物；回到事物以往的方式。（的确，当我过了康格尔顿往车窗之外望去时，我挑选出的东西通常是我从过去中回忆起的东西。曼彻斯特人的独特性，也如此经常地与从过去遗传下来的符号纠缠在一起——考虑到现代和后现代的趋同趋势的情况下——令人苦笑地想起博尔赫斯〔Borges，1970〕的"阿根廷作家与传统"[The Argentine writer and tradition]。）

在这一方面，一个时刻时常萦绕在我心头。我姐姐和我"回到家"，与我们的父母在前屋喝着茶。这种场合的款待是巧克力蛋糕。它是一种特制品：沉甸甸的，中间夹着某种黄油、糖浆和可可粉的混合物。我想它是一种战时食谱，被发明出来充当必需品，它也是一种心满意足。我热爱它。然而，这一次，妈妈往外朝厨房走去，回来时手里拿着一个全然不同的巧克力蛋糕。质地轻而柔软，浅棕色。不是那种我们如此热爱的可口的老式的带涩的香甜。妈妈是如此的快活；那是她发现的新的款待之物。但是我和我的姐姐异口同声地发出了一声哀怨："哦妈妈……不过我们喜欢老式的巧克力蛋糕。"

我经常在想象中重新经历那一刻并感到后悔，尽管我觉得妈妈会理解。对我来说，那时没有想到它的言外之义，回家的要点之一就是像我们过去通常所做的的那样行事。回家，按照我那一刻所采取的方式，不意味着与正在进行的曼彻斯特人的生活融为一体。可以肯定的是，它是时间旅行，也是空间旅行，但我在那一刻是在经历一段返回过去的旅程；但是地方发生了变化：你不在时它们在向前走。妈妈发明了新的食谱。否定这一点的怀旧情绪的确需要加以重构。

真相是你永远也不可能只是"回到"家或任何其他地方。当你抵达"那儿"时，地方会一如既往地前行，正如你自己也会发生变化一样。因为向这种想象敞开空间，就意味着认为时间和空间的边缘是相互重叠的，认为它们两者都是相互关系的产物。你不可能回到时空中。认为你能够回到时空中，是剥夺了他人的一直在变的独立的故事。它也许是"回家"，或许将地域和乡村想象为落后的、需要迎头赶上的，或者只是将某个节日放在"未受损害、不受时间影响的"地点之中。要点是相同的。你不可能回去。（德·塞托的轨迹事实上也是不可逆的。你可以在纸上和地图上往回追溯并不意味着你可以在时空中同样如此。土著墨西哥人也许可以重新追溯他们的足迹，但他们的起源地不再是同样的了。）你不可能让地方静止不动。你能做的是与别人相会，捕捉另一种历史"现在"已经走到了哪儿，不过在那里，这现在（或更严格地说，这"此时此地"，也就是 hic et nunc〔此时此地〕），本身再一次也不是由（准确地说）那相会之外的任何东西所构成的。

172

（对科学的依赖？〔三〕）

我已经提出，存在着一种特殊的秩序与机遇的混合，这种混合是开放的时空中空间的持续（再）塑形过程不可或缺的部分；是散漫的结尾、混沌元素、尚未融合的汇合点不可或缺的部分。

以这种方式推进有策略上的原因。尝试通过一般性的表态以达到为这些观点（诸如混沌理论或复杂理论）奠定基础，除非完全摆脱隐含在这些主张中的和形而上假设有关的论争，都会贬低我想提出的要点，看不到我想指出的机制的特殊性。此外，将特殊的空间开放性和未决性的特征纳入到几乎每一事物的（现在普遍接受的）复杂性和未决性的某些一般参照系之中，也将丧失指明严肃对待空间机遇的特殊性可能具有的社会科学和政治学含义。

虽然如此，否认有关空间的论争和复杂性、未决性观念的更广泛的流通之间存在任何联系是不坦率的。的确，可以讨论的是，一直在上演的不只是社会科学家和观念（这些观念在社会科学家所痛恨的一种自然科学中有其最终根源）哲学家的采纳和概括。内格尔·思里夫特（Nigel Thrift，1999）提出，复杂性的观念已逐渐构成了"一种可理解性的普通结构"（p. 35，着重号为原有），而且这种复杂性理论"也许可以视为在欧美社会中兴起的一种情感结构……的先驱，这种情感结构将世界架构成复杂的、不可还原的、反封闭的，而且在这么做时，正产生有关未来的更大开放感和可能性"（p. 34，着重号为我所加）。在思里夫特看来，对这种正在兴起的情感结构来说，"复杂性理论的隐喻既是一种呼唤，也是一种应答"（p.53）。① 这是一种有益的对仍在继续的东西的再塑形。复杂性理论的特性本身也嵌于更广阔的时代精神之中。

这种处境的重置引起了更进一步的思考。首先，有这样一种观点：观念的旅行路线是复杂和多元指向的。时代精神不会只是在一种特殊思维领域例如自然科学的复杂理论中有其唯一的根源。概念的旅程，以及出现在旅途之中的转换和变形，有可能是变化多端的（Thrift，1999）。佐哈尔（Zohar）颠倒了可能是更普通的假设，并提出"像它之前的牛顿科学一样，20世纪的科学是从一般文化中的一种深刻转变中发展而来，脱离了绝对真理和绝对视角而走向了语境论；脱离了确定性而走向了对多元论和多样性的欣赏，走向了对模糊和悖论的接受，对复杂性而不是简单性的接受"（1997，p.9；着重号为我所加）。而的确，相当不同的是，思里夫特假设复杂性理论也许可以很好地在自然科学之外而不是自然科学之内更成功的传播繁衍。理论旅行的这种迷宫本性当然是一种更普遍的现象。普里高津和斯腾格斯（1984，特别是第一章）将他们的观点牢牢地置于以自然科学为一方、以哲学/社会科学为另一方的漫长历史互换之中。斯腾格斯，其更开阔的立场是既赞成科学和哲学之间的更大交流，也赞成对科学的权威保持更大的怀疑态度，他对这种特殊观念的远行中固有的的潜力和危险进行了高度细致化的的思考（Stengers，1997，尤其是第一章，其标题为"复杂性：一时的怪念头？"）。德勒兹（1995）质疑自己对来自于当代物理学之中的概念的使用时，正好提到了普里高津并且提出：分叉概念是一个"不能简化为哲学的、科学的和艺术的概念的一个绝佳例子"（pp.29～30）。哲学家也许可能创造在科学中有用的概念，而且更重要

_____

　　① 这里的专有名词的运动是有趣的：复杂性观念，复杂性理论，复杂性隐喻。这种欠稳定性是正在提出的要点的标志。思里夫特"认为复杂性理论在深层是隐喻性的"（1999，p.36）。

的是，"没有任何特殊地位应当分派给任何个别领域，无论是哲学、科学、艺术还是文学"（p. 30）。

那么，参照复杂性理论进行阐释也许更加恰当，甚至在像莱希特的个案中也是如此。他们相当明确地诉诸一种自然科学，将其当作他们观点的一个合法化的基础，而不是当作一个更广阔的、多元结合的可理解性结构中的特殊元素——这种可理解性结构正在兴起，为整个时代所知，至少在一般西方国家中是如此。然而虽然如此，我还是要提出，我们依然义不容辞地要谈论一系列更特别的问题。因此，我要坚持，我们依然必须在我们自己的研究领域一一详述：当我们称颂这种普遍的参照系进入我们的特殊领域时，我们真正的意思到底是什么？它到底起什么作用？在什么样的问题上它给我们更有效的牢靠的立足点？这问题作为一条迷人的论争线索出现在卢因的著作中（Lewin, 1993）。

此外，这也是最重要的一点，无论如何没有任何必要附和时代精神。面对我们所称颂和利用的每一种时代精神，每一种情感结构，无疑都有必要加以追问：它们不仅与"时代"合拍（那又有什么相干？），而且与我们（在社会层面、在政治上）希望如何谈论这些时代合拍吗？也许可能是，我们确实希望颠倒这一时刻的主流文化趋势。

然而，在复杂性概念和对空间意义的重新评估之间，也许存在着一种更精确的联系，这种联系超出了普遍的共鸣应和。例如，经常有人提出，在最普遍的术语之中，复杂性理论所召唤的是"空间体"，与这一术语全部相关的东西是由能量的传导所激起的一种空间塑形。可以肯定，分布系统的总概念，并行处理的诸种实践，甚至突发事件本身这一概念，其内部都必然带有对立于简单线性的多样性的含义。它们确实依赖于复杂的相互联系。而多样性和相互关联性转而带来了这里所呈现的观点中的空间性。（即使这样，这也不意味着我们应当转向复杂性理论为这类观点寻找合法性。倾向关系思维的女权主义者通过不同的路径达到了目的，那些想象认同的崛起出自多样性的人同样是这么做的……我也要为我们对空间性的相关思考提出相同的思路。）在谈及复杂性和空间性的特殊联系时，思里夫特写道："鉴于以前的大量科学理论主要关注的是时间的发展，复杂性理论在相等的意义上关注的是空间。它的整体结构依赖于出自随时间的流逝而来的应激空间秩序的应变特征。"（1999，p. 32）不过，我们还是必须小心谨慎，因为这里有许多不同的步骤。正像第二部分煞费苦心所表明的，也正像那些热心关注宣扬复杂性理论的含义的人持之以恒所提出的（Stengers, Prigogine），事实上按他们的解读，"以前的大量科学理论"，的确是从历史的杂乱无章中抽象出令人欣慰的稳定不变的（对他们来说，是空间的）永恒真理来。那么，我要提出不同的意见：假如复杂性理论和空间性之间存在着这种普遍联系，那么也是因为复杂性理论具有迫使空间性意味着某些不同东西的潜力。空间不是通过科学的再现对世界的基本法则所做的准确说明和固定化。准确地说，空间塑形现在被阐释为新事物崛起中的一个显著元素。于是，空间不再是那种按一成不变的意义，突然发现自己被搬上舞台的空间，而是我们所指的空间也已经是（或者潜在地是）革命化了的空间。

此外，与潜在革命化的空间想象产生共鸣的复杂性理论有其特殊方面。强调并置，强调相遇、纠缠，强调其不总是能预测的效果：总之强调其塑形的维面。而且最为重要的是，至少某些对复杂性理论的解读，存在着一种坚持不懈地将时间性理解为开放的理解。所以如果存在这类联系，如果复杂性的未决性的确与当一种（经过重新想象的）空间性被更全面地整合到我们的分析中来时会出现的未决性产生共鸣，那么这将是目前的时代精神的另一种元素——这种元素能说明社会理论化过程中所谓的"空间转向"。

然而，这类联系的种种维度仍然大部分没有被认识到，或者至少是经常未被言明的。在由迅速成长的复杂性隐喻网络所呈现的诸多言外之意中，还有一种更进一步的元素。在谈论复杂性的少数人看来，对介入这种自然科学/社会科学交叉对话的人来说，只要它为我们如何思考空间呈现出这诸多言外之意，便会持有这种观点。例如，作为所有这一切的关键参照点之一的伊莎贝尔·斯腾格斯，对时间的思考严谨缜密、引人深思；但她没有提及空间。在她的选集《权力与发明：将科学情境化》（*Power and invention：situating science*，1997）中，时间的索引有90条，还有一连串的副标题和一处交叉参见；而空间没有一个单独的词条。她提出，复杂性的观念，与"必须称这历史的客体的那单一范畴"（p. 13）紧密结合在一起。在对构成这类客体的历史本质（也就是，时间的不可逆性）的机制的详细说明中，许多途径随后接踵而至。其中之一有关记忆；换言之，产生不可逆性的元素之一是记忆和习得过程中的联想的可能性。而且斯腾格斯召唤"所有过去的记忆"（p. 17），这种记忆使这类习得过程成为可能，并且转而意味着未来不只是过去的重申。同样的，作为另一种途径，她召唤语境的概念，并且将其解释为"被历史生产出来且胜任历史的"（p. 17）。"过去"和"历史"，两者都是时间的。但记忆和语境也是空间的。所以在过去和历史之外，我还要加上"其他地方"和"地理"。

当然，也有人可能要回应说，可以设想过去是被放置在某地的，而"历史"当然就意味着包括地理。它是隐含的。一提便显而易见。但我的观点恰好是：让空间隐而不彰，会既找不出有关不可逆性的巨大争议对我们如何思考空间本身所具有的重要意义，也找不出我们对时空想象的特殊层面——经过重新定义的空间性可以突出这种特殊层面。因为在对记忆（至少直到目前）主流理解的上下文中，最可能的含义是针对内在化的个人的，历史的观念可能也正好是单一的历史。突出我们过去的空间性和我们历史的地理——我们的真正自我的弥散——会产生一种更向外看的理解，按照这种理解，所有这些东西都必然是在和别人，且通过和别人的接触、关联、相互联系而构成的。

这样一种向外看的、相互关联的理解，对斯腾格斯的思考方式来说当然是基本的。在她的意义上，整体的语境观念隐含着多样性——这种多样性对历史性来说必不可少。因此：

鸟、黑猩猩、人都习得。个体的行为不会重复物种，因为每个个体都构成一个单一的结构，这个单一的结构整合了遗传的限制和生活的环境。此外，在很大程度上讲，选择的压力不会加在个体身上，而是加在其群体中的个体身上……对个体来说，群体成了可能性的条件，个体的发展涉及保护、习得和关系。（p.16；着重号为原有；马克思会赞同这种观点）

她继续写道："个体现在仿佛成了环环相扣的时间性的一环。"（p.16；着重号为我所加）这是相当奇妙的事情。尽管逻辑只是向前推了一步。因为斯腾格斯所赞成的是通过科学实践认识到历史性的这一基本元素（比如伴随习得过程而来的基本元素）。当然，不仅为了拥有一种开放的历史性你才需要一种开放的、关联的空间，而且这样一种空间观的确是那种与不可逆性的物理学密切相关的空间性语言的对立面（在这种空间性语言中，空间＝静态的再现＝时间性的取消）。这种观点挑战的不仅是对时间的理解，而且潜在的也是对空间的理解的挑战。

第十二章　地方的难以捉摸

移来的岩石

观察"空间"的方式之一是仿佛在地图表面上察看一样：撒马尔罕在那儿，美国（手指同时描画出边界的轮廓）在这儿。但是，避免将空间想象为一个平面，也就是要抛弃这种有关地方的看法。假如空间准确说来是迄今为止的故事同时共存，那么地方是这类故事的合集，是更广泛的空间权力几何学内部的耦合。地方性将是这更广泛背景内部的这些交集的产物，也是构成这些交集的东西的产物。而且，也是没有相会、没有联系、尚未建立的关系、排除的产物。所有这些都对地方的独特性做出了贡献。

在地方之间旅行就是在大量轨迹之间迁移，将你自己重新插入到你相关联的轨迹之中。上班抵达米尔顿凯恩斯，我便重新加入了论争，加入了讨论教学、全息通信制图学的小组讨论，没完没了的交谈，从我上次在"这儿"时没做完的地方重新开始。夜晚回到伦敦，我融入尤斯顿站充满活力的混乱景象之中，再一次经历了相同的过程。另一个地方，另一系列的故事。我看到了《标准晚报》（*Evening Standard*）上的大字标题（正在发生什么事？）。离开车站，我巡视天空和人行道，一边想着天气如何（我的花园是否严重缺水了？）。最后，我回到自己的寓所，查看了邮箱、电话留言，找出我不在时"这儿发生了什么"。一点一点地，我重新将自己沉浸到伦敦的故事（只是少数几个）之中。我将对我来说构成了"此时此地"的故事编织在一起（其他人将编织不同的故事）。有时，也存在划界的企图，即使通常不涉及每一事物：它们是有选择性的过滤系统；它们的意义和后果被不断地商谈。它们也持续地被冒犯。[①]地方不是地图上的点或面积，而是时间和空间的集成；是时空事件（spatial-temporal events）。

这是一种对地方的理解——认为地方是开放的（"一种全球地方感"），是从正在进行的故事中编织出来的，是权力几何学内的一个瞬间，而且是处于进行之中的，是尚未完成之物——这样的观点我以前经常谈到（Massey，1991a，1997a，2001a）。对这些观点，一位朋友多年来持续地予以回应："当你谈及人类活动和人类关系时，是完全正确的。我能理解并随后将其与相互关联性和本质上的短暂性联系起来……但是我生活在斯诺登尼亚，我的地方感是和山联系在一起的。"[②]

我们对地方（西方世界，但不只是西方世界）的魂牵梦萦，的确来自于山岗，来自于"荒野"（无论如何，一个可疑的范畴），来自于大海。也许为了在沉思山峰的永恒之中重新充实我们的灵魂，我们逃避城市，将我们自己重新置于"自然"之中。我们用这一类的地方去安顿我们自己，让我们自己相信的确存在一种根基。它也重新唤起了第九章评论过的那种站不住脚的分离，一方面对文化的流动不居与固

---

① 这里的观点既涉及非人类，也涉及人类。正像萨拉·沃特摩尔（Sarah Whatmore）所指出的："像《联合国生物多样性公约》将'本土物种'在世界上的定位限制在'自然栖息地'之内，也仍然是像护照和边防等复杂程序一样，是对移动生物的政治管制。"（1999，p. 34）"原子论的空间"对"自然"来说也是如此吗？

② 对克里斯廷·马斯兰德（Christine Marsland）就有关这一切的持之以恒的质疑、漫长的交流，谨致谢忱。

定不变大加歌颂，一方面对将不会一成不变的自然界忧心忡忡。那么，接下来如何在与这"别的"领域、"自然界"的联系中思考这种认为地方是一种时间星团、是一种时空事件的观点？[①]

我的想象在数冬之前于英格兰西北部的湖区北部得到了修订。写到湖区或凯斯威克（我那时和我姐姐所待的城镇），容易将其写成一束异样的具有不同的空间范围和不一样的时间性的社会故事。由来已久的农人，18和19世纪贵族后人的灰石乡间住宅，诗人和浪漫主义，古老的采矿业，中产农舍式小别墅的拥有者，罗马天主教的遗址，国际旅游业，庄严话语的焦点……但只有斯基多山在城外若隐若现。斯基多山，一座3 000多尺高的大山，阴沉而多石；不可爱，但令人印象深刻；地老天荒，岿然不动。不去思考它和这一地方的关系是不可能的。有史以来，它似乎就坐落在这里。

显而易见，这里的许多风景，是由至少距今一万年前的冰川纪的冰川蚀刻和铸造成现在的基本形状的。痕迹无所不在：在冰川的最后一次推进所遗留和再造的U形山谷中，在圆丘般的冰碛（当冰经过时由冰堆积而成的物质）风景中，在所谓羊背石中（羊背石即这样一种岩石：当冰堆积在它们之上时，被刮擦得光滑并留有纹路，然后被冲刷到下游——冰川下游——岸边构成参差不齐的形状），在冰丘中（当冰川经过时，在冰下沉积而成的连绵连伏的椭圆形山冈），现在的德文特湖以北到巴森斯韦特的山谷就来自于这种冰丘。我们所呆的旅馆便坐落在一条蜿蜒曲折的路上，这条路的形状不只是来自于一些设计家

---

① "自然界"这一名词显然问题重重。不仅社会的（指人类的）与自然的整个区分既是有异议的、建构出来的，也是（也许）可疑的，而且正像一位地球科学家严肃地告诉我的（虽然我同时仍努力通过这些论争进行思考），"欧洲的风景在过去四千多年来总体上是人工的"；而且在城市中也有许多"自然"。自然-文化并存的事实强化了我的观点。这种态度的时空独特性是引人注目的。克拉克（2002）令人信服地表明，正像逐渐工业化和城市化的欧洲"越来越远离生物物理界的流动不居和反复无常一样……一种几乎完全逆向的经验成了温和的边缘的特征，在那里，任何人要想完全摆脱'草、水、兽群的流动'和其他生物材料因素都是困难的"（pp.116～117）。

对曲里拐弯的林荫道的偏爱，而且沿续了冰丘的足迹。古老的冰川纪在人文景观上清晰可读。它可能唤起的是事物的古色古香。不过另一方面可能也差不多正好相反：今日的"斯基多山"也相当新。

我也知道，构成斯基多山的岩石是沉积在5亿多年前的大海之中的。（它们是由更古老的陆地受到侵蚀而组成的。）"不久"以后（在同一地理时期——奥陶纪）存在火山活动。在今天的风景中也还有令人想起那一狂暴时代的东西。今天的山和古代的火山没有任何联系，但是，南边更具有抵抗力的火山岩产生了显然不同的悬崖和瀑布的景观。对于那些知道如何认出它们的人来说，这里有露出地面的火山岩和凝灰岩的岩层。有些火山岩组成了冰丘所构成的山冈的核心：4亿多年之前火山活动的遗迹，后来千百万年又覆盖上了由不断后退的冰川所沉积下来的岩屑（Boardman，1996）。随后是漫长而狂暴的历史。真称得上"亘古永存"。

这类观察并不如此令人吃惊。（200年之前，诸如查尔斯·莱尔［Charles Lyell］这样的地理学家之前，若非不理解，他们也许会大吃一惊。由地质学和古生物学所开启的远古历史挑战了流行的时间观，动摇了根深蒂固的犹太-基督教宗教思维……并且使对风景和地方的解读成为可能。）在岩石中解读历史在今天不再这么具有启示性。甚至当波德里亚飞驶穿过"美洲"沙漠时，也提到地质学的"冷酷无情的永恒"（1988，p.3）。（尽管他就此做得不多，没有探讨它可能挑战而不是承认"亘古永存"观，正如他使用"美洲"一词时忽略了这一名字的历史，忽略了他与这一名字被美国单独盗用之间的共谋。）这一地质史告诉我们的是，我们向其要求"亘古永存"的"自然"之地，理所当然是一直在不断变化的（并且仍然如此）。

但它不只是一个时间问题：历史也有一种地理学。夜晚坐在我们的房间里，被外边黑暗中的自然的（表面的）坚定不移所怀抱，仔细地察看当地的地质，幻想的角度发生了变化。因为当斯基多山的岩石在大约5亿年之前铺展开来的时候，它们压根是不在"这里"的。那

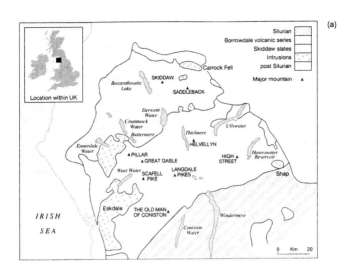

图 12.1a　湖区简明地貌（据古迪和斯帕克斯）

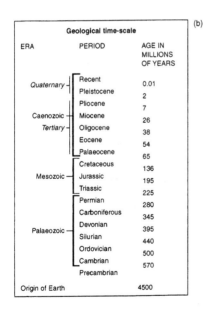

图 12.1b　地理时间序列

时代 Era
第四冰川纪 Quaternary
新生代 Caenozoic
第三冰川纪 Tertiary
中生代 Mesozoic
古生代 Palaeozoic

时期 Period
全新世 Recent
更新世 Pleistocene
上新世 Pliocene
中新世 Miocene
渐新世 Oligocene
始新世 Eocene
古新世 Palaeocene
白垩纪 Cretaceous
侏罗纪 Jurassic
三叠纪 Triassic
二叠纪 Permian
石炭纪 Carboniferous
泥盆纪 Devonian
志留纪 Silurian
奥陶纪 Ordovician
寒武纪 Cambrian
前寒武纪 Precambrian

地球的起源 Origin of Earth

海是在南半球，赤道朝南极往南 1/3 的道上。（路德对此震惊不已，因为斯基多山是这样一座山：在英国人的想象中，它不可避免是"北方的"。我就是唱着"北方之山充满喜悦"长大的。）

当然，地质学的想象也有它们自己的历史。以下是我所了解的目前具有支配地位的历史。[1] 在这一大海存在的地球上，页岩沉淀下来的地方，漂浮着各种或大或小的我们今天所拥有的陆地。这海现在（也

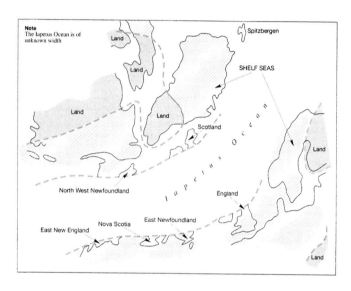

图 12.2　伊阿珀托斯海：斯基多山页岩沉积的地方（据 Windley and Cowey 绘制）

Note 注：伊阿珀托斯海的宽度未知　　　North West Newfoundland 纽芬兰西北部
Land 陆地　　　　　　　　　　　　　　England 英格兰
Spitzbergen 斯匹次卑尔根群岛　　　　　East Newfoundland 纽芬兰东部
Shelf Seas 浅海　　　　　　　　　　　　Nova Scotia 新斯科舍
Lapetus Ocean 伊阿珀托斯海　　　　　　East New England 东新英格兰
Scotland 苏格兰

————————

　　①　所有这一切我要感谢伦敦国王学院的约翰·桑恩斯、皇家霍洛威大学的吉姆·罗斯，以及开放大学地球科学系的斯蒂文·德鲁里和内格尔·哈里斯。也可参见：Windley，1977。

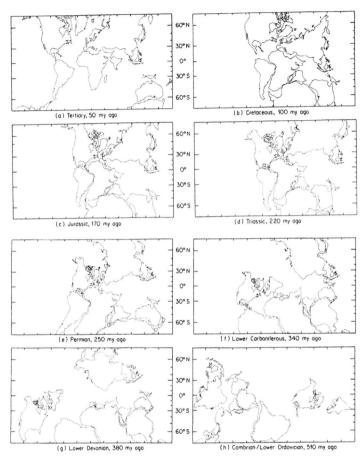

图 12.3　从寒武纪到第三冰川纪的大陆飘移（据 Smith Briden and Drewry, 1973 绘制）

资料来源：© The Palaeontological Association

(a) 第三冰川纪 Tertiary，5 千万年前
(b) 白垩纪 Cretaceous，1 亿年前
(c) 侏罗纪 Jurassic，1.7 亿年前
(d) 三叠纪 Triassic，2.2 亿年前
(e) 二叠纪 Permian，2.5 亿年前
(f) 早石炭纪 Lower Carboniferous，3.4 亿年前
(g) 早泥盆纪 Lower Devonian，3.8 亿年前
(h) 寒武纪 Cambrian/早奥陶纪 Lower Ordovician，5.1 亿年前

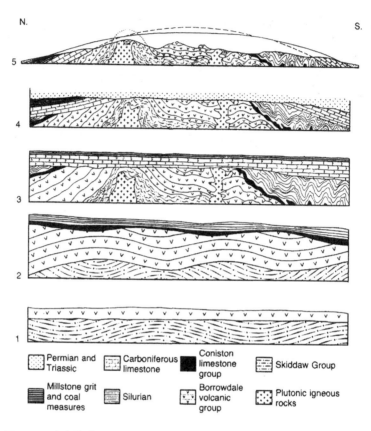

N.

S.

5

4

3

2

1

	Permian and Triassic		Carboniferous limestone		Coniston limestone group		Skiddaw Group
	Millstone grit and coal measures		Silurian		Borrowdale volcanic group		Plutonic igneous rocks

图12.4 途中的阵痛。说明湖区地貌的图解剖面（据 Taylor et al. 1971）
来源：Goudie，A.（1990）

北 N.
南 S.
二叠纪与三叠纪 Permian and Triassic
石炭纪石灰岩 Carboniferous limestone
科尼斯顿石灰岩组 Coniston limestone group

斯基多山组 Skiddaw Group
磨石砂砾与煤系 Millstone grit and Coal measures
志留纪 Silurian
博罗代尔火山组 Borrowdall volcanic group
火成岩 Plutonic igneous rocks

1＝斯基多山组的沉积；折叠与侵蚀；博罗代尔火山组的沉积
2＝折叠与侵蚀；科尼斯顿石灰岩组和志留纪岩石的沉积
3＝严重的折叠与巨大的侵蚀；火成岩的侵入；石炭纪石灰岩的沉积
4＝缓和的折叠与相当大的侵蚀；二叠纪与三叠纪岩石的沉积
5＝缓和的抬升，产生一个延伸的穹顶，并导致辐射型流域；侵蚀成现在的形态就是被现在的地质学家、地质构造学家等）被称为伊阿珀托斯（Iapetus)海，它处在两块古代大陆之间（在它们移动时，直接导致了火山活动）。当大陆自我重组时，所有的物体随之都在地球上四处飘移。我们今天所知的斯基多页岩即是在大约 3 亿年前越过赤道的。（而此前的飘移路线则恰好相反，"美洲"开始脱离我们今日所称的南美那巨大古老的岩石高原。当然，那时美洲还不叫这一名字，在赫南·科尔特斯跨过大西洋、亚美瑞格·韦斯普奇出生之前，大约还要过四亿五千万年。无论如何，这里开始成为赫南·科尔特斯跨越的大西洋只不过相对近的事。）今天的山隆起到海平面之上只不过在 1 亿年之前。图 12.1b 中的地理序列所表述的"历史"抹去了一种移动的地形。而且不是仿佛我过去不"知道"这一切；令人惊讶的是想象的转移——真正地欣赏它。

这还没有呈现出我们可以称之为"一座山"的形状（Latour，2004)，更不用说称之为斯基多山。当岩石向北移动时，还要经过折叠与扭曲、本地的岩石从下强行挤入的鼎盛时期，差别侵蚀期，其他岩层及其褶皱与剥蚀的覆盖，海拔高度的变化。

当早晨来临时，我不由从一种不同的视角观察斯基多山。根本没有亘古永存的形状这一回事。它也没有永远在"此地"。这再一次不单独是过去历史的问题，因为大陆的运动确实是持续的（现在不是某种已经马到成功的终点），它们平均以每年几公分的速度飘移：大概相当于我们的手指甲生长的速度。而且整个不列颠的西北部在卸去了沉重的冰之后，仍然在显著地升高（而东南部则补偿性地在下降）。侵蚀急速地在继续。在图 12.1 中，这一地方的时间和空间是分离的。地质序列表明了时间，但丝毫没有表明所涉及的空间转移。地质简图，像古典地图一样，表明了地表是既定的，但丝毫没有标明这是运动中的一种合成。

移来的岩石：斯基多山的岩石是移来的岩石，只是经过此地，就像我姐姐和我一样，只是更为缓慢，而且无时无刻都在变化。地方即异质的联合。如果，在地方将从我们离开它的地方继续前进的意义上，我们做不到"回"家，那么在相同的意义上，我们再也不能在周末在乡村回到自然。自然也一直在继续前行。

※

"自然"和"自然风景"，是欣赏地方的传统基础。这方面的文献汗牛充栋，在此不能一一列举，不过它们的确提出了重要的问题。阿瑞夫·德里克（Arif Dirlik, 2001）已经深入地谈到这种关联，提出"地方是社会和自然界相会的……场所"（p. 18）。对他来说，这话的显著含义之一，是它赋予地方以一种固定性。在对我以及其他人的地方概念做出同情之理解的回应之时，他仍然提出："我认为"，"在让地方摆脱与固定的场所的联系方面"，它可能是"明显吝啬的。一旦再一次将自然引入地方的概念系统，这会是地方的生态概念获得某些关键洞见而有所贡献的地方，地方的生态概念在这些讨论中差不多全部从这些讨论中排除去了（而且在它们凝神于'空间的社会建构'时被它们边缘化了）"（p. 22）。有关单独聚焦于人类社会建构的看法说得太好了，而且与我这里的意图不谋而合。然而，德里克重新引入自然的理由是为了强调"地方的固定性"（p. 22），是为了提供一个基础。即使在他提出这种固定性"与不可改变的固定性不是一回事"（p. 22），着重点也仍然是在固定性。这里又一次出现了一个严肃的论点：汇集到地方之中的异质性轨迹的时间性上的巨大差异，在地方的动态和对地方的欣赏中至关重要。不过，最终不存在任何的基础，并且要设想这里会陷入第九章中所批判过的那类想象：在保持（或试图保持）自然静止不动的同时礼赞变动不居的文化。

地方事件

但是，假如一切皆动，那么此地在哪儿呢？

当然，在动的不只是人类和大陆。萨拉·沃特莫尔曾写到动植物的"变动不居"的生命——"规模从屎壳郎在小人国的旅游到迁徙的鲸鱼和鸟群的全球航行……植物种子在动物胃中的旅行"（1999，p. 33；也可参见 Clark，2002；Deleuze and Guattari，1987）。在最后一个冰河时代以来的几千年里，通过动物、植物、人类的运动，湖区的动植物和人类已经换了一波又一波。（那么此地的土著是什么？）北极燕鸥每年在极地之间迁徙；每年筑巢于基尔本我的路边的雨燕（在五朔节和优胜杯决赛之间的某个时间到来），在我此刻写到这里时（伦敦正是一月）正在7千多英里以外的南非。鸟的迁徙模式的漫长进化受到了大陆飘移和一系列冰河时代的间歇性进退的影响（Elphick，1995）。现在，将"地球和生命"理解为相互关系中的变化和进化是司空见惯的（参见 Open University，1997），以某种方式挑战生物学和地质学的因果分离也屡见不鲜。有机的东西能够影响构造的东西，如此等等。在思考英格兰西南部的列斯特尼克时，巴巴拉·本德（Barbara Bender，在个人通信中）反思道，"风景拒绝被规训。它们嘲弄了我们所创造的时间（历史）与空间（地理）、自然（科学）与文化（社会人类学）之间的对立。""历史不只是人的历史，它同样成了自然物的历史。"（Latour，1993，p. 82）阅读布鲁诺·拉图尔暗示了社会科学如何可以摒弃我们对自然科学"真理"的敬畏，而与此同时仍然（也许结果是）能将斯基基多山和周末旅游业整合为历史/轨迹——其共同构成物介入了凯斯维克的事件。在伦敦往米尔顿凯恩斯的路上，当火车穿过白垩山冈时（白垩在大约1亿年之前沉积下来，而且有少量往南——参见图12.3），在一个围绕其轴心自转、围绕太阳公转的星球上——是小事一桩。自最后一个冰河时代以来的一千多年里，这个国家的这一角下沉了。而且一天里也轻轻地反弹了好几次，有如潮涨潮落。随着每次潮汐，康沃尔朝西上下起伏10厘米。不存在任何稳定的点。

> 在坚固的陆地也如同在海上，也有潮汐——例如，每一天，北美大陆内部上下起伏约20厘米。（Open University，1997，vol. 1，p. 78）

各种各样的极点也在漫游，并且相互之间在翻转挪移。北极星现在是北极的星星，但在介于四五千年之前建造金字塔的时候却并非如此。（我知道我们都"知道"这一点；关键是感受它，在这样的想象中生活。）只有相对的运动。

> 八月离开基尔本的雨燕做一次长达1.5万英里的往返旅行，而且它们大多数在离开的9个月时间内甚至不会着陆一次。

那么，如果没有任何固定的点，此地又在哪呢？我们现在称之为斯基多山的是慢慢（从我的视角看）成形的，而且依然在逐渐上升，依然在逐渐损耗（徒步鞋的不断踩踏，更不用提山地自行车，是湖区一种引人注目的磨损形式），依然在继续前行；我姐姐和我在这儿只是呆了一个长周末，但却也被这种事实所改变。"所有的本质都变成了事实"；地方像"自然一样真实，被当作话语加以叙述，像社会一样是集合的，像存在一样是有关存在的"（Latour，1993，pp. 82，90）。而空间和时间一起，是这种多元生成的结果。那么"此地"不多不少只不过是我们的相遇，以及构成我们相遇的东西。它是无可挽回的此地和此时。当不再是此时，它也将不会是同样的"此地"。

> 有"一种共识：随着地理时间的流逝，〔地轴的〕倾斜角度已经发生显著的变化，不过是以稍稍无秩序的方式"。（Open University，1997，vol. 1，p. 80）

"此地"是空间叙事相会或拥有自己各自时间性的轨迹形成排列组合的地方（因此"此时"也像"此地"一样问题重重）。不过是连续不断的相会、种种交织和相遇层层积累建造出一种历史的地方。赋予连续性的是一种回归（我的回归，雨燕的回归）以及时间性的区分，但回归总是回归到一个已经继续向前的地方，回归到我们相会的层面——这种相会伴随着相互切入、相互影响，将时空进程交织在一起。① 层面即相会沉积下来的东西。因此也许可称为彼时彼地的东西也隐含着此时此地。"此地"是众多历史的一种相互交织，其中，这些历史的空间性（它们的彼时以及它们的此地）无可避免地纠结在一起。它们自身的相互关联是同一性建构的一部分。古普塔和弗格森（1992）将其称为"在相互关联时将世界区分开来的一个共同的历史过程"。②

这里我必须满怀热情地坚持一件事。这件事不是偶然所理解的那样，是一种对地方怀有敌意或仅致力于让地方融入更广阔空间的立场。它不是一种解构的驱动力，仅仅暴露出一种想象性的本质内部的一种

---

① "层面"。在以前的著作中，我使用过层面这一术语，但它被坚持不懈地解读为"一个地理学隐喻"（参见对 Massey，1995c 的评论；第二版的附记）。按照这种解读，层面少有时间性并且更少相互作用——这根本不是我的意思。我对"重写本"的批评复述了其中的某些观点。

② 按照这种方式，相遇（比如说）本来就是"就在这里"、"此时此地"，而不是"发生在"此时此地的相遇。这里和海德格尔的实体和定位概念产生了共鸣。正像埃尔登（Elden，2001）所指出的，海德格尔开始提出我们必须"学会认识到物自身即是地方，而不只是据有了一个地方"（转引自 Elden，p. 90）。这是海德格尔力求以一种彻底的非笛卡儿的方式理解空间、摆脱将空间想象为广度的努力之一部分（将空间想象为广度隐含了一种外在的几何学）。这是海德格尔著作"转向"中必不可少的著名的概念重建。不过，埃尔登也提出，海德格尔的转向还涉及第二种改变，而且这种改变似乎更为问题重重。埃尔登在这里的观点是，海德格尔在改变自己更早的时间优先于空间的观点时，先是反对空间和地方，然后又进而建立了空间即地方的概念。按更早的阐述，空间被隔离为抽象的广度几何学的领域，而且既反对地方也拒绝地方。在后来的著作中，开始通过与地方的关系来思考空间本身。尽管按原理来说也许是不需要的，但这种将空间地方化的方式既使将空间想象为关系性的（天南地北之间的关系，卡斯特尔的流的空间，今日的全球化的空间）更为困难重重，而且抵制将地方本身理解为开放的、能渗透的、变动中的，并且抵制轨迹的相会。

迷路了？

我没有迷路，我准确知道自己在何方：

我就在这儿

来源：©Peter Pedley Postcards

非连贯性（它的确也不是在提出：问题单纯只存在于话语内部）。它是一种替代性的积极认知（Delanda，2002）。这确实不是要反对"以地方为基础的东西的独特性"，而且尤其是，不是要声称"有关地方不存在任何特殊之处"（Dirlik，2001，pp. 21～22）。恰恰相反，地方的特殊之处不是某种预先给定的集体认同的罗曼司，或群山的永恒性的罗曼史。地方的特殊之处是那种层层叠加，是不可回避的达成此时此地的协商的一种挑战（本身同时也会利用彼时彼地的历史和地理）；而且这种协商必定发生在人类或非人类内部，以及人类和非人类之间。这绝不是否定一种惊奇感：比在高空漫步更激动人心的东西，今天在这里落到了制造它们的历史和地理知识之中。

这是地方事件。地方事件不只是老的工业将寿终正寝，新的工业将取而代之。不只是周围的山民也许有朝一日可能放弃他们长期的斗争，也不是可爱的老杂货店现在一古脑儿变成向旅游者兜售小古董的精品店。显而易见，不是我姐姐和我以及上百其他旅游者不久一定会离开。地方事件也包括群山正在升高，风景正受到侵蚀并沉淀下来；气候正在变化；岩石本身一如既往在移动。这一"地方"的各种元素将以不同的时间和速度再一次分散开来。

（然而，在其转瞬即逝的各元素的荟萃中，我们必须从中利用点什么。）

地方事件部分是在以往不相联系的事物汇集到一起的简单意义上成为地方事件，它是一系列过程而不是一件东西，是开放和内部多样的地方，不像在基本截面的意义上时间过程中的片断那样可以捕捉，不是内在地连贯一致的。正像洛和巴尼特（2000）所提出的，许多的地方概念是由"均一时间观"来承保的，以至于地方被设想为"这样一种场所——许多不同的社会进程在这里被聚集为一个可理解的整体"（p. 58）。[①] 它是一种对连贯一致的假设，这种假设得到了现代主义者将空间想象为总是已经疆域化的想象的支持，这在第八章中我们已经讨论过。为了保卫这种对连续一致的设想（即这样一种假设：所有不同的构成过程都将以某种方式协调起来），他们赞成以"接合"一词行事。"接合性地思考"所表明的是在不同的时间框架或级别之间穿梭往来，以捕捉似乎居留于时间的"相同"瞬间之中的众多过程的不同特点（p. 59，假如有人想在地方定义的语境中达到这一目标，请参见Allen et al.，1998）。同样，道奇肖恩（Dodgshon，1999）也写到"'存在瞬间'的虚假共时性，其欺骗性的平面性"（p. 615）。这也不是一种解-构的过程（这与——后结构主义的观点——某些现存的想象相

---

① 事实上，他们在这一点上引作例证的地方概念之一是我的（Massey，1991a，"地方的全球意义"）。我认为这里存在一些误解：无论如何，我们仿佛可以在地方的内在的分崩离析的多样性上达成共识。

反）。它只不过是众多轨迹的汇集合流。

不过它是一种独特性，是产生新轨迹和新塑形的一个场所。众多试图谈论地方独特性的著述有时受到苛评，被指责为去政治化。独特性意味着难以触及永恒规则。然而"政治"正好部分地基于不能触及这种规则；基于一个需要直面事件的伦理和责任的世界；基于这样的地方——情境是史无前例的，未来是开放的。地方也是在这样的意义上的事件。

以这种方式重建地方的概念，将一系列不同的政治问题提上了政治日程。这里不可能存在任何有关预定的连贯一致的假设，或有关共同体、集体同一性的假设。相反，地方的集成性需要协商。与地方是尘埃落定、预先给定、具有一种仅被外部力量打扰的连贯性的观点截然相反，这里所呈现出的地方在一定意义上使发明成为必不可少的；它们提出了一种挑战。它们必然使我们卷入到人类他者的生命中，卷入到我们与非人类之间的关系中——它们在追问我们将如何回应我们与这些特殊的岩石、石头、树木间的当代相会。它们要求我们以一种或另一种方式直面多元性协商的挑战。绝对的不得不一起对付的事实；事实是，你不可能将空间/地方"纯粹化"（即使你有可能想，而这本身应当也绝对是不可设想的）。在这种汇集中，成问题的是这种接合性之中（而且不仅仅是在接合性之中）的众多轨迹（"社会的"和"自然的"轨迹）、迄今为止的故事的约定条件。正像唐纳德（Donald，1999）在他对作为地方的城市的更特别的思考中所写的，政治是我们的共同生存的（永远有争议的）问题。这是地方的"责任"之一部分，第五部分我们将转向这一话题。

（知识生产的地理学〔二〕：知识生产的地方）

我们不断地被告知，知识经济构成了今日和明日资本主义的典型特征。"科技园"是这种知识经济的最强有力的图标之一。它们是精心选择和设计出来的电子化世界的生产场所之一（第九章）。它们也是正在兴起的、极度不平等的21世纪的一种特殊形式知识地理学中的一个要素。作为划分出来的、景观经过美化的专用于科学（通常是，尤其是，可商品化的科学）生产的封闭之地，"科技园"是大同小异的地方；建构出来的地方，连贯一致、经过计划（反讽的是，在这个反计划的硅距离时代，又并非如此）。

相当容易辨认，反复被复制，科技园就像地图上的旗子一样散布在地球各地，每个科技园都见证了某些本地/区域/国家不顾一切地想创造另一个硅谷，推动另一个剑桥科技园，或至少吸引一点点"高科技"。玩转这种产业选址游戏的前提条件是：一个封闭的、分离的空间；一个景观经过美化的内部环境，目的是要散发出某种"品质"的幽魂；突出其接近于大学（尽可能发出精英的声音）的公共推广广告；对它所坐落的更大周边环境的宜人之处的渲染描绘（"这里的'环境宜人'代表的是一种极为特殊的、偏好经过驯化的郊区'乡土性'的美学，并且肯定没有19/20世纪工业化的遗迹"）。更可取的是，因为这些知识密集部门有一种群聚扎堆的趋势，你也需要能够向潜在的投资人证明像他们一样的人已经选定了这一科技园（他们可不想做先锋，或承担风险）。这是你需要炫耀的一些"选址因素"，其目的是为了吸引这部分新知识经济（Massey et al.，1992）。

这一切是众所周知的，而其中的某些悖论也立即显而易见。其刀锋般锐利的受阶级困扰的本质，在正好与前代的衰落不相"匹配"的地区的不可避免的更大成功，意味着这些经济再生的行为体正好是在最不需要的地方生产了"再生"。诸如此类，不一而足。①

对这些建构出来的地方，还有另一种解读方式。在它们内部纠结、交织了多种多样的轨迹，每种轨迹都有自身的空间性和时间性；每种轨迹都曾经并且仍然有争议；每种轨迹都可能被证明相当不同（然而这些历史的相互交切经常有助于强化现存的统治路线）。

产业内部劳动分工的这种特殊形式的繁荣，导致了"构想"与"实行"的（众所周知的看似自然的）分离。这种繁荣既是由阶级的力量推动的，也是由一种特殊的知识观推动的。例如，知识是可以拆装脱离开工场的。知识是可分的，而不是不言而喻的；是隔离的，而不是嵌入式的、归入整体的。它与第三部分讨论过的抽象交相呼应："一种科学或一种科学的构想参与社会界的组织的方式，尤其是对劳动分工的归纳的参与，是该科学本身的一部分。"（Deleuze and Guattari，1988，pp. 368～369）这种分离和这种劳动分工的阶级本质，受到地理分区和距离的大幅度强化：四散的产业园兴起，具有清楚明了的特征（一种特殊的空间劳动分工），与工人之间的分工之繁盛密不可分的空间性，以及差异化特征不断强化。② 它是西方历史上一个老故事的重演：早期基督教思想家在沙漠的空间隐居，作为知识生产的精英之所的修道院的兴起，中世纪的大学。所有这些地方都通过空间化生成了一种灵与肉的分离，生成了一种科学即从世界中抽离出来的观点。一种物质的空间化——斯腾格斯所描述的科学不考虑单一的现象，费边所讲述的认知主体与知识客体分离的故事。在存在高科技的地方，知识关系的这类结构过程，深深地与阶级的结构过程交织在一起，两者

---

① 对这一类研究思路的探讨，参见 Massey，Quintas and Wield，1992。

② 对"纯粹形式"的英国科技园的全面生产研究明显受到禁止。对空间的劳动分工的论述，参见 Massey，1995c。

一起通过空间形式得到相互加强。

这是这些地方所裹挟的空间史之一部分。另一部分是，在整个西方历史中，它们是围绕可理解的社会性别的创造、一般形式的"男性"和"女性"的创造而展开的斗争的精华部分。一次又一次地，这些地方的建立充满了社会性别的区分和对妇女的排除。布朗（Brown）在写到这类空间中最早的一个地方时曾说："对妇女的恐惧就像从沙漠一路领回的进入城镇和乡村的一道阴影。"（1989，p. 242）戴维·诺贝尔（David Nobel）在对两千多年来这种旋风般的历史的绝佳陈述中写到了"男性对妇女的遁世般的逃离"（1992，p. 77），而且详细记录了这种充满冲突的逃离继续进入大学和现代科学的过程。[①]（有人会受到吸引，反思后现代对沙漠的回归，或至少是对沙漠形象——妇女缺席的空间——的回归吗？）一部漫长的历史，事实上不只是排除妇女的历史，而且是不无争议的建构做一个（普通型的）男人或女人将意味着什么的历史。今日全世界的科技园的"男性特征"，不只是男性雇员对科技园压倒一切的管控之产物，它也不能用男性雇员对科技园压倒一切的管制来衡量。它是更漫长更深层的社会性别建构史之结果——这种社会性别建构本身，过去是，现在也仍然是在空间上嵌于防御性的、专业化的"知识之地"的构造之中的。

最后（就我们这里的目的来说），是第三条轨迹：知识生产的这些地方，也全都是合法的、公认的、权威化的知识生产的精英之地。由于总是而且依然存在其他形式的知识：在围墙以外的社会中，在沙漠边缘的村庄中，在被驱逐到地理"边缘"的物质生产之地的工场中。中世纪修道院、古代大学和今日科技园的时空，都是一般形式的知识生产的合法化的历史、使知识的定义和生产专业化的男性化的城堡的生产和维持、以及这种男性特征自身的模铸相互交织过程中的瞬间。

这些轨迹一起推动了科技园建基其上的排除。此外，它们是相互

---

① 更详细地想将诺贝尔的陈述空间化的企图，可参见 Massey，1997b。

交织的历史，每种历史都充满争斗。在这样的意义上，空间既是一种大功告成，又是对挑战敞开的（参见第五章）。诺贝尔（1992）详细地复述了社会性别之上的交锋，而维护权威的精英的斗争，可以从早期基督教内部的冲突追溯起，经由帕拉切尔苏斯（Paracelsus），欧洲数世纪以来异议人士的暴动（罗纳德派、再洗礼论者、马格莱顿教派信徒、早期斯韦登堡神学和教义信徒、布朗主义者、浸礼会教友、教友派信徒、喧嚣派教徒），直到 20 世纪最后数十年卢卡斯航空航天工人。① 这些地方的时间是多种多样的。科技园不仅将最近的经济计算而且将漫长的社会斗争历史具体化了——这种经济计算和社会斗争是围绕知识的本质和所有权、社会性别的意义和描绘、将灵与肉的对立的哲学公式的物质基础建立于活生生的关系之中而展开的。这些东西都被当作多元轨迹的特殊交集的物质和社会沉积物建造到了这些地方的网络之中。而且，尽管它们的外表修理得整整齐齐，它们具体承载的历史却没有合并成单一的连贯一致。它们具体所承载的历史纷争，会在不同的瞬间爆发出来，以不同的方式陷入混乱。

这是个别的而且特别强有力的空间构成。它们以物理的形式清楚地表达了知识生产的社会空间性和知识关系的一种想象的空间性。它是一个比斯腾格斯所讲述的故事更漫长、更多元的故事；在这一故事之中，爱因斯坦和开普勒之间的选择只不过是其中的一个插曲；而且，它是一种历史，在这种历史中，地理至关重要。

那么，又一次，这些地方是作为时间星团的地方，在这里，多种多样的历史的回响被编织到了一起。知识的生产和合法化在这里承担了生产时空（以及时空概念）的功能。地方即事件。反讽的是，这些高科技的地方是受控制和经过计划的事件。它们的构成成分是受到规训的，被加入到非人类的注册簿，以合适的、驯化的方式（"有品位

---

① 卢卡斯航空航天工人的可替代选择计划，既致力于策略知识的变革观，也致力于可替代产品的变革观（参见 Wainwright and Elliott，1982）。

的"风景，经过灌溉的草坪），从而达到支撑其威望的目的。之所以说是"反讽的"，是因为这些"革新之地"似乎设计出来限制了地方作为革新所具有的潜力。然而，理所当然的是，最终，地方事件的潜力仍在。遏制是不可能的。

Hamburgs ältester Einwanderer!

Neues Staatsangehörigkeitsrecht
"Partnerschaft für Integration" eine Initiative der Ausländerbeauftragten

Informationen beim Einwohner-Zentralamt, Staatsangehörigkeits- und Einbürgerungsangelegenheiten sowie den deutsch-ausländischen Begegnungsstätten und den Sozialberatungsstellen der Wohlfahrtsverbände oder im Internet: www.Hamburg.de/Behoerden/Auslaenderbeauftragter/welcome.htm

Design © Steffan Böhle；使用得到 Ulla Neumann 的慨允

第五部分　空间体的关系政治

在布鲁诺·拉图尔的政治倡议"左翼（欧洲）党的（哲学）平台"中，他的十大政纲的第三条是这样开始的："我感觉我们正慢慢地从受时间困扰转向受空间困扰。"（p. 14）而稍后他反思道："如果正像哲学家们所主张的，时间被定义为'连续的序列'，而空间被定义为'同步的序列'，或者在一个时刻共存的东西，那么我们可能就正在离开时间的时间——连续和革命——而进入一种十分不同的时间/空间，也就是共存。"（p. 15）我对这种阐释持保留意见。稍稍自相矛盾的是，它本身具有线性时间和单一运动的味道；它对空间体兴起的叙述正好以格罗斯伯格所批评的方式（参见第二部分）依赖于时间体；而我不能肯定这种转变是否事实上正在出现。当然，我也不想赞成受空间困扰，不同意时间被空间所取代；也不想简单地轻视所有以往的左翼政治。

然而我的确想在应和拉图尔的愿景之时提出一种政治，或许最好是一种观察政治的角度，这种政治能够在这条道上为自己开辟出对空间体的欣赏和挑战我们去面对的介入。这也就是说，少一点受线性进步的想象框架所主宰的政治（而且确实不是单一的线性进步），而多一点关系、塑形的协商的政治；这一政治将重点放在第十章所谈论的那些因素之上：关系的实践；言外之义的辨识，在面对独特性的无可避免时做出谦逊的判断。

拉图尔写到了"共存的新义务（这是空间的产物），无人能够简化或永远消除的异质性的实体"（p.15）。而且，共存一词也许是不敷用的，重点也需要放在共同构成之上，放在冲突的不可避免之上。成问题的是社会（人类的和非人类的）体制的永恒和冲突过程。这样一种观点不会消除一种向前运动的推动力，而的确会因为承认这种运动本身是通过关注塑形产生出来的而得到丰富；新的异质性和新的塑形受到召唤就出自它们。这是一种非线性、非单一、非给定的时间性；但它是与空间体密不可分的。它是这样一种政治：关注实体和同一性（它们可能是地方、政治的选区、山）是通过形成关系的实践集体生产出来的；政治必须聚焦的正是实践和关系。但这也意味着坚持空间即关系的领域，即同期多样性的领域，而且也总是处在建构中。它不意味着退回到没有全盘面对空间挑战的回避策略之中。

这是一种视角的变化：摆脱了一种现代主义者的版本（一种时间，没有空间），但不走向一种后现代的版本（全是空间，没有时间）（参见第七章）；而是朝向多元轨迹、多元历史的纠缠与塑形。这也转而意味着，政治本身可能也要求一种不同的地理：反思这些关系地理的地理学。这一部分所留意的，是某些这类地理学——在地方内部的协商，将本土的斗争联系起来所面临的挑战，超出地方朝外看的本土政治的可能性。

第十三章 聚集：地方事件的政治学

1999 年秋天，在汉堡开始通向大海的易北河河床劳动的工人偶遇了一块巨石。这是值得大书特书的事件，并且成了新闻。岩石变得家喻户晓，汉堡市民开始前往参观。不过，汉堡这一著名的居民最终证明是外来的移民。它是一块漂砾，是数千年之前由冰从南面推过来，当冰消退时留在这儿的。那么，它绝不是一块"本地的"巨石。

不然又怎么样呢？你要成为本地的又要在这儿待多长时间呢？

2000 年 1 月 1 日，德国公民权法略有松动。乌拉·诺伊曼，想象丰富的汉堡负责外来移民的官员，抓住这块异地移来的石头及其带来的实践，提出了种种问题，力主将该市重新想象为开放的，目的是使该市的生活比以往更为开放。图 13.1 由斯特凡·伯勒（Steffan Bohle）所设计的招贴画即其成果。一些已经扎根下来的移民被赋予公民权，被接受为"该地的"——就像那块岩石一样。该招贴画的设计强化了这种观点。长时间以来，汉堡作为主要的港口，向来自世界各地的船只、劳工和资本敞开怀抱，已唤起该市是一个世界性大都市的映像。已存在一个确定的、广泛使用的徽标："汉堡：通向世界的大门。"这幅招贴画，用穿过那块异地移来的岩石构成的大门，以及透过大门清晰可见的城市，既向已经叶落生根的德国公民发出了挑战——以另一种方式使这一徽标（这一已经存在的自我镜像）意味深长，按其字面意思接受它并将其贯彻到底，也向移民发出邀请——发现更多的东西。①

图 13.1 "汉堡最古老的移民"

① 多谢雅娜·黑贝琳（Jana Häberlein）引领我走进这一故事并详细讨论其复杂性。

这是一种企图：鼓励将这一地方理解为可渗透的，唤起一种地方生活即一系列（"自然的"和"文化的"）轨迹的丛集——在此，即使岩石仍在移动，什么东西可以称为归属（belonging）这样的问题也必须提出来；在此，至少，归属问题需要以一种新的方式得到架构。穿过岩石的大门诉说着开放性，移民，将共同生活的可能性所提出的挑战呈现在人们面前。

　　这一招贴画有助于人们不断制造空间-地方时在城市的生活方式以及以无数种途径将这种生活方式付诸实践的方式。其目的是要在重塑、重构汉堡人的过去的故事方面做一个积极的当事者（agent），以激起一种对现在的本质的再想象。按费边（1983）的术语来说，其意图是要调动一种政治宇宙学，不过这种政治宇宙学不会以某种方式先于我们经历和生产时空的方式而存在，而只是我们经历和生产时空的方式的重要部分。正像英戈尔德（Ingold）所写的，"无论是在想象中还是在地面上，人们的构筑方式，都来自于他们所涉及的活动的潮流内部，来自于他们与环境的实际约定的特殊关系语境之中"（1995，p.76）。城市的知识是通过约定生产出来的。我们汉堡人喜欢那块巨石，我们已经迎纳它进入汉堡；在我们与该城市身体力行的实践关系中的一个重要因素，确实也是其品牌徽标之一，是一个移民。[①] 一种已经制度化的实践也许可以改变我们的想象——这种想象也许会激发对其他实践的重新思考（或至少是对其他实践的更多争论）。

　　地方作为永远变化的轨迹交集之所，提出了我们的聚集问题。这是凯文·罗宾斯在坚持物理地方的重要性时的主旨（第九章）。空间的机遇也许会使我们与意料之外的邻居比邻而居。这里的地方构成方式

---

　　① 而且这是多么经常地千真万确。饼干盒上的教堂尖顶或塔，作为英国风格之化身的约翰·梅杰（John Major）的名望，都用约旦河西岸的路线礼赞一种宗教。"夏威夷的州鸟——夏威夷黑雁，或者说 nene，是加拿大雁偶然抵达这里衍化而来的……"（Williams，2000，p.39）如此等等，不一而足。

之中的空间多样性和空间机遇，提供了不可避免的偶然性（因素），这种偶然性构成了社会体制的必要基础，并且在敌对的时刻，会在提出政治问题的特殊破裂中暴露出来。詹姆斯·唐纳德（1999）在全力对付城市的社会和政治本质时写到，"我们经历我们的社会界仿佛事物仅仅只是这种样子，是客观存在，因为那种偶然性被系统地遗忘了"（p.168）。通过引证拉克劳，他提出，尽管我们不能希望完全捕捉到那种偶然性，但它在特殊的时刻的确会自行呈现在我们面前。① 能使政治场域敞开的，是基本的偶然性的不可确定性："在敌对时刻，可替代选择的非确定本质及其通过权力关系形成的解决方案变得有目共睹，这种敌对时刻构成了'政治'场域。"（Laclau，1990，p35，引自 Donald，1999，p.168）。招贴画"汉堡最古老的移民"，将自己置于这样一个时刻，动摇着自认为天经地义的东西。

地方以特殊的形式提出了有关我们共同生活的问题。而这一问题，正如唐纳德通过参考墨菲（Mouffe，1991）、南希（Nancy，1991）、拉吉奇曼（1991，1998）提出的那样，是政治的中心问题。秩序和机遇的结合，内在于空间且在这里被封装于物理的地方之中，是至关重要的。"混乱立即成为一种风险和一种机遇。"德里达写道。而拉克劳提出，移位开辟了政治的真正可能性。森尼特（Sennet，1970）鼓励我们利用无序，而莱文（Levin，1989）则呼唤"生产性的非连贯性"。来自德里达的一段话是这样的：

> 这种基本的、创始的、不可还原的混乱和不稳定，立即自然而然地成为我们力争用法律、规则、惯例、政治和临时的领导权

---

① 唐纳德在写到"回归"时继承了拉克劳的观点，但在他这里不存在任何起源时刻。不过在客观存在与偶然性的这种区分中，也有一些能折射空间和时间之间的想象性对立的东西。将时间注入空间——这也是唐纳德的规划之一（参见其著作的第139页以下，以及第123页）——也是对这种偶然性的不断提醒。

加以抵御的最坏的东西，但与此同时，它是一种机遇，一种改变的机遇，一种脱离稳定化的机遇。假如存在持续的稳定，那么根本就不需要政治。政治存在和伦理学成为可能，只有到这样的程度：稳定不是自然的、基本的和实质性的。混乱立即成为一种风险和一种机遇。（p. 84）

与空间性的关系是双重的：第一，这种不稳定性的不可还原性，与空间/空间性联系在一起，而且的确是空间/空间性的条件；第二，许多"空间政治"关系到这种混乱如何可以被有序化，并置如何可以加以管制，空间如何可以加以编码，连接的条件如何可以加以协商。正像我们如此多的习以为常的想象空间的方式试图要驯服空间那样。

※

我们称之为"公共空间"的空间最尖锐地提出了这些观点。存在一种对自由主义城市的"公共空间的衰退"的普遍关注：空间的商业私营化，新的圈占的来临——例如，具有标志性意义的，大卖场——如此等等，不一而足。这些相当清楚，是我们也许可以怀着警省见识到的过程，而且是出于许多充足的理由。它们涉及将空间的控制权交给非民主选举所产生的业主手中；可能涉及将一些群体从许多这类地方排除出去——我们可能期望允许这些群体进入这些地方（例如，假如空间为公共所有的话）——将失业的"闲汉"排除在大卖场之外是新近出现的最经常被引用的例证，这些人不被认为是预期的顾客。这些是严重的问题。将公共空间浪漫化为促成自由和平等言论的一种空旷之地，没有考虑到需要将空间和地方理论化为社会关系的产物（这里的社会关系极有可能是相互冲突和不平等的）。理查德·罗杰斯在他的《走向一种都市文艺复兴》（*Towards an urban renaissance*，Urban Task Force，1999）中呼吁在城市中有更多的公共空间，这种呼吁所预想的公共空间是广场、市场，毫无疑问向所有人开放。尽管人们可能怀有和他一样的渴望，希望城市肌理的这一因素能有更大的存在度，但其"公共"性质却需要能够忍受一种很少致力于公共空间的监视。从最大的公共广场到最小的公共公园，这些地方都是异质的、有时是冲突的社会认同/关系的产物，并且从内部受到这类社会认同/关系的扰乱。比·坎贝尔（Bea Campbell）《歌利亚》（*Goliath*，1993）中在白天和夜晚的不同时间被不同群体控制且以不同方式控制的（"公共"）购物中心，是一个绝佳例证（Massey，1996b）。在伦敦，曾就特拉法尔加广场的鸽子的存在有过最尖锐的争鸣（赞成者认为是一种游览胜景，人人所爱、具有自身权利的动物，反对者认为是一种到处乱飞、长有羽毛的健康灾害）。《丑角》（*Comedia*，1995）对公园的研究清楚地指明了持续不断的日常协商和斗争，有时安静而持久，有时则更为剧烈，通过协商和斗争，这些空间天天得以产生出来。这类"公共"空间，不受管控，让形形色色实际上有权居留在此的城市人群为自身考虑、算计。所有的空间都是以某种方式受到社会管控的，假如不受到明显的规则（不能进行球类运动，不能走走停停）的管控，那么也会受到潜在的更具竞争性的（更像市场的？）规章的管控——这种规章存在于缺乏明确的（集体的？公共的？民主的？独裁的？）控制的地方。"开放的空间"，在这一意义上，是一个可疑的概念。除了反对新的私有化和排除之外，我们也许可以谈谈社会关系问题——这样的问题能够建构任何新的、更好的公共空间观。而这可能有时也包括直面协商性排除的必要性。

　　还有更进一步的观点。罗杰斯对沃尔泽（Walzer，1995）运用思想开放的空间观进行了反思。不过这必须视为一个渐近的过程。这儿可能与德里达并行不悖，与激进民主理论家和未来的民主观、持续地渐行渐远的未来的思想开放的空间视野并行不悖——它们永远也不会达到，但必须持之以恒地趋近它们。这就像罗宾斯的"虚幻的公共领域"：一种幻想，不过是一种我们有必要继续加以追求的幻想。按罗莎琳·多伊彻（Rosalyn Deutsche）的话说，"'假如确定性标记的解体'呼唤我们进入公共空间，那么，公共空间对民主至关重要就不仅仅只是因为它是一个幻影"（1996，p.324）。由此类推，而且确实因为它们所包含的混沌性、开放性和不确定性因素，空间，以及这里的特有的地方，对民主领域来说是潜在的创造性的考验场所。挑战在于是否拥有以这种方式处理它们的信心。因为建立民主的公共空间（而且的确也是更普遍的地方空间）必须要使用空间性的概念，这总是会让建构它们的社会关系博弈处于细察之中。"取代试图抹除权力和排除的痕迹，民主政治学要求将它们带到前台来，使它们清晰可见，以便它们能够进入到论争的场域。"（Mouffe，1993，p.149）

这种观点不意味着这些地方不是公共的。它们必然是协商的，有时因敌对而撕裂开来，总是通过不平等社会关系的粉墨登场而呈现出总体的轮廓，而正是这一切赋予了它们真正的公共的品质。多伊彻在对公共艺术的可能意义的探讨中引用了克劳德·勒福尔："勒福尔说，民主的标志，是有关社会生活基础的确定性的消失。"（p.272）"按勒福尔的陈述，公共空间即社会空间，在那儿，当缺乏一个基础时，社会的意义和统一是协商性的——立刻建立起来且岌岌可危。公共空间中得到认可的东西，是有关什么是合法的、什么是不合法的争论的合法性。"（p.273）正像多伊彻所反思的："冲突不是落在独创的或潜在的和谐一致的都市空间之上的东西。都市空间是冲突的产物。"（p.278）

※

适用于公共空间的东西更加适用于更普通的地方。这些暂时的纵横交错的轨迹，这些身为地方的事件，要求相互协商。阿什·阿敏（Ash Amin，2002）写到过这样一种地方政治学——它提出了一套不同的词汇：本土融合即其一。这套词汇主张在场的权力，直面差异的事实。它将成为一套不可还原为共同体政治学的词汇，并且连接起了一种没有任何担保的政治学。此外，地方变化多端，它们所呼唤的内部协商的性质也同样变化多端。这里的"协商"所代表的是平均范围——经由协商，无论如何总是临时性的融合也许可以达成，也许不能达成。

尚塔尔·默菲将政治界的基础定义为"总是要建构一个封闭而异质的、不稳定而必定敌对的'我们'"（转引自 Donald，1999，p. 100）。在一般情况下，某些类型的地方，的确需要建构一个这样的"我们"，不过以最平凡的方式存在的绝大多数"地方"是那种更含糊的地方。它们不需要建立一个单一的具有霸权地位的"我们"（尽管在日常制造地方的实践中，也许使用多种多样的未言明的"我们"）。① 让-卢克·南希（Jean-Luc Nancy）提供了"有意识地承担共享经验的共同体"的政治观（1991，p. 40）。一个地方的日常协商和论争，并不需要完全在这一意义上对其认同（不管怎样临时建立起来的），进行有意识的集体争论，也不存在针对它的机制。但是在它们彻底"运作"的范围内，地方依然不是无足轻重的集体成就。它们是通过大量平凡的协商和论争的实践形成的；此外，通过实践，所构成的"认同"本身也不断地得到模铸。换言之，正像许多人所主张的，地方改变我们，不是通过某些刻骨铭心的归属感（某些很难改变的根，正如很多人会拥有的一样），而是通过地方的实践过程，互相切入的的协商；地方即一个迫使我们协商的舞台。在这一舞台上所出现的众多术语，可能是杨（Young）所说的未同化的他者性的漠不关心，或者是森尼特所寻求的更有意识的全面的相互作用，或者一种更彻底的政治化的敌对。

唐纳德引用了德里达《友谊政治学》（*Politics of friendship*）对尊敬和责任的区分。这种区分与德里达对空间和时间的差异所做的阐释一致。他说，尊敬涉及距离、空间和凝视，而责任涉及时间、声音和倾听（参见 Donald，1999，p. 166）。德里达写道："没有视觉和间隔的距离……就不会有尊敬。没有回应，没有无形中说给耳朵的说和听

---

① 当然，这是向共同体和地方的古老结合——经常受到称颂的"本地共同体"——发起挑战。这一术语，在许多政治和规划文件中，被当作一种呼唤（甚至可以说是一种乞灵）。（《英国的新劳力》即擅长于此。）

的东西，就不会有责任，而说和听都占时间。"（1997，p. 60；着重号为原有，转引自 Donald，1999，p. 166）有人也许会警惕这一公式中的各种因素，包括区分空间和时间的特殊方式，尽管空间作为社会界的层面是清晰的。当然，所有种类的地方作为一种挑战和责任所提出来的东西，正好也是德里达所寻求的东西，"责任"与"尊敬"的相互纠缠——也可以说时空吗？——即认可多元轨迹的共存（并处于"地方"的共同在场之中）吗？

"地方"在此也许可以代表我们共处的普遍条件（尽管在此它所意味的比这更为特殊）。无论如何，社会的空间性也是在更深的层次上相互蕴含的。首先，作为一种形式原则，它是时间内部的空间，而且在这一点上，最为特殊的，是它作为多样性范围的层面，以及这必然带来的相互透明性，这种透明性要求以社会和政治的构建为前提。第二，在政治实践中，许多这类构建是通过最宽泛意义上地方的协商来连接的。对空间和地方的想象既是这些协商中的一个要素，也是这种协商中的一种筹码。汉堡的招贴画准确地抓住了这一点。

当讨论转向都市-学术的当务之急——城市——之时，对地方的这种看法是最经常地引人深思的。唐纳德小心谨慎、令人兴奋的讨论专门涉及城市；涉及在这类空间-地方中共同生活所面临的挑战（重要的问题较少是如此经常地提出的问题——我如何在城市中生活——而是我们如何在一起共同生活——p. 139）；他引述了拉吉奇曼的问题——在一个"我们的认同不是预先给定的、我们的共存受到质疑的世界中"如何"在家"，"按照这种专门意义，城市生活不可避免是政治性的"（1999，p. 155）。城市也许是民主面临最大挑战的地方（Amin et al.，2000）。它们是格外巨大、集中、异质的轨迹星团，要求进行复杂的协商。① 当然，对城市（通常是西方城市）的这种想象，最为经常地集中在文化和种族的融合之上——这种融合一般是通过新自由主义全球

---

① 这种思路在开放大学已得到展开，1999。

化而发挥作用的一种轨迹相会。不过也存在其他的方式，按照这些方式，这类城市，以及可能更特殊的西方所称的"世界城市"，是全球化轨迹的相互碰撞之所。

※

以伦敦为例。就资本和国际移民来说，伦敦是一个世界城市。资本的轨迹，正如同种族性的轨迹一样，在这里陷入了冲撞。作为商业中心，通过其漫长历史上的贸易，伦敦已经将巨大的众多的金融和联合功能集于一身。金融之城是这一城市的标志（在言语中不可能将这一城市与金融之城区分开来引出了漫游的德里达式的思想）。这一城市的轨迹是巨大的，而且（即使考虑到公认的缺陷和脆弱性）是强有力的。它也是一种本身向外看的轨迹；其凝视掠过整个欧洲。直到最近这里敞开"发财"的机会，伦敦才更多地知道远方大陆的市场，而不只是限于知道河对岸正发生什么。此外，这是一种在伦敦这里与其他迄今为止在这一地方被持续制造出来的经济史相冲撞的轨迹。这里有物质贸易的遗迹，一百万服务业（国内的、地方的和国际的），巨大的生产基地，破烂不堪的公共部门基础设施。这些是具有不同资源、独特机制（以及市场力量）和时间性的轨迹，这些轨迹在时空中有它们自己的方向，并且都相当不同地嵌入到了"全球化"内部。

这是一种真正的冲撞。通过全球金融业所产生的伦敦的统治地位，改变了所有其他地方的性质和存在条件。[①] 通过土地价格而起作用的这类冲撞，是这些功能的最明显例证。可能以其他形式生存下来的制造业，按照它不得不付给土地/房屋的价格来说，其制造加工是不赢利的。就这些"世界城市"的产业而言，面对如饥似渴的需求和更大的支付能力，生产过程的持续赢利能力，在考虑这些支出之前，会被不

---

① 无可避免地，接下来的是极为粗枝大叶的描绘。这一论争的某些关键文件，参见 Great London Authority, 2001a, 2001b and 2002。如何界定"伦敦的世界都市特质"是政治讨论中的一个关键筹码——参见下文。

能找到或维持一块地皮而抵消。换言之，伦敦的发展是产业工人中产生失业的一个要素。它限制和阻碍了伦敦经济其他部门的发展，有时甚至是生存。基础设施老态龙钟，其效率日趋衰退，容量问题无处不在。按一般的价格但同时按特殊的住房支出来说，该市高得出奇的工资有进一步崩盘的效果。维持一个公共部门变得不可能，因为公共部门的工作人员（考虑到中央政府的政策）支付不起在伦敦生活的费用。即使在我自己那一带，伦敦城的另一侧，一个"当地社区警察"也不得不从莱斯特前来上班。一封从我的门里塞进来的信（而且该地区所有的邮箱都塞了）通过我们具体的一点点同一性（它说给"房主"）质询我和这一地区的其他人，并且接下来邀请我利用这一事实——我作为全球金融超额付款的群体，生活在这同一大都市之中。他们的年金也许会推高房价——也许我想卖房子。

那么，这是众多轨迹的一次撞击，其中一种轨迹的统治地位在整个伦敦回荡：改变其他产业的条件，削弱公共部门，在伦敦生产比英国其他任何城市更大程度的经济不平等（而这最后一个事实本身对每个人的生活都产生影响）。伦敦的更高"平均"工资掩盖了一种巨大的不平等——只因为这种分配的最高端所带来的额外花费不得不由每个人来承担。

伦敦是一个"成功的"城市。它的特征被无休无止地像这样得到概括描述。（我们被告知，英国的其他地区多有问题，但伦敦和东南却不是如此）。然而同样的文献差不多总是继续暗示做出此类描述所面临的难题。他们断言，伦敦是一个成功的城市，"但是依然存在大片贫困和排除的区域"。在主张更多地分享国家这块蛋糕时，伦敦的发言人指明了这一显而易见的事实。托尼·布莱尔在试图回避地区不平等问题时不断地运用这一点（在伦敦也有贫困，你知道……）。（当然，需要的是在伦敦内部重新分配——参见 Amin et al.，2003。）

问题在于连接。首先在于连词"但是"。这句话也许应当读作"伦敦是一个成功的城市，而部分地作为这一成功之条件的一个结果，依然存在大片贫困和排除的区域"。其次在于众多经济轨迹的连接：世界城市产业（尤其是金融）的大集中，是生产这种贫困和排除的力量的大集结中的一个要素。①

此外，这是一种迫使做出政治选择的物质冲撞。这一城市的经济策略将是什么？目前，只是将金融优先化当作世界城市属性的钥匙。然而，伦敦的成功是产生贫困和排除的动力之一，这至少隐含了有关"成功"一词意义方面的疑问，并且应当提出有关增长模式方面的问题。它丝毫不意味着以同样的老方式继续推动"增长"（不意味着，也就是说，如果目标正如不断所宣称的那样，是要减少贫困和排除）。那么，很清楚，必须在减少贫困和推进伦敦之间做出决策。这是一种真正的政治选择。这方面的建议产生了焦虑：脚一离开油门可能就意味着财源会流向法兰克福。这是永久提供的回应。而且谁知道在这种恐惧/威胁中可能存在多少真相呢？关键的是，如果其中存在任何真相，那么在我们面前也就存在相互排除的（敌对的）选择：一方面是有利于伦敦城的政策，另一方面是直指重新分配的政策。这种地方之上的众多轨迹的冲撞，凸现了要求一种政治立场的冲突。②

它是一种通常隐而不彰的冲突。的确，真正的困难是那种不认可。拒绝承认这种敌对。对指明需要谈论贫困问题的那些人来说，回应始于政治共识。理所当然，他们想谈论贫困和排除（实际的再分配很少

---

① 只是一个要素；这种主张不是说它是唯一的原因。政治部门的工资和宏观经济策略也起了作用。重新补充贫民阶层的国内移民也是如此——部分归因于伦敦作为一个世界城市的吸引力。

② 这种针对伦敦的政治学的讨论，利用了我自己对这一过程的介入（参见，例如：Massey，2001b）。在一次会议上，我将它提交给可能不得不在伦敦和穷人之间做出选择的"新劳工"代表时，他们简单地拒绝了。这是尚塔尔·墨菲所讨论过的"没有对手的政治学"（1998）。也可参见注释6所引用的文件。保密文件（Great London Authority，2002）在试图渐渐开始掌握这一问题上是例外。

轻而易举地得到同意）。这将借助来自伦敦的乘数效应（multiplier effects）① 来做（不过我们知道滴漏效应不会起作用）；或者，一种更近的版本，不久实际上每个人都会被拉入到这一新经济之中（那么谁将来倒垃圾桶，照顾病人，做我们当地社区的警察……?）。

在这样一点上，论争可能变成了获取方式之上表面看来机械的论争。不过真正发生的是，敌对论被替换了。我们现在所拥有的、替代一种政治目标上的明确冲突的，是存在于对城市的种种想象之间的对抗。赞成金融的观点通常基于"新经济"与"老经济"的对比，同时受到新经济即灵丹妙药的神话的支持。（数百年之久的金融之城在这里——反讽地——被铸造成"新的"，与之相反，生产型的被铸造成"老的"!）在这种想象之中，经济体系拥有了优等的中心地位，与此同时，其他人则在对经济的服务中找到了一个角色。正是这一结构，对所有人产生了滴漏效应和乘数效应。它是一个统一体。而且具有反讽意味的是，这是通过求助于确立外部的敌人而得到支持的一个统一体。这些外部的敌人例如有：国家的其他区域（指控这些区域通过重新分配占有了全国税收收入的太大份额）；法兰克福（永远被描绘为代表随时准备夺过欧洲金融之都的一个城市）。替代性的想象拒绝这种受到宣扬的统一性，转而强调都市经济的不同部分的多样性和独立性，同时承认其内部的紊乱、多元性的冲突。一种想象是想象一个单一的团结一致的实体，金融是那闪闪发光的顶峰，增长的火车头正牵引其他一切前行，但内部不平衡发展依然还有待抹平；一种想象则将这一地方想象为不同力量的种种轨迹的冲突之所，在这里，不同力量是必须加以协商的东西的一部分。这两种想象相互对峙。所争议的东西是拉吉奇曼所称的"我们共处的空间配置原则"（1998，p.94）。有时，你不得不将对空间或地方的想象打碎，以便在其内部找出它的潜力，揭示

---

① 乘数效应是一种宏观的经济效应，是指经济活动中某一变量的增减所引起的经济总量变化的连锁反应程度。——译者注

这种"配置"——"在这种配置中，它将自己呈现为一个感性的总体"（p. 19）。为了挑战伦敦的阶级政治，这一城市本身必须被重新想象为众多轨迹的冲突。

然而，这本身会给干预更多的狡计。因为这必定是一种对轨迹星云的干预——它们尽管相互作用而且毫无疑问相互影响，却拥有极为不同的节律。这一地方不存在任何连贯一致的"此时"（第十二章）。身为地方的东西不是结构主义的封闭共时性，它也不是如此经常地被描绘为空间的凝固了的时间过程中的碎片。所有这些对政治学有更进一步的含义。它意味着地方的协商是在流动中发生的，是处于流动的同一性之间发生的。它也意味着，而且这对这里的观点来说更为重要，所有政治学紧抓不同点上的轨迹，都是试图清楚地说明以不同的拍子博动的节律。这是使政治学如此困难重重的地方之难以捉摸的一个方面。

所以，在伦敦，进步的人们想在短期内解决对经济适用房显而易见的需求，在工资比上想要更大的地区差异（以伦敦作为权重），提出"全国"最低工资在首都应当更高：换言之，他们想改善由伦敦的主导地位所带来的某些问题。不同情是困难的。然而，这样一种反应，只会煽动起这金融世界城市轨迹的更长期动力的火焰。（是的，这一金融之城能够保持持续增长，我们得以某种方式设法为它服务。）这不仅是一种针对伦敦经济的缝缝补补的方法，也不仅差不多只要付诸实践，这类措施通过市场力量便会变得不敷用，而恰好是通过只对当下进程做出回应，它们使处于其根基的长期动力永存不朽（金融的统治地位，全国性的与日俱增的不平等，日益恶化的地区不平衡发展）。从长期来看，这样一种方法可能使事情变得更糟（按重新分配论者的标准）。

※

所有这一切都是有关城市的，而且是有关一个世界城市的。不过多样性、敌对论和形成明显对比的时间性是所有地方的题材。约翰·拉吉奇曼（2001）反思了目前（再一次的）对城市的思想迷恋。他提出，哲学和城市之间有着漫长的历史联系，其联系的形式是城市为哲学的兴起提供了条件，而哲学的存在"按思维过程来说是在城市"（p. 3）——城市是哲学的由头，在哲学中，"城市不仅是社会学的对象，而且是一架废除和越过社会学的定义，向思维和思想家、意象和意象制造者提出种种新问题的机器"（p. 14）。城市是绝对去疆域化富有成效的瞬间，而且按德勒兹-加塔利的脉络一路前行，进而也产生了"城市的历史性的去疆域化"和"国家的认同及它们自述的故事"（Rajchman, 2001，p. 7）（可以考虑的一种对比：地方即要求协商的尚未被命名的相互并置的众多轨迹；地方具有逐渐霸权化的同一性，具有"它们"自述的种种故事）。正像拉吉奇所说的，本雅明和齐美尔都可以按照十分不同的方式解读为这样的思想者——"在大都市的特殊空间中看到了一条道路：脱离德国大学的更官方的哲学或社会学，探索一个不再可能在那个时代的历史和社会的伟大图式中完全匹配的地带"（p. 12），探索一种德勒兹将归纳为总是逃逸的社会哲学观念。而这引领拉吉奇曼继续追问今日的城市开辟了怎样不同的去疆域化："当我们开始背离种种道路时，我们业已决定要朝向其他东西，我们尚未完全确定是什么东西……"（p. 17）何种逃逸线会拔地而起？

也许确实是这样，城市是新思维如此富有成效的条件和由头。此外，这种由头所带来的部分东西（尽管不总是显而易见的）是对城市空间的一种再思考——城市空间即层的累积，即不可把握的并置，等等。激起某些再想象的可能是城市的绝境，但是这种空间性规则内的（in-principle）本质不只限于都市。

"乡野"（安稳的英国愿景的兴起）也可能是这类想象的去疆域化过程。汉堡的漂砾，现在作为斯基多山而存在的飘移来的岩石，像城市一样诉说着"新的"空间性，并且在更大的范围内开辟了对作为地方的星云的时间本质的理解。地壳构造的变化，冰盖的消长，非人类和人类移居者的到来；那种时间上的极端差异永远可能比城市更加强调"星云"不是连贯一致的"此时"。坚持不懈地聚焦于城市即最能刺激起我们内部的困扰的场所，也许就是我们的乡村愿景被驯服的一部分（的确也依赖于对乡村愿景的逐渐驯服）。然而对乡野/自然加以重新想象，仍然比对城市的变化不定的空间性（习惯上被描绘为人类占主导地位的）做出回应要更具有挑战性。

令人惊异的是这被如此经常地忽略了，甚至被最经常自称为游牧思想家的人忽略了。其变化观如此抢眼的费里克斯·加塔利在其《三种生态学》（1989/2000）中仍然写到"自然平衡"（p.66），而且更为离奇的是，甚至隐喻性地提到使沙漠开花，将植物带回到撒哈拉（也参见 p.66）。译者的导言也强化了假如不用人类的介入也会"处于平衡"的"自然"的印象（参见，例如：pp.4～5）。或又一次，布雷恩·马苏米（Brian Massumi，1992）力主"必须重新确立物理环境的平衡，为的是文化也许可以在一种远离平衡的状态中继续存活下去并学会更热切地生活"（1992，p.141）。这样一种二元论，正像第九章中所讨论过的，是内在于诸如吉登斯、贝克有关"风险社会"的许多写作之中的。尽管文化的流动性和易变性受到赞扬，但观察自然模式的"困扰"时还是带着惊慌：

> 看来支撑新的世界性的环境主义的……是这样一种前提：如果没有外在的干涉，自然是温驯的；它保持自己特定的形式和位置。而另一方面，文化被视为天生是动态的，既自我转化，也承担着动员和改变物质世界的责任——不管怎么样……西方思想最无处不在的二元论（我们也许可以因思考而得到宽恕），已经回到了令人困扰的世界性风险社会。（Clark，2002，p.107）

它是这样一种想象，没能完全领会"作为自然本身的交往"（p.104），或是将植物和动物、岩石和石头的"本土性"理解为和人类的本土性一样难以捉摸。

非人类的东西也有其轨迹。地方事件也要求一种协商的政治，这种要求一点也不比人类对协商政治的要求更少。它是这样的一系列协商，而且在考虑到"自然的"反应的情况下可能在更严重的意义上是落败了的协商，米克·戴维斯（Mike Davis，2000）在他对洛杉矶的极佳叙述中曾加以记录（因为该市与自然在地理上不是区分开来的，Whatmore and Hinchliffe，2002/3）。洛杉矶的产生正如它目前一样，在它充满争议而且通常危机四伏的人类与非人类的聚集之中，涉及了文化的冲突（与温带的冲突，地貌学家和气候学家完全错误地对自己抵达其中的自然力进行了误释），爱/恨的关系（在偶遇郊狼时，继震惊与愤怒之后，又渴望生活在城市之外），以及拒绝严肃对待（或者更准确地说，拒绝一种信念：资金——公共"资金"可以而且应当用于抗争）一系列非人类的动态（从地壳构造板块到河床到野火）。这一直是一种在人类一方于过度断奶的能够征服自然的推定中实施的有关地方的人与非人之间的协商。这是一种明显不同的协商，不同于过去几百年来构成亚马逊平原之特征的那种——在后者这里，虽然事实上人与非人的相互渗透处处可以发现（Raffles，2002），但那种渗透大部分出现在一种对"自然"的过度断奶力量的想象内部。这些例子是极端的例子；要点仅仅是每一地方都存在这样的协商，而且这些协商会千变万化。此外，正像在明显更纯粹的人类协商的情况下一样，结果不会只限于这些地方。洛杉矶和亚马逊平原的非人类的连接，在它们的可及范围之内是全球的。

　　认识到对空间怀疑更广泛的关联是有用的，对有些人来说，这种怀疑首先出现在城市的大街之上。通过这种方式，空间的重要性既增加了也减少了。之所以说增加了，是因为如此频繁地拒绝被纳入预先给定的思想框架之内，以及因此成为更普遍的新思维的空间坐探的，现在是或者说一直是这种特殊的空间。之所以说减少了，是因为毕竟城市不是如此绝对特殊的。在其他地方也可以提出其他怀疑（并且对我来说是如此）。出于政治原因这是重要的。尽管聚焦于城市一直是富有成效的，但它可能是重复的（因为它持之以恒的令人兴奋的咒语），而且它不仅正在排除其他地方，不是城市的地方，而且在排除全球差异更广阔的空间性。它也有其可疑的反讽：当全球化被如此经常地解读为一种有关封闭和无可避免的话语时，同样也有许多新的城市故事全是关于开放性、机遇和迷失的。二者单独都不是一个完满的故事；两者一起特别在政治上也是不充分的，它们的共存允许我们在都市的大街上游戏到令我们心满意足，自始至终无情地沉湎于全球必要性的复合体中。正如金（King，2000）尖锐地提出的，西方学术界聚焦于西方的世界城市（这是他们倾向于生活其中的领域），也许是另一种形式的内向性。克拉克的观点部分地围绕欧洲和白云之乡新西兰之间的物质联系而展开。在 19 世纪晚期，殖民主义的生物影响滋生漫长："中心的各城市假如可以呈现出随'边缘人、流亡者、分遣队'而博动的远景，殖民者的构成就可以用新的东西的冲击给整个大陆提供震颤。"（Clark，2002，pp. 117~118）也许通过反思其他地方，可以获知其他事情。

洛杉矶和亚马逊，在它们将成为洛杉矶和亚马逊之时，对早期殖民者来说是全新的。但是即使是对那些没有漫游得如此之远的人来说，或者那些依然"在地"的人来说，地方依然是不同的。每个地方都是独特的，而且是永恒的具有创造力的产生新事物的地方。协商将总是一种发明；这里需要判断，学习，即兴创作；这里不会有任何简单的轻而易举的规则。准确地说，产生政治的必要性的，是独一无二的东西，是充满争议的东西的兴起。

第十四章　不存在任何空间和地方规则

　　让我们暂时回到前一章所描绘的招贴画，该作刻画了易北河所发现的漂砾。当招贴画树立起来的时候，按照一系列标准，汉堡是欧洲的最富裕的城市之——一个富强的国家中的一个富有城市。认清其基本的混杂性（乃至岩石）的运动，以此质疑论争的条件（什么是本土的，什么不是本土的?）、摆脱那些目前赞成封闭（不存在任何对土壤的本真性的诉求）的人的基础的尝试，是政治左派普遍喜欢称赞的。开放性是好的。宽泛地说，"左翼"为欧洲堡垒和移民的封闭性而伤悲。相当正确。然而，弄清支撑这一立场的论争条件是至关重要的。

　　因为至少左翼人士在其他场合也同样吵吵嚷嚷地反对开放性。然而，许多对被启蒙者文化的研究所使用的语言以及更广泛的有关混杂性和无边界性的修辞，也与新自由主义的主流比喻异曲同工（有时这一切太过于轻而易举了），许多同样的选民同等地反对不受约束的自由贸易。在反对"服务贸易总协定"和"多边投资协议"的同时，他们抵制南半球的经济被迫地一碗水端平地向北半球的商品和服务开放；他们保护土著民族对其土地的要求及其与土地的亲密关系（始终在哀叹塞尔维亚人的这种诉求）。有些人也许会用本土的浪漫主义来平衡全

221

球化的凯旋论。正像许多政治右翼"前后矛盾"地赞美资本的自由流动而同时积极地致力于避免劳动力的自由流动一样，也正像做到这一点是通过在合法化过程中称颂两种自相矛盾的地理学想象一样，人们同样可以经常发现左翼的互为镜像的两相对立的立场（反对自由贸易而赞成不受限制的移民），而且基于同等的二律背反的原理。

例如，我们应当采取什么方式，并且在汉堡的个案和更广泛的主张放松对移民进入欧盟的限制的语境中，与亚马逊的邓尼人一起，对绿色和平运动做出反应？当然，这里存在特殊的问题。其中的问题之一，涉及在已经发生的事情中缺乏民主（参见下面框中文字）。也许，我们应当支持邓尼人介入这些土地的未来。然而，这如何与我们面对受通俗小报浸染的英国民众大呼小叫要求结束外国移民时所做出的政治反应对上号？大多数人的本土观本身总是"正确的"或是不正确的？

或许又一次，有人可以指出，拒绝侵入他们的土地对邓尼人来说是必不可少的，"有助于他们保持自己的生活方式"。但是，这也正是反对移民进入英国，或由于驱散难民而"处于威胁之下"的中产村所提倡的东西。肯定无疑的是，不存在任何普遍的空间原则，因为普遍的空间原则总是会遭到来自对立的案例的政治观点的反驳。"本土的东西"（即使它们可以，乃至暂时地被定义为本土的）不总是正确的，要采纳的最民主的过程也不总是大多数人的观点所遵奉的过程。"保护本土生活方式"正反都说得通。问题不可能是划界（建立界限）是单纯的好还是坏。也许，汉堡的确应当开放，而邓尼人应当允许他们有受保护的边地。

坚持这样明显矛盾的立场也许可能是完全说得通的。它完全依赖于论点的基础条件。比如，当那些站在政治光谱的右侧的人提倡资本的自由流动而反对劳动力的自由流动时，并不必然带来矛盾。当每种论点都因诉诸一种被称赞为普适的地理想象而被合法化时，而且当（正像这种情况下一样）这两种逐渐合法化的想象相互矛盾时，它只不过是将自己置于那种指控之下（而且因此向那种政治挑战敞开）。没有

辨明亚马逊的核心地带

　　绿色和平组织刚刚完成了长达一月之久的对巴西西部亚马逊邓尼印第安人土地的考察。绿色和平组织正与邓尼人合作，以帮助他们经过合法的划界过程，获得对他们传统边界的确认。

　　邓尼人的土地面临 WTK 的威胁，WTK 是一家马来西亚伐木业的巨头，拥有许多对非法伐木交易进行定罪的条条框框。WTK 在亚马逊地区买下了 31.3 万多公顷的原始雨林，其中大约有一半与邓尼人的领土重叠，而这桩买卖根本没让邓尼人知道或征得他们的同意。1999 年，绿色和平组织首次乘内河船从玛瑙斯市到邓尼人的土地进行了为期十天的探险之旅，以考察这一领土的状况。

　　邓尼人的土地十分荒僻，而且对现存的 800 邓尼印安人的生存来说至关重要。邓尼人想通过划界以有助于他们保持自己的生活方式。他们的生活中没有电、电话、邮政服务和书面语言。在巴西，一旦印第安人的土地按法律划定，就意味着为这些群体永久拥有，在该区域不允许有任何工业活动。在这一过程完成之前，森林依然岌岌可危。

　　政府的进程举步维艰。联邦政府派官员去确定该群体的土地，撰写报告，画出地图。他们然后与一家公司签约，在雨林中砍出一条 6 米宽的界限。在这一过程中，邓尼人自己也会划线，这一过程将耗时数年。

　　因此，在绿色和平组织和两家土著民间组织的协助下，邓尼人正在自我划界方面跨出不同寻常的一步。我们正在帮助他们获得信息和实践技能，例如使用 GPS（卫星定位仪）和其他设备，为的是让他们可以划定他们自己的疆界，直接控制这一进程，以迫使政府按有益于该民族和雨林的原则行事。请访问 www. greenpeace. org. uk/amazon. htm。

　　承蒙绿色和平组织（http：//www. greenpeace. org）的慨允。

边界的现代世界的"不可避免"对抗另一个世界的"自在自然"，在这后一个世界中，（一些）当地人有权力用边界去保护他们自己的当地。既提倡明显放松欧洲的移民规则（更大的开放性），也提倡发展中国家有权力围绕生死攸关的生产部门或一种新兴产业建立保护性的栅栏（更大的封闭性），这完全不矛盾（参见 Massey，2000a）。问题不是本质上是封闭的还是开放的；不是空间的开放性和空间的封闭性之间的简单对立。不是空间拜物教。

　　拉克劳和墨菲在发展其激进民主政治学方法的过程中提出，"不存在任何普遍的地形学范畴的政治学"（2001，p. 180）。在举例的过程中，他们全盘考虑了围绕党派形式和国家问题的种种争论。他们指出，尽管"国家"在某些情况下使统治的每一种形式具体化了，但在另一些情况下它仍然是影响社会和政治进步的一种重要方式。同样地，如此经常简单地与国家相对的"市民社会"，也许同时是"无数的压迫关系的场所，并且随之而来的是敌对论和民主斗争的场所"（p.179）。换言之，我们不能先验地假设国家是"好的"，市民社会是"坏的"，或者反过来国家是"坏的"，市民社会是"好的"。因此"不存在一种左派政治学，其内容可以脱离所有语境参照物来确定，所有试图先验地达到这种确定的尝试都是片面的和武断的，在许多情况下根本没有效力……我们将永远找不到一种不出现例外的情况"（p.179，着重号为原有）。被地理学家长期当作空间拜物教来批判的东西，在这一政治范围中实际上屈从于同样的难题。（而且当他们写下"政治意义的独特性的内爆——与综合的和不平衡发展联系在一起——消除了根据左和右的分化来固定所指的每一种可能性"〔p.179；着重号为我所加〕时，拉克劳和墨菲的确给出了少有的但令人愉悦的〔虽然更为抽象的〕暗示〕——认识到了这样一种普遍的地形学的不可能性本身是地理学的产物。抽象的空间形式，单纯作为一种地形学范畴，在开放性/封闭性的情形下，不能被当作一种区别于政治的左/右的普遍的地形学加以征用。

换言之，有关公开性/封闭性的观点，不应当按照抽象的空间形式来提出，而应当按照空间以及公开性和封闭性通过其建构起来的社会关系来提出，按照时空的永远流动的权力几何学来提出。汉堡和邓尼人处于极为不同的权力几何学、极为不同的权力地理学之中。问题是通过空间和地方来折射，而且常常积极地操纵时间和地方的权力与政治学的问题，而不是空间和地方的一般"规则"的问题。因为在抽象空间形式的普遍政治学的意义上，在地形范畴的意义上，不存在任何这样的规则。回答必须寻求回答的空间和地方的（特殊）问题，是处于一种特殊的政治立场中的（这种政治立场直接针对那类业已空间化的社会权力问题），这些回答因而必定是特殊的回答。它是一种真正的政治上的站位，而不是对一个有关空间和地方的公式的运用。

※

与伦敦的资本的相互碰撞的轨迹劈面相逢并紧密纠缠在一起的是其他一些冲突。这些冲突在源于移民运动和种族混杂全球化的其他要素中有其根源。这一金融城市中心区域的下游，伦敦的东部，特别是爱犬岛及其周边市镇，已经卷入了将产生21世纪世界城市伦敦的大漩涡。这一区域一个世纪以来作为关注重点的码头现在已经寿终正寝。失业率居高不下，贫困像瘟疫一般流行，大片河岸的土地被荒废和惨遭蹂躏。地产部门已经盯上了这一地区，通过伦敦港区开发公司（LDDC）及大笔公共补贴，地产部门已经将该地区引上了重新开发——对该地区进行重新创造，部分地将其当作伦敦城世界城市产业的一种延伸。这一故事众所周知，卡纳瑞·沃夫（Canary Wharf）的戏剧做出了绝妙的记录。

这并非一种没有争议的进程。在左翼大伦敦议会期间（1981～1986），劳工居民团体在该议会的帮助和鼓励之下，草拟了一系列替代性的提案，其中包括"港区人民计划"。该运动试图面对的问题之一正好是金融世界之城与别种伦敦之间的冲突，这在前一章已经概述过。有一种对"得体的劳工工作"的请求、对生产部门的恳求。由于整个经济变动不居的特性，特别是由于这特殊一块的大都市土地市场铁面无私的压力，劳工工作和生产部门的生存由于没有政治承诺和政策导向上的急剧改变，正越来越面临巨大困难。当地人所关注的另一问题是正在增加的居民。伦敦港区开发公司的目标之一是创造"一个更平衡的社区"（Holtam and Mayo，1998，p. 2，依旧是，看来要求稀释的仍然只是劳工居民区）。重点因此落实在了建造私有住宅用于出卖，出卖的价格正好在已经或最近居住在这一地区的人的可支付范围之上。在提供了相当多的刺激之后（依旧是，现代资本主义的这些胆大妄为的冒险者并不真的想承担风险），这一地方慢慢地蒙上了一个确定的标志。随之而来的东西被描绘为或被争辩为雅皮士的入侵。论争的词汇之一是"这是一个劳工地区",而这一地区之外的政治左翼,也支持这种嚷叫。[①]

不过在这一地方的开放性/封闭性之上,还有另一场斗争。又一次,这一地区卷入了"全球化",但这次是一种不同类型的全球化。当议会准许一个新的住宅项目时,使用的是最大需要的标准,但 28% 的地产归到了孟加拉裔人的名下,白人劳工群众抗议道:"这感觉就像是一场入侵。"(Holtam and Mayo,1998,p.3)一种愤恨,毫无疑义地带有种族主义的言外之义,开始四处蔓延。[②]左派,一般来说,采取反种族主义的立场,则对试图强化该地区的封闭性的种种花言巧语深感遗憾。

这两种斗争中的主要赌注采取了共同的空间形式:"入侵",在每种情况下都是资本主义全球化内部这一地方日益变化的叠加之结果,是一种保护性封闭自守的尝试。从第一种斗争变为第二种斗争的东西,以及改变问题的整个政治性质的东西,改变广义的左派所取的态度的东西,是给一个简单词语加上形容词"白"。但是,如果在第二种情况下,封闭性不能通过简单地诉诸地方的假设的(白人劳工)的本真性而被合法化,那么在第一种情况下也不可能通过诉诸地方的假设的(劳工)本真性被合法地加以实施。空间规则(例如开放性、封闭性等地形学范畴,对地方本真性的呼唤)对这两种斗争来说都是不敷用的阵地。又一次,不存在任何先验的政治学。一个人是否赞成开放性或封闭性的决定,必定是一个结果,对特殊情境的独特权力关系和政治——独特权力几何学——做出评估的产物。在港区,存在于两种人

---

① 这一历史的一部分,在 Massey,1992b 中有更为详细的记录。

② 然而,绝不是这一时期的所有愤恨都涉及种族性。Holtam and Mayo(1998)追忆了延伯码头分配体系运行时在民众中所引起的愤恨,这些民众付不起租金,却眼睁睁看着能够搬进去的人"获利"。

侵之后的权力地理学中的对比是至关重要的东西。求助于一般的空间原理，取消了这种对比的政治色彩。

那么，这是我们对空间所负有的更进一步的责任，而且又一次不存在任何空间规则。然而我将要争辩说，这里存在另一个问题，它涉及这些责任的奇形怪状的不对等。当当地议会引入一种"子女住房政策"之时（这一政策试图准许该地区代际间的一定程度的连续性），它也受到严厉的批评。按它对这一政策的潜在的种族主义后果的警惕和对排他主义的地方观念的警惕来说（但是对邓尼人来说又如何呢），这泛论起来是一种相当重要的批评。然而，这些不是泛泛之谈。这是一块屈从于大量压力的区域。已有的一块"城市优先地区"（意指绝望的一个名称），其75％的家庭的年收入少于7 000英镑，在校孩子的一半以上享受学校免费伙食，由于本地学校场地的短缺，一些孩子不得不挤公共汽车到其他地方去，这赤裸裸地将总收入呈现在伦敦的路上，而目前又在这里呈现在爱犬岛上。至于住宅，在新的私人住宅拔地而起的同时：

> 议会房屋的买卖和议会无能重新投资新建筑，已经导致了议会库存的萎缩。议会承认，爱犬岛上的35％的白人家庭和47％的少数族裔家庭已导致人满为患。
>
> 按其住宅分配政策，议会的全市镇优先的政策不得不服务于那些最需要的人，那些无家可归者。根据1991年的人口普查，"汉姆莱特塔"的28％的人口是孟加拉裔人。在爱犬岛，孟加拉裔人占14％。惠及全市镇的住宅出租政策向无家可归者家庭倾斜，意味着爱犬岛经历了居住在此的孟加拉裔人的百分比增加。(Holtam and Mayo，1998，p. 2)

霍尔坦和梅奥在写到在这一地区工作的社会主义基督教大赫年团体时继续说，"爱犬岛在1993年是一个默默无闻、被忽视的社区"

（p. 3，这一团体的背景，参见 Leech，2001）。谈论"社区"会回避许多问题，在这一点上该地区对社区的反应按人种已经全然不同、千奇百怪。不过被忽视的感觉、"默默无闻"的感觉，毫无疑问是真实的。1993 年 9 月，在爱犬岛米尔沃尔行政区的一次当地补缺选举中，一个公开的种族主义者英国国家党成员当选。

这里通过空间和地方所折射出的阶级与种族、权力与政治及认同问题，还有复杂的将空间和地方当作武器和冲突的纽结点上的赌注加以运用，是特别令人忧虑的。[①] 住在（劳工、人种混杂的）基尔伯恩的我不会碰上这种紧张，没有生活在议会房屋中的那些评论家也不会碰到这种紧张，他们不必在父母过世之后将他们儿时住过的屋子交还给议会（相当正确，尽管——正像我所知道的——这是痛苦的），更不用说林木繁茂的郊区会碰上这种紧张（如此经常地积极地以"独一无二"为骄傲，无须明确地运用他们的种族主义，然而在更宽泛的有关民族性和文化的话语中事实上正在加强其种族主义……）。伦敦东部这一块的众多轨迹的冲撞，世界性城邦的某些最锐利的对抗论的空间并置，尤其尖锐。当它们试图组织起一种回应时，教会团体发现，"所有的当权者都表达了这样一种关注：他们不能被看成是在回报一个投票给英国国家党的社区"（Holtam and Mayo，1998，p. 6）。其结果，这一地区应当继续默默无闻吗？

与许多其他种类的地方相比，"城市"也许的确以一种更强烈的方式提出了一般的"有关我们共处的问题"。然而，城市（像所有地方一样）是交织无数这样的轨迹相互冷淡、公然对立的家园，而且本身具有一种将进一步模塑这些分化和关系的空间形式，这些将意味着，在城市内部，有关我们共处的这一问题的本质，将得到极为不同的说明。地方的协商所具有的挑战是极为不平等的。而空间的政治、经济和文化——通过白人的逃离，通过有门禁的社区，通过阶级两极分化的市

---

① 尼克·杰弗里（Nick Jeffrey，1999）写到了伦敦南部的相同的严峻处境。

场关系地理学——在那种不平等的生产之中，得到了积极的运用。在对地球的权力几何学进行重构和重新疆域化的过程中（这种重构和重新疆域化是目前全球化的形式），爱犬岛陷入了一种复杂的、狂暴的纠结之中。这是汉堡抑或是亚马逊的邓尼人？二者都不是。我们有必要和责任继续对每一地方进行重新考察和发明。

※

你抵达了巴黎。疲惫不堪地坐到了一家咖啡馆。与众不同的混合着咖啡和黑烟卷的气味包围着你。你期盼着某些真正的法国食品。你的感觉与这一地方的独特性十分合拍。是的，这是真实的巴黎，真实的法兰西。当然，除此之外，你同时也心知肚明，无论咖啡还是摆在你盘中的所有食物，都不是长在法兰西。它们都不是真正的土生土长的。典型的法兰西已经是一种杂交品（正像汉堡等等一样……正像所有地方一样）。聪明的你知道所有这一切；而无论如何，地方的开放性的关系建构绝不会反对独特性与唯一性；它只是以一种不同的方式理解其衍生物。

然而当下正有一场民众运动，抵制来自美国的激素饲养的牛肉侵入法国。假如"法兰西"（及其食品）已经（总是已经）是杂交的，那不是意味着这一最近的潜在的加入者也应当获得准入吗？

1999 年 8 月，若泽·博韦（Bové）伙同一行 300 余人，象征性地拆除了阿韦龙省米约在建的一家麦当劳分店。这一行动和随之而来的审判和判决成了一场闹得满城风雨的讼案的焦点。在博韦和他的共同带头人弗朗索丝·迪富尔（Dufour，法国农民联盟全国总书记）看来，"拆除行动是对像麦当劳这样的跨国公司接管世界的一种象征性的抗议"（2001，pp. 13，24）。他们最早的而且是持续不断的难题是将自己与一种海啸般的支持区分开来——这种支持通过更轻而易举的情绪表现出来，而且一跃而按照特殊的反美论、更一般的民族主义术语对自己的行动做出阐释。若泽和迪富尔已经长篇大论地反驳了这些阐释（而且甚至有可能，那种自我否定的需要，有助于催进他们自己的立场，他们的立场在过去这些年里已经变得更为复杂和微妙）。

在第一条指控方面，他们的行为是持之以恒的。在米约的那个关键时刻，迪富尔正计划在多维尔的一个美国电影节上进行干预，在那里，他

> 想向出席美国电影节的人解释我们所反对的不是他们的文化；他们的文化在我们地区备受欢迎，但跨国公司必须尊重我们的差异、我们的认同。我们不想在我们的食物中有激素；它们对公共健康是一种风险，而且有违我们的农业伦理。在更为基本的层面上，将激素强加给我们意味着我们对自己所想要的食物和文化的选择的自由受到了严重限制。我们不提倡农业免受国际贸易政治的限制，但我们想要一些不同于市场自由和自由经济的东西。（Bové and Dufour，2001，pp. 20～21）①

此外，他们与美国的一些志同道合的农民团体建立了许多联系。

惹恼米劳（Millau）的最直接火花，是美国对罗克福尔奶酪的进口追加 100% 的附加费。世界贸易组织宣布欧盟拒绝进口美国激素饲养的牛肉违背了其规则，并确定了限期解除的时间。当欧盟没有屈从时，美国用自己的一系列附加费加以报复。其中之一针对罗克福尔，而在阿韦龙南部，"在牛奶问题上团结一致是理所当然的"（2001，p.3）。此外，这一地区具有有组织的交战状态的历史，明显出现过"可替代的"农业——它们起源于 20 多年前避免军事扩张到拉尔扎克高原的战斗。到米约事件发生的时间，乃至随后更往后的时间，运动囊括了一系列问题，这些问题围绕耕作饲养过程中与非人类的商谈（反对集约的单一耕种饲养，反对受多国公司控制），健康问题和食品的质量和种类问题，以及多样性的保护。农业本身被按照一种显而易

---

① 这种观点中有许多可能令人吃惊的事情——其中一些在本章稍后会讨论。

见的关联方式加以理解：人类与非人类之间，被理解为连接了经济、社会和环境的实践与议题。特别强调它不只是一种经济活动。①

这不是一种赞成将国家闭关自守当作所有种类的一般原则的政治学。博韦和迪富尔也坚持他们不反对一般意义上的全球化。尽管困难显而易见——这些困难来自于他们作为欧盟内部的农民所处的处境，但是他们还是力争确定一种立场，这种立场跨越种种界限，通过与全世界的其他小农团体结盟，构筑起一种国际主义（例如，聚集到"农民之路"的保护伞之下，等等）。他们谈论"农民国际"，他们反对目前形式的全球化所具有的特点，连同围绕这种全球化所体现的各种流的本质而建构起来的敌对论，并且反对他们嵌入其中的并且给他们过度断奶权力的各种错综复杂的关系，尤其反对在建构全球化的过程中缺乏民主。除了其他要求之外，这一层面的要求是希望民主掌控世界贸易组织。那么，这不是一种封闭的政治学。需要讨论的是相互连接的关系的本质——开放性的权力地图。法国食品可以延续它吸收新的影响的漫长历史：问题是何种影响，为何要吸收，并且在何种条件下。②

然而……这一运动也是推崇本土的。它的确呼唤一种特殊的地理学——一种看重本土特殊性的地理学。上面所引的长长引文提供了这一方面的线索。但是地理学如何才能成为推崇本土的？在这场运动中，在博韦和迪富尔以及其他反对者的行动、言论和著作中，你可以感觉到他们通常在富有远见的、创造性地力争种种条件，在这一系列特殊的问题上，按照这些条件，"本土的"可以得到保护。他们小心谨慎地

---

① 这里要做到对这一政治的复杂性一碗水端平，是不可能的，对其随时间而来的演变做到公平也是不可能的。为了按图索骥，可参看 Bové and Dufour, 2001，包括其附录二所列出的"十条原则"。

② 当然，这里还有另一问题：拒绝美国的影响有可能起源于"法国食品摆绅士架子"。克莱恩在她给博韦和迪富尔的书所写的导言中也驳斥了这一点，而抗议本身也仅仅限于健康、品质和多样性等问题。

不求助于一种简单的对伊甸园式的过去的怀旧，他们关心的是"未来的农场"。他们认识到本土性是"制造出来的"，但他们对许多乡村地区的长寿相当敏感（他们写到了"曲里拐弯的关系纽带"——p. 56，写到了"人们不想被连根拔起"——p. 27）。他们所呼唤的本土特殊性部分地来自于"自然"内部的变化。他们的部分观点是，在他们看来，在政治上可接受的与自然的协商应当涉及本土在节奏上的变化（他们频繁地谈到节奏）："在集约化农业中，目标是让土壤适应庄稼，从来没有其他的回转之路。"（p. 67）他们的目标，准确地说，就是让它有其他的回转之路。这是一种对本土的特殊性的尊重，一种偏向于承认本土特殊性的观点，一般来说，它摆脱了罗曼蒂克。它认识到具体地方的人类与非人类的连接，其政治学所针对的是它们的相互交集的条件。在他们的观点中也存在一个本质上偏爱地理多样性的主题（多样性、可变性、选择，本身就是值得肯定的商品）。

然而，不知怎么回事，依然存在种种难题。也许其中一些难题可以从后来的段落中收集整理出来，在后来的段落中，博韦和迪富尔转而谈论棘手的问题——malbouffe 实际上意味着什么，他们为什么反对它。（在英语中，这一术语经常被译为"垃圾食品"，尽管这种翻译不足以传达其含义。）

博韦："垃圾食品"意味着吃所有老的东西，以所有老的方式准备的东西……在我看来，这个词既意味着像麦当劳一类的食品标准化——从世界的这一端到另一端，品味一成不变——也意味着选择那些和使用激素、转基因作物以及农药残留物和其他可能危害健康的东西联系在一起的食品。所以存在一个文化和健康的维面。垃圾食品也涉及工业化的农业——也就是说，批量生产的食品，不必一定以麦当劳的产品形式卖出的食品，而是在工业化的养猪、层架式饲养法生产的鸡等等意义上的批量生产出的食品。"垃圾食品"的概念正在挑战所有农业和食品生产的过程……

迪富尔：今天，这一词已被用来谴责那样一些农业形式——其发展以品味、健康和对食品的文化与地理认同做了代价。垃圾食品是集约化的对土地的开发以使产额和利润最大化的结果。（pp. 53～54）

这一定义漂亮地捕捉到了"垃圾食品"陷身其中而博韦和迪富尔所反对的重重关系。然而，什么是"食品的地理认同"呢？在一个甚至英国的外交部长也能感觉到发现玛莎拉烩鸡块是一道英国的经典菜肴的时代，摆弄这一概念是困难的。[①] 在其他地方，也在谈论保护"和某一产品和某一地区联系在一起的农业实践"（p. 77）（单一产品的单一栽培？——罗克福尔县的本地根源在这里的确明显不过了！），并且声称"生活在一个地区的人们必须决定该地区的资源如何使用"（p. 134）。[②] 而这最后一种许诺没有认识到来自于更广泛的联系的民主要求；许多有关"本地团结一致"的谈论也避开了地方内的冲突的潜能。

我在这里的观点绝不是要表演某些思想批评。恰恰相反。准确地说，它只是要强调不求助于一种先验的地形政治学会有多少困难重重。比起将它当作一般的命题来谈论，将这样一种禁令带入到一种特殊的政治学的构成实践之中去，要远为复杂微妙。不过，正像"农民联盟"本身的观点的发展所例示的那样，不求助于这种地形学的合法化（本地之所以是好的，是因为它是本地的），在政治上也是极其富有创造性的。它迫使人们挖掘这一（特殊）情境中的真正政治问题。这最终将围绕政治敌对论来进行自我解决：涉及民主的承诺——经济的民主和

① 罗宾·库克拉（Robin Cook）极好地做出了这种声明。

② 博韦的公认的左派根源从巴枯宁直至朱拉联盟。同哈特和奈格里（Hardt and Negri, 2001）的构想也有联系（例如，使用"大众"一词）。然而在博韦和迪富尔的稳定的政治学中，清醒地意识到并注意到存在着不同的选区、不同的斗争，它们之间需要协商人，而做到这一点在实践上困难重重。

政治的民主，因而也涉及赞成/反对目前的多国资本的实践——或者涉及与自然的特殊关系的伦理学，或者涉及维护多元性所具有的重要意义。

※

有一条特殊的线索贯穿这一系列论争。它尤其有可能来自女权主义，它警惕一种兴奋过度的对开放性、运动和逃逸（在逃避的意义上）的颂扬。凯瑟琳·纳什（Catherine Nash，2002）曾写到，在地方认同的社会建构语境及"家族认同"的丰富歧义语境之中，某些尽力通向固定不变和封闭自守的努力按政治意义来说具有潜在的有效性。苏珊·汉森（Susan Hansen）和杰拉丁·普拉特（Geradine Pratt）警告当心一种新的正统——将游牧、边缘性和开放性奉为正统——它有可能只是服务于以新的外衣重新强化个人主义和精英主义（1994；也可参见 Pratt，1999）。卡伦·卡普兰（Caren Kaplan，1996）分析了隐藏在（某些）后现代主义召唤游牧论、持续地青睐"沙漠"等等之后的条件。她指出，这些特征的根源在于他们正试图逃避的现代主义的诸层面：如何有如此多的后现代/后结构主义的文献提倡一种逃避战略——重提流亡作者的现代主义的罗曼史，如何兴高采烈地（潜在地）将分离理解为创造性的前提，将拉开距离理解为知识生产的必要条件。（又是知识生产的空间性。）她也指明了个人化的逃逸线与大众移民的背景间的对比，其条件与试图对其加以约束的尝试间的对比。她提出，沙漠和游牧者的形象，连同我们可能逃逸的其他地点，正好是现代主义者西方他者的地方。它们是通过帝国主义的神话描绘出来的风景（并且，有人可以补充说，通过特殊的实践，在沙漠、大海等等地方烙上了印痕）。它们在这些话语中只是通过欧美的现代主义想象起作用的（而且确实是这种想象的一个结果）："在德勒兹和加塔利的合著中，通过建构主与次、发达与欠发达，或中心与边缘的二元对立，现代性提供了他异性的界限和范围，以引诱颠覆性的小资产阶级和知识分子。"（Kaplan，1996，p. 88）这样一打扮，这些其他人和其他地方就不可能拥有自己的轨迹；卡普兰提出，他们"只是作为欧洲的对立策略的一个隐喻性的边缘，一个想象的空间，而不是一个理论生产本身的地点"而发挥作用（p.88）。换言之，而且按照我这里的主张的意义上，这是对同时性的想象的失败。它否定了一个多元生成的空间：不允许"他者"有他们自己的生命。正像辛蒂·卡茨（Cindi Katz）所说的，它"让少数族的主体性满腹狐疑地处于困境之中"（1996，p.493；也可参见 Jardine，1985；Moore，1988）。而且，卡普兰继续说，它也是一种没有认识到自己的（相对强势的）主体位置的修辞和倡议，因为"这些他异性的空间对其他所有主体来说，都不是生产性的失和或脱离的象征。这些想象的空间仿佛是被'观光者'用颠覆性的或欠稳定的权力发明出来的"（1996，p.88）。通过提出德勒兹和加塔利的程序使他们致力于一种在经验和实践基础上都向批评敞开的"人类学的指涉性"，米勒也提出了和卡普兰相同的议题（Miller，1993，pp.11～13；也可参见 Patton，2000 的回应）。

一系列更进一步的观点围绕以下事实反复展开：无论开放性还是封闭性、古典领土还是根茎流，都可能是沉积已久的和不平等权力关系的结果。在卡斯特尔对从一种地方的空间向流的空间转变的召唤里，后者与控制和潜在的变化之间的关联，其"封闭"不下于民族国家的封闭自守。同样，固定不变与流动不居互为存在的条件。像"农民联盟"和若泽·博韦逐渐发展的观点所表明的那样，连接关系的流动的权力几何学像所有开放性/封闭性一样同等重要。或者又一次，21世纪全球政治学的大战似乎将同等地一方面反对由权力所创造的流，一方面反对与流截然相反的封闭性。同样，在德勒兹和加塔利的图式中，"平滑空间"不缺乏组织化的力量①："跨国公司创造了一种解域的平滑空间……"（1988，p.492）；"平滑的空间本身可以被组织恶魔般的权力所描绘和占领"（p.480；着重号为原有）。如此等等。布鲁斯·罗

---

① 尽管他们写作的一以贯之的要旨是喜欢平滑的空间胜过纹理化空间。

宾斯（Bruce Robbins，1999）对米歇尔·安达杰的《英国病人》（*The English Patient*）的分析正好针对这些问题。一方面，有一种令人耳目一新的怀疑主义——怀疑民族国家和自成一体的"家"是认同与忠诚之所，有一种更为不同异常的拒绝将这家等同于"妇女"；而另一方面，正像罗宾斯所说的，存在"一种可感知的提示——家庭生活的可替代选择并不总是能对其做出改善"（p. 166）。仅对国家、家、边界等等说"不"本身不是一种政治进步（认为它是一种政治进步则是一种空间拜物教）——在该小说中，欧洲人以流动不居和不受约束之名，无意地、征候性地侵入了"沙漠的半发明出来的世界（Ondaatje，1992，p. 150；参见 Robbins，1999，p. 166）。

的确，最令人兴奋的对逃逸、杂交性、开放性等等的拥抱，依赖于它们潜在地保留了封闭性或本真性或无论什么绝不可能的东西的定义，是由它们潜在地保留了这类定义激发出来的。因此，卡普兰将一种"具有'距离'的流亡的、忧郁的罗曼史"和"一种对其对立面——一种在场的形而上学——的强烈依附"联系起来（1996，p. 73）。而唐纳德在将雷蒙·威廉斯和萨曼·拉什迪（Salman Rushdie）放在一起阅读时抽出了相同的观点：一方面是"威廉斯对共同体的过度投资"，而另一方面是"拉什迪可能同样过度的对移民的歌颂"（1999，p. 150）。他认为，"每一种都是一种实验和政治策略，用于处理对我们共同生活之家的可能性的（或多或少有意识的）遗忘"（p. 150）。[①] 想象的"家"的封闭性是绝无可能的。德勒兹和加塔利在他们对平滑和纹理化的两极依恋中可能激起同样的对立。因此，哈特和奈格里在征引了德勒兹和加塔利的《帝国》（*Empire*，2001）一书中

---

① 唐纳德在这里做出了一种区分："对他〔威廉斯〕（或对你或我）来说家的难以对付的唯一性和与之对立的共同体的观念。"（p. 151）这是一种我所警惕的区分，尤其是按它的逐渐普遍化的自称/被迫接受的意义上（"我们"都渴望某些自我认同的家），当然，也按照尖锐的女权主义批评。不过，他所提出的更宽泛的观点依然十分有用。

236

偶然呈现了这一特点。在他们对根茎政治学（rhizomatic politics）的提倡之中，平滑空间的概念背景以两种方式具有问题重重的效果。首先，在个人与大众心神不宁的滑动中，借助于在实践中诉诸政治认同的协商的方式无补于事；不存在任何严肃的方式去把握大众内部的异质性——并且平滑空间是异质的。所以在政治范围里，关键的问题是政治构成成分如何在政治范围内形成，如何相互关联。不过，第二，这种平滑空间也依赖于其对立面，在政治上也同样虚弱不堪。因此，哈特和奈格里陷入了卡普兰和唐纳德所察觉到的陷阱（在其他地方，他们也试图逃脱这种陷阱——参见 2001，pp. 43～46）。他们写道，"多琳·马西明确提出一种地方政治学，在这种政治学中，地方被认为不是封闭的而是对界外的流开放的、可渗透的。然而，我们要争辩说，一种没有任何边界的地方观完全抽空了其内容概念"（2001，p. 426）。因此，又一次留下了两种相互截然对立的罗曼司。封闭性的地方的罗曼司与自然流的罗曼司都妨碍了严肃致力于真实政治的协商。

巴尼特（1999）利用更为德里达式的构想，很好地表达了这一观点："解构的一课是，要么固定意义的（封闭性的或认同的）政治价值，要么维护欠稳定性的（摇摆的或差异的）政治意义，不是对先验的、概念的决定因素敞开的。"（p. 285）的确，正像他也指出的，统治关系也许确实可以通过意义的不稳定性来维护。女权主义者也经常直指松散地联系在一起的、偶然矛盾的二元对立链条（通过这种二元对立，可以再生产出压迫话语）。生产出权力后果的资源之一，正是这种滑动性。矛盾的地理学想象之间的转化（所有想象都比他们所称的更欠稳定），可能是一种同样意义重大的战略转移。对开放性的封闭的地理学想象，正如同对封闭性的地理学想象一样，本身是无可挽回地欠稳定的。真正的政治必要性是坚持不懈地承认它们的独特性，致力于它们所提出的问题的特殊性。

我们总是不可避免地制造空间和地方。当代的紧密的关系连接，偶然的和部分的封闭，开辟道路使之成为流的重复实践，这些空间形式折射出了有必要固定交流与认同。他们提出了达成这些目标的政治学问题。在他的文章《世界主义与宽恕》（*On cosmopolitanism and forgiveness*）中，德里达（2001）谈到了好客的概念，他提出，这一概念"不只是在他者之间"唤起了"一种伦理"，而且唤起了有关我们聚集的所有问题："它是一种存在于斯的方式，是和我们自己和他人发生联系的方式，对他人正如对我们自己或对外国人，伦理学即好客。"（pp. 16～17，着重号为原有）1996 年斯特拉斯堡的国际作家笔会就是这种情况，政治的焦点是寻求避难者和难民，笔会提出要有难民城市（Villes franches，villes refuges）。当然，论争的逻辑是更普遍的公开性/封闭性的逻辑。一方面，必须认可一种无条件的好客律：不受限的公开性。另一方面，则是需要制约性的分化的现实。正像西蒙·克里奇利（Simon Critchley）和理查德·卡尼（Richard Kearney）在他们的序言中所说的："无条件和有条件的两种秩序……处于一种矛盾关系中，在这种关系中，它们依然无法简化为对方并难以分离。"（Derrida，2001，p. xi）"移民的所有政治难题在于这两者的协商"（p. x，着重号为原有）："超越特殊语境的经验要求的普遍性瞬间，但在这里，这种无条件性不允许规划政治行动，在这里，决策应当从伦理戒律中严格地推算出来"（p. xii）。按德里达自己的说法，我们的行事不得不：

> 在一个历史的空间内部，这一空间发生于无条件的好客律和有条件的好客权法则之间，前者先验地提倡给每个他者，所有的新来者，无论他们可能是谁，没有后者，无条件的好客律将面临停留于伪善和不负责任的愿望的危险，没有形式和效力，甚至在任何时候都能被歪曲。
>
> ——《那么，经验并实验》（pp. 22～23；着重号为原有）

第十五章 制造和争夺时空

数年之前，我开始着手一个研究项目，该项目涉及两种相互对立的时空：科学实验室和家。[①] 在实验室工作的高科技科学家处于研发的秘密部门；他们是现代经济发展的天才神童，有高地位和高回报，在那一时期的英国，他们作为一个整体其中 95％是男性。他们的实验室在科技园时髦的现代建筑里，或相当少见的，在重新装修但依然时髦的更老的建筑里。对这类地方主流想象的地理学与全球化和"新经济"紧密结合在一起：他们是经济界最全球化之一部分，他们所据有的空间被想象为同样开放和灵活的，置身于流动的全球信息系统之中，这种全球信息系统被宣扬为是打破古老的呆板僵硬的急先锋。而且的确，当我们开始考察这些地方的时候，他们似乎不负这样的形象。每一天，这里的活动与其他陆地的活动挂起勾来：电话会议、电子邮件、

---

① 这一研究由欧洲科学研究理事会（ESRC）支助，批准号为 R000233004："高地位的增长？家与工作面面观：以高科技部门为观察中心"。这一项目是在开放大学进行的，是更大的"东南项目"的子课题（参见 Allen, Massey and Cochrane, 1998），是与现在纽卡斯特大学的尼克·亨利（Nick Henry）一起完成的。有关该工作的细节，可参见 Henry and Massey, 1995 和 Massey, 1995b。

思想交流、合同谈判。国外旅行是家常便饭。真实的全球化的地方，甚至比本地更多的全球联系的节点（而且在它们自身的全球化本质中折射出更广范围的现象内的结构性不平等，并的确部分地创造出这种不平等）。那么，在这样的意义上，这些高科技的工作场所是开放性的缩影。此外，到了晚上，通常相当晚而且是在经历了漫长的白天之后，我们的助理研究员们离开他们的全球化实验室回到了家。其中相当多的人回到位于乡村的家（我们所聚焦的是剑桥地区），回到一座带有花园的重新装修过的乡村小别墅：英国标志性的家。当我们开始着手我们的研究之时，它仿佛是一种经典的回归——从全球化的日子回归到一种自足的本地的平静安稳。

这样的对照将会产生重要的共鸣。首先（而且这一点不会被该研究所产生的震惊所消弱），它在本地层面和个人生活层面例示了正在出现的全球化特征，因为我们知道，"强者"（经由获得他们权力的任何一种资源）有能力在全世界范围内引导和控制他们的生活并保卫他们自己的安全之所。其次，它与其他的故事、男性的流动性与女性的封闭性的故事、人们写得如此之多的故事产生了共鸣。这里似乎存在一种清晰的社会性别制图学，一种全球开放性和本地自足性的经典对照。

实证研究的美感在于，只要它们一开始展示破解和疑问，你就可以得出如此整齐和令人满意的结论。我们在这些实验室待的时间越多，其封闭就越给我们强烈的印象。他们献身于高度专业化的活动（试想一想："研究和开发"），他们的设计就是对这种活动的礼赞。在其他实践出现的地方（厨房、乒乓球台），它们的出现也是为了在促成这种专一的活动完成方面增加这种时空的效率。有时，有关这些时空中的存在物有些奇怪的东西。可惜它们凤毛麟角，很少有其他生活的迹象；没有溢出食品杂货的超市购物袋，没有休闲的读物。头脑简单的空间。我们所参观的所有地方没有一所托儿所；其中一个地方，工人的孩子即使在周末也被警卫禁止入内（似乎，孩子一旦入内，就会行为不当）。而警卫更普遍地护卫着一些实验室。全球化的地方，确实如此，不过是有选择的全球化的地方；只是对一系列高度特殊的实践和同样高度特殊的他者敞开。它们，以及它们如此经常地坐落的科技园，正像在第四章所看到的那样，是具有巨大历史和地理范围的相互缠绕的轨迹的产物，而这些轨迹本身又是目前封闭条款的部分产物，以及这类条款的条件。这些全球化的工作场所是专家的和排他的空间，是防御性的、严严实实的空间，抵御着来自其他世界的"不相容"的侵入。这样的封闭体既是通过警卫、也是通过排他性的象征符号实打实地和想象性地建构起来的。作为专业化的研发之地（地理上已经摆脱了实际生产），它们的真正存在既是理性空间必要性观念的产物，同时也强化了理性空间必要性的观念，抵御身体的污染。经过修剪的现代性和乡村的雅致，折射出"品味"和阶级区分生成的漫长历史的景观美化，对这些地方的地位和成功做出了贡献；与非人类的协商得到调整以适应强化排他性。当然，它是这样一种封闭体，像以往一样，甚至按它自己的受限的维度来说，是不可能维持这种封闭的（参见：Massey，1995b；Seidler，1994），但在模塑（"逻辑的"、"男性的"）科学家的身份认同、强化他们职业的藏身之所，稳固一种特殊知识的合法性和地位，是足够有效的。

当我们继续我们的访谈时，这样的思考也使我们以不同的方式来打量科学家-研究者的家。并不是两个时空（开放性/封闭性）的对比意义简单地发生了倒转，而是这种对比的性质的确发生了改变。家现在似乎在某种程度上是相对开放和可渗透的空间。明亮的入口小心翼翼地加上了防护，以防所有不想看到的侵入。然而与许多实验室视野狭窄的专业化相比，这些房子是为形形色色的人所用、服务于多种多样的兴趣和活动的基地，杂乱地呈现出五光十色的多样性和变化。尤为特殊的是，虽然实验室明确不受家庭生活的侵犯，家却显然受到"他的"工作的侵犯。在长靠椅上，在他的椅子旁，摆着科技杂志。有一系列的实际上的侵入，在和孩子玩耍时，无论科学家还是他们的（女性）同伴，都仔仔细细地、长篇大论地复核他对工作的思考，或者在白天结束后将笔记本摆在床边以防灵感忽来，在浴缸中仍对工作忧心劳神。通常，这些是家的有门禁的时空，其内部有书房，他会在书房就寝直至去工作。而这种地方内的地方，会更多地按照实验室的套路建构起来。这是爸爸的房子，你不能入内；这是内部的圣殿（Wigley，1992）。有一种坚定的单向的侵犯（这种侵犯稍微以一种不同的眼神，抛下一种司空见惯的花言巧语：家和工作的界限未加限定、模糊不清）；是一种工作对家的侵犯而不是相反，而该项研究将继续调查为什么一种时空会比另一种时空如此"强势"。①

不过，这里的观点准确地说是要深思所有这种开放性/封闭性的本质。这些时空中的每一种都是关联性的。每一种都是从众多轨迹的连接中建构出来的。但是，在每种情况下，允许进入的轨迹范围受到了严格的控制。而每一种时空，也不断的在其建构和再协商过程中发生变化。在这一类中产阶级的西方家庭中，永远有越来越多的来自世界各地的商品出现，有五光十色、变化多端的通过新的通信技术建立起来的相互联系；但是人们也在谈论退回到私人化的、个人化的核心家庭，以及有门禁社区的重新增长。有些边界正在被拆除，有些边界正在重新谈判，然而其他的——新的——边界正在树立起来。也许，真正的社会政治问题很少牵涉开放性/封闭性的度（以及随后而来的到底如何乃至开始衡量这种度的问题），而是牵涉到开放性/封闭性的条件。边界是在什么背景下建立起来的？实行准入或不准入的尝试内部的相互关系是什么？这里的权力几何学为何？它们要求一种政治回应吗？

阿尔多·凡·艾克的"基本信念"据说是，"一所房子必须像一座小城市，如果它要成为一个真正的家的话；一座城市必须像一所大房

---

① 简单地说，这种主导地位看似围绕其建构起来的一系列轴心，集中于以下几点：(1) 工资关系的力量和市场的力量；(2) 与肉体、家和日常生活相关联的精神/科学/理性的地位；(3) 社会性别，是起作用的，并且既通过实验室的"男性特征"和家的"女性特征"获得再生产，也通过家内部的业已根深蒂固的日复一日、司空见惯的不平等关系获得再生产。

子，如果它要成为一个真正的家的话。"（Glancey and Brandolini, 1999）这是一个极具挑战性的命题。一方面，正像我们如此持之以恒地断言的那样，当城市的确是一个偶遇的舞台之时，一个家如何能像一个城市呢？（可是这一想法本身还得记住不可胜数的排除，这些排除累积在一起产生了那一城市空间。）另一方面，那是空间的特征之一；它既是差异存在的条件，也是差异相会的条件。（然而这对我们来说通常过了：空间的挑战很少会一古脑儿碰上。）无论是科学实验室还是家的时空目前的社会组织形式，尽管是以一种极为不同的方式，但确实试图管制可允许的冒险和偶遇的范围和性质。围绕这些时空的这一层面发展一种关系政治学，将意味着谈论他们在所有这些不同的（尽管相互交叉的）权力几何学中的嵌入性。假如实体/同一性是相互关联的，那么它便处于它们建构的各种关系中，关系政治学需要介入这些关系。在实验室的个案中，政治学也许可能基于谈论"这些科学场所"（Smith and Agar, 1998）是通过什么样的方式产生的，是如何将一般形式的知识有效地理解为合法的知识的，基于一般形式的男性特征的构成；并且基于谈论通过资本主义竞争的空间化及其在知识生产过程中的回响，所有这些如何形成交切。换言之，它将涉及一种针对第四部分所指明的那些轨迹的政治学。核心家庭之家的封闭性可以向一种批评敞开，这种批评与现在如此司空见惯的对其他老的保守的封闭体，民族国家和本地共同体的批评相类似。如此等等，不一而足。

然而阿尔多·凡·艾克至少在其早年所追求的是创造一种你可以在那里碰上出人意料的东西、拥有偶遇的空间（正像我们所看到的，那是秩序和偶然的综合体，他称之为"迷宫般的清晰"）。詹姆斯·唐纳德（1999）在思索为城市"建构不同的建筑学"的方式时，追求一种相同的观念。（这样一种建筑学，既承认过去——"在将城市空间理解为历史的、暂时的层叠空间方面，其记忆所具有的批判力量"〔p.140〕），也对一个未知的未来敞开，并通过建筑学的无止境敞开。它也许可能是一种"试图建立在可塑性、宽容、差异、不安定、变化之上"的建筑学（p.142，着重号为原有，唐纳德这里在谈论屈米）。安德鲁·本雅明（Andrew Benjamin，1999）提出了一个相同的观点作为一个更普遍的命题，"建筑学可以避免规定的形式构成的陷阱，同时释放未完成的、尚未到来的潜能。"（Till，2001，p.49）事实上，无论如何设计空间，不论它是否是实验室、家或城市公园，都将有冒险。内在于空间性的偶遇不可能完全被消除。部分确实是如此，要使时空事实上向未来敞开（无论我们如何尝试封闭时空），使它们成为持续不断的建构（这是我们一以贯之的责任），使它们成为必须加以讨论的持续不断的地方事件。

※

那么，一种地方的关系政治学，既涉及聚集所提出的不可避免的协商，也涉及开放性和封闭性条件的政治学。但是一种全球意义的地方所唤起的也是另一种政治地理学：它向外看，以致力于地方建构之关系更广泛的空间性。它提出了有关关系的政治学问题。

这里有许多问题：它质疑所有假定"本地"做出了一切有关一个特定地区的决定的政治学，因为这种决定的影响也将超越该地区的地理学；它质疑基于领土的民主在一个相互关联的世界中的主导地位；它挑战一种所有一切都过于轻而易举的政治学，这种政治学将"好的"当地所有权自动置于"坏的"外部控制的对立地位（Amin，2004）。它提出了什么可称之为当地责任的问题，例如：通向例如伦敦一样的世界城市的更广阔平台的政治学和责任有可能是什么？

它也强化了这样一种观点：只是推动本地还压根不是对全球化的回应。"本地"的政治意义不可能在特殊的语境参照系中得到确定。本地/全球本质上是一个不足以构成政治敌对论的平面。政治问题变成了不是是否要全球化，而是以何种相互关联去建构一种可替代的全球化，因此不只是要保护地方的现状，而是有关其内部的地方本质的政治规划。保尔·利特尔（Paul Little）在探讨"全球化与亚马逊的地方之争"时，试图准确地驾驭这一过程："最迫切的问题变成了：我们想要何种全球化？这种进程应当创造何种地方？"针对这样的问题，他明确地阐明了三个命题：第一，社会正义标准必须为亚马逊地方的历史诉求的政治合法性所用（换言之，不是设想为普遍的空间诉求）；第二，亚马逊人已经是混合的（"殖民者，矿工，渔夫，城市居民，工厂工人……"），这些地方因此必然产生的五彩斑斓的变化，要求得到明确的政治关注；第三，需要与地方建造过程中的另一参与方非人类建立一种创造性的关系（地方不只是人类的构造物）："目前的主流观念——生物物理环境只不过是人类可以操纵和主宰的无生命的一团——必须被抛弃，并代之以这样一种观念：在可生活的地方的创造中，生物物理环境也是一种基本元素，虽然是一种自然的元素而不是一种社会的原素。"（1998，p.75）

当然，理所当然的是，大多数围绕全球化的斗争不可避免地在某些意义或其他意义上是"当地的"。左派的一种漫长趋势是，或者因为"仅仅本地的"而贬低它们，或者因为他们所假想的根深蒂固和本真性而将它们浪漫化。这里有空间想象在起作用：两种反应都依赖于一种观点——本地是有效封闭、自我构成的。如何超越简单的本地斗争的政治问题，随后可能只是致力于地方观念的日积月累的想象：仅仅增加特殊性。每种地方斗争都是业已给定的，内在生成的，并具有其后果——它们的积累意在不涉及其本质的任何改变；的确，真正的"增加"通常被小心地视为对地方本真性的潜在威胁。地方的不同要求之间先前存在的冲突，按照这种解读也许可能阻碍了它们各自的达成。换言之，无论是地方是"仅仅本地的"的观念，还是将地方浪漫化为自足的本真性，都没有给一种更广泛的政治学提供太多希望。①

---

① 戴夫·费瑟斯通的著作（2001）提供了这种批评和可替代选择的详细例证。他比较了哈维（1996）对富有战斗精神的特殊论的使用及他自己对多种多样的地方斗争的分析——分析表明每种斗争如何是更广泛的关系不断演变的产物，它们的政治认同是通过这些关系模塑出来的。

当对地方（和相应的，全球）按关系来加以思考时，地貌是极为不同的。每种地方斗争随后都已是一种关系的达成，既源于"地方"内部也源于"地方"之外，并且是内在多元的。正像费瑟斯通（2001）所提出的，甚至"富有战斗精神的特殊论"也是公开的、相互关联地生产出来的。那么，对超越地方的运动而言，其潜力可能是，在与其他地方斗争的内在多样性的元素建立起同等地位的过程中，扩大自己，形成交会。这种同等地位的确立，本身是一个过程、一种协商、一种政治实践和想象的介入，在其基础之上，所寻求的是通过它们，地方斗争可以建构起共同的事业——反对一种（现在已获得不同建构的）敌对论。而这一基础本身将是新的；政治学将在这一进程中发生变化。此外，在这一进程内部——准确地说是通过一种连接的协商和一种共有的敌对论的构成——对合成的地方斗争的认同本身也服从更进一步的变化。正如拉克劳和墨菲已经指出的，同等"不是简单地建立起特定利益之间的'一种同盟'"（2001，p. 184）。用一种不同的专有名词，并发展了一种横向的政治学的观念（Yuval-Davis，1999），辛茜娅·科伯恩（Cynthia Cockburn）谈到了"将差异团结到一起的联盟，其协商从来没有完成，并且也不期望完成"，在其中，协商本身是政治和个人认同中最富有成效的（1998，p. 14）。这样一种思考地方/全球的替代性地形学，绝没有表明一种轻易能够履行但却能把握到同等和自主之间的（潜在的政治上的创造性的）张力的政治学（这种张力即一种建构起来的关联性内部的差异的延续），而且它也是这样一种地形学（与第十四章中的观点一致）：与其提供一个答案的模板，不如努力提出关于每一特殊情境的种种问题。

这样一种理解完全修订了诸如"地方和全球之间的关系"的种种构想。所涉及的是一种极其困难、总是基础性的而且是"地方的"（如果你喜欢这样说的话）协商。一种效果是要求无论在认同的建构还是政治学的建构中许多地方斗争的代理人，而不是在那种地形学中留有余地（在那种地形学中，认同似乎出自当地土壤）。另一方面，激进民主的理论家很少处理这种同等原则建构的复杂性和真正难题。戴夫·费瑟斯通（2001）在一系列研究中已经对这一点进行了强调和精确探索，详细地表明了政治构成成分的同一性是如何永恒地在一系列连接的交会中通过协商被创造出来的。"农民联盟"的经验是同样的：

> 我们不希望一方说服另一方。在任何情况下，这些立场并不像它们可能看上去那样的不同，因为它们在对国际贸易组织对它们所造成的伤害的评估上达成了统一。你不可能在"农民之路"（Via campesina）内部谈论宗派……适用于圣地亚哥或巴马科的东西不必然适用于罗马或巴黎。观点和经验的交流使这成为了一个奇妙的培训与论争的网络。(Bové and Dufour, 2001, p. 158)

> 这一全球运动的力量的确是，它在一个地方不同于另一个地方，而与此同时却在人们之间建立起了信任。(p. 168)

> 行动可以改变那些参加者的观念。(p. 170)

所有这些完全是并且明显是空间性的。空间关系复杂权力几何学内部的地方斗争有差别的定位，是它们政治同一性和政治学中的一个关键因素。反过来，政治活动既重构了同一性，也重构了空间关系。空间，作为关联性的空间，作为多样性的范围，既是政治介入的特征的一个基本部分，而且通过政治介入得到永远的重新塑形。而参与者想象空间性的方式也至关重要。在受限的地方的疆域化空间中，认同的封闭性给一种发展中的激进政治学的康庄大道提供的东西微乎其微。

然而，还有一种广为流行的对待地方的态度——这种态度抵触那种政治齿轮的变化。无论在霸权话语、反霸权话语空间中，还是在学术写作中，空间想象都将这种态度挡了回去。这里最为重要的是空间和地方的一以贯之的对立，而且充满了全球和地方之间的类似对立

（尽管像德里克所指出的可以将两个对子区分开来）。反复地，地方和全球的对立与地方等同于本真性的等式交相呼应，与当地是世俗的、有意义的、处于与一种假设的抽象的全球空间相对立的位置交相呼应。在公式化的范围内，大量学术文献中拥有一个强有力的副本是一种政治想象。在这一类的一个奠基性地理学主张中，段义孚（Yi-Fu Tuan）提出"空间"比"地方"更为抽象（1977，p. 6）。哲学家爱德华·凯西（Edward Casey）则声称："生活是在本地生活，知首先是认知自己身在其中的地方。"（1996，p. 18）而社会理论家频繁地断言"地方是意义铭刻其上的空间"（Carter et al. , 1993, p. xii）。在我看来，它是海德格尔将空间重新构想为地方（按原理来讲似乎指向了正确的方向）的真正难题；最终，海德格尔的地方观依然是过于根深蒂固的，依然很少向外部的相互关联的东西敞开。而且在专有名词上，这一焦点的效果将会强化空间/地方的对立。它抵触第四部分所提出的地方观。

也许，出现这一问题的最为困难的语境是土著文化。因为在土著文化那里，如此经常的提出的主张是生活与土地不可分离。杂志《开发》（*Development*）的一个专辑（第41辑，1988年第2期）致力于对这一问题做出深思熟虑、丰富多彩的处理。例如，阿瑞夫·德里克（Arif Dirlik）号召"将地方设想为一种规划"（1998，p. 7），并且充分地意识到了这是一种政治上的狡猾命题（在穿越政治光谱时是恰当的）。有一种主张——坚持使用"基于地方的"一词而不是"地方限制的"，这相当重要，因为它认识到了地方之外的空间关系。然而，频繁地声称"地方意识……与人类生存密不可分"（1998，p. 8）依然令人烦恼。为什么如此本质主义？根本不需要在这些论证中将这一主张推向一个全称命题；而且以许多种方式，这样一种主张与分析的其余部分的主旨背道而驰。

最后，这种对立有时被置于一个更广阔的语境中：

可感知到的团结被理解为将社会生活组织到有情感的、可认知的共同体之中的诸种模式。从这种可感知到的团结转向一系列更抽象的概念（这些概念将会具有普遍的牢靠的立足点），涉及从一个依附于地方的抽象层次向另一个可以向外延伸穿过空间的抽象层次的转移……这种从一个概念世界、一个抽象层次向另一个概念世界、另一个抽象层次的转移，可能对共同目标和价值观造成威胁（共同目标和价值观奠定了在特殊地方已达成的富有战斗精神的特殊论的基础）。（Havey，1996，p. 33，转引自 Featherstone，2001）

所有这些，在我看来，都基于一种问题重重的地理学想象。从一开始，就面对诸种令人困惑的范畴。本土/全球和地方/空间的对子没有投映到具体/抽象的对子之上。如果确实将空间放到关系中加以思考，那么它就只是我们的种种关系和相互联系的总和，以及种种关系和相互联系的缺乏。它也是极其具体的。（这里显而易见的是，将本土浪漫化的方式可以是将空间理解为一种抽象概念这一认知的另一面。）"共相"意义的省略，既无助于它设法将本土浪漫化，也无助于重申全球（作为抽象的共相）要么是唯一的要作为目标的真正斗争，要么是如此的没有根基，"浮在那儿"以致无法言说置评（Massey，1991b；Grossberg，1996）。它充满了那种情感（地方/本土）和理性（空间/全球）之间的二元论，然而也是那种二元论的另一种地理学。

按照关联性来理解世界，世界是一个本土和全球在其中真实地"相互构成"的世界，这种理解使诸如此类的分离失去了立足之地。"我们日常生活活生生的现实"按其来源和反响来说是极其分散的、未经本土化的。分散的程度、延展的范围，在社会各群体之间可能变化万千，但是重要的是，地理学将不是简单的领地的地理学。围绕你日常生活活生生的现实，你会将界限画在哪里？按这类方法，诸如"真实的"、"日常的"、"活生生的"、"基础的"等词被不断地加以使用并绑到一起；它们旨在唤起安全感，并且潜在地——作为话语的一种结构性的必需品——使自己对立于更广阔的"空间"——这种空间必定是抽象的、没有基础的、普遍的，甚至是充满威胁的。信息是不具有形体的观念和全球化是某种其他范围、总是某种其他东西的观念，再一次强有力地表现出来。科技导向的对全球化的理解，强化了这种联系。它是政治学的一个危机四伏的基础。人们不能严肃地设想空间在活色生香的地方之外，或是简单地将"日常"等同于本土。假如我们真正地将空间放在关系中思考，那么空间就是我们所有联系的总和，并且在这一意义上是根基深厚的，而且这些联系可能会在满世界游走。的确，哈维在其他地方实际上阐明了这一点："在现代大众都市社会，跨越时空构建了这一社会的多元的经过中介的关系，正如同没有中介的面对面的关系一样重要和'本真'。"（Harvey，1993，p. 106，转引自 Corbridge，1998，p. 44）不必签名承认有中介和没有中介这一区别才能与这里的意向达成共识。正像海勒斯（Hayles）写到信息时所说的："它不能脱离具体化而存在——具体化带给它存在，使其成为世界上的一个物质实体；具体化总是可例示的、本土的和特殊的。"（1999，p. 49）地方是已经被赋予意义的空间的观点，不允许一个全球化世界的那些延展开来的关系也具有意义吗？我的观点不是，地方不是具体的、有基础的、真实的、有生命的……空间也是如此。

使这种观点在政治上行之有效面临重重困难。种种全球观加重了这种困难——按盖茨和内格罗蓬特的修辞来说（Gates and Negroponte，1995），全球即"界外"或"界上"，无须接上地气。将地方或本土想象为全球空间的牺牲品也加剧了这种困难：按埃斯科巴的话来说，将地方、本土、脆弱性和空间、资本、代理人联系到了一起（参见第三部分）。

也存在其他问题。比如说，在旅馆中嫩豌豆需要通过错综复杂的广泛联系才能到达你的盘中，要记住这一点似乎困难重重。按约翰·伯格（John Berger）目前广为人知的话来说："现在对我们隐瞒后果的是空间而不是时间。"（1974，p. 40）某些这类困难，可能是依然存在的物质并置、纯粹的身体亲近的影响（在这个据称是越来越"虚拟的"世界上）之结果。也有所有有关疆域的修辞：有关国家、家庭、本土共同体的修辞，我们每天得到鼓励通过它们建立起我们自己的忠诚图。（而另一些修辞，则同时劝说我们这是一个存在广泛连接的时代）这是那种在第八章中已经反驳过的空间的双重思考，那种试图将新自由主义与保守主义结合起来的充满争议的空间性，它已经将撒切尔、布莱尔、布什、克林顿及其他许多人的花言巧语典型化了并扰乱了。与之联系在一起的是，事实上，我们正式的政治学是按疆域来进行组织的（在这个如此经常地被称为流动的空间的世界上）。某些这类难题可能紧密地（一个贴切的词）将一种文化困扰与父子关系、对主要在家庭关系之内的关怀问题的关注联系到了一起。为什么我们如此经常、如此紧密地将关怀与亲近联系起来？甚至那些写到要关心陌生人的人，也如此经常地将这种关系描绘为面对面的关系。这也许与长期以来拒不承认那些总是已经在内部的陌生人不谋而合。

这些姿态的建构性（constructedness）一如既往地得到了它们的空间可变性和它们历史性的证明。通过有关 18 世纪奴隶身份和 19 世纪殖民统治后果的论争，莱斯特（Lester，2002）发掘了"现代英国觉得对遥远的陌生人的困境负有责任的部分谱系"（p.277）。这种责任感既是从帝国主义者的霸权规划内部，也是站在这种规划的对立面而产生的一种情感和政治学。它还是一种形式的普遍主义，这种普遍主义很少注意被殖民人们自己的声音。遥远的他者的"困境"，尽管也被宣称是英国殖民行为的一个结果，但仍然被紧紧地与被殖民者的"落后"捆绑在一起。这些陌生人的"距离"因此既是空间的也是时间的：它们仿佛不能被认为是同时代的。那个时代许多形形色色"视通万里的慈善活动"（Robbins，1990），采取了相同的形式。加里·布里奇（Gray Bridge，2000）追溯了不同的伦理体系间的转变——从被描绘为自由个人主义者的（强普遍主义）、哈贝马斯式的（弱普遍主义）、共产主义者式的（情境化的）到后现代的（强调差异和特殊性）伦理体系间的转变。按照一种想象性的迁移，他将其中的每一种与构成其基础的空间概念联系起来：对自由个人主义者来说，是抽象的空间；对哈贝马斯式的人来说，是公共空间（按那种特殊版本）；对共产主义者来说，是共同体/本土空间；对后现代来说，是具体化的/私密的。向本土的转移令人印象深刻却不令人鼓舞。正如布里奇所指出的，共产主义倾向于建立封闭的和排他的空间，而后现代版本则可以还原为"一种形式的消极世界主义"（p. 527）（聚焦于差异和对西方伦理学的传统的行动取向的敌视态度的综合结果）。

无论是通过什么样的途径抵达的，都存在一种持之以恒的有关伦理、关怀、责任重重相套的俄国套娃式的地理学：从家，到本地，到国家。① 有一种主流认知，我们首先关注那些最先进入的，也首先对那些最先进入的负有责任。它是一种跟领土有关的、起源于本土的情感地理学。斯坦利·科恩在《否定的国家》（*States of denial*）中的专注研究追问道："假如有一种首先关注你'自己人'的元规则，那么，还会抵达对遥远的陌生人的困境做出反应的门槛吗？"（p. 289；也可参见 Bauman，1993；Geras，1998）一方面，有观点认为，"'道德反弹'的界限拓宽了"（Cohen，2001，p. 290），另一方面，"晚期资本主义的自由市场——按定义是一个否定其不道德的体系——产生了它自己的否定性文化"（p. 293），这种文化得到了空间策略的支撑，其中不仅包括疏远，而且包括隔离和排除。正如布里奇和其他人所提出的（参见Corbridge，1993；Low，1997），这种俄国套娃式的伦理想象最近在西方已变得更为恶化。（但是，由世界事件所激起的，未承载任何地球的物理距离的移民、离散团体，甚至于赛伯空间志同道合者网络的连结，以及不同的移情程度，会立即扰乱这种地理学，使社会和物理距离的

---

① 这种俄国套娃式的地理学，紧密地与对规模的全神贯注（例如，领土的大小）结合在一起，而不是与承认相互连接联系在一起，作为地理学内部一股引人注目的潮流，认可相互连接为一种有希望的参与提供了超越民族-国家的可能性。

关系的所有自主性移位，并表明进一步改变的潜力。）然而，通过专注内在的时间性、聚焦于西方城市以其他地方的多元性为代价的自家内部的杂交性（Spivak，1990），通过作为实在的地方和作为抽象的空间的持续对立，这种主流地理学在部分学术团体中得到反映了和加剧。在一个全球空间关系的奇怪现实如此紧迫的时代，这尤其具有讽刺意味。在这些条件下，在地理学越来越扩大相互连接性的时刻，却存在一种伦理承诺的本土化。它提出了一个问题：在一种相互关联的、全球化的空间性中，"有根性"（groundedness）和对一种情境化的伦理学的寻求，是否必须依然与本土观念紧密结合在一起。假如地方以高度可变的形式，提出了在并置的意义上有关我们共同生活（聚集）的问题，那么，也就存在着它们在其中构成的同样多变、更广的种种关系之间的协商问题。

※

这已经是一个巨大的、热烈的有争议的领域（Benhabib；Nussbaum，1996；Robbins，1999）。然而，有可能是，更清楚地弄清各种论争者带到这一领域来的有关空间性的东西，将澄清并改变论争的某些术语。持之以恒的一个要素，是对情绪、忠诚和潜在伦理立场的不同图绘所具有的地域性特征。通常，似乎有问题的只是相关领土的大小——忠诚和认可从一种疆域封闭性到一种更大的封闭性的转移。布莱恩·特纳（Bryan Turner）在他对"世界主义者的德性，全球化和爱国主义"的思考中，清楚地谈到这一点：

> 社会主义的国际主义的弱点是，它面临无地方创造一种团结感的难题。在创造公民忠诚感和承诺方面，情感地理学因此似乎是至关重要的……没有这样一种地理学的地方感，共和主义者将会犯 19 世纪社会主义者的国际主义同样的错误。它将缺乏情感的独特性。（Bryan Turner，2002，p. 49）

我想就此提出的问题是：它必须是地方？它必须全部是地域性的吗？也许，正在丧失连接性的不是"地方"，而是基础性的、实践化的连接性。（第十二和第十三章创造的不是受限的领土，而是其超出了领土的组成部分的星云状的连接。）特纳自己所列举的古代世界的贸易，在一定意义上证实了这一点——至关重要的是连接。在一个全球化世界里，这种连接，一种实践性的相互关系，不限于地方之内。科布里奇"不情愿地以碎片化诗学〔在其他地方他称之为地方诗学——p. 460〕去取代元叙述的原罪"（1993，p. 460）是最好的例子，不过这些也许不是最好的选择。认可本土的开放的、相互联系的建构，并不能促成一种地方诗学（正如科布里奇所说的，这是一种对我们构成压顶之势的选择），而是一种根深蒂固的连接诗学，假如执著于一种关联的空间，而抛弃地方与空间的对立，采取一种关联伦理学（Whatmore，1997），那么就有可能想象极为不同的情感地理学和忠诚地理学。

莫伊拉·盖腾斯（Moira Gatens）和吉纳维夫·劳埃德（Genevieve Lloyd）在他们对斯宾诺莎的令人入迷的阐释中（《集体想象物》[Collective imaginings]，1999），描绘出了一种能促成对责任观（他们称之为"斯宾诺莎主义的责任"）的重新想象。对他们的主张至关重要的是"与人类的个人性的理解分不开的基本社交性的观念"（p. 14，参见前面第五章）。他们将其与埃提涅·巴利巴的"跨个人性"观念联系起来，"严格说来，与此同时没有个人的相互作用和相互依赖的观念，便不可能有一种强有力的独特性的观念"（Balbar，1997，pp. 9～10，注释 9，转引自 Gatens and Lloyd，pp. 121～122；着重号为原有），并且将其与德勒兹对人种学观念的论述联系了起来。

盖腾斯和劳埃德通过斯宾诺莎的想象观念——他们将其诠释为与认知有联系的但又不限于认知的——对个人性和相互依赖的这种不可分离进行了描绘。它有情感的维度并且这转而赋予了它以一种肉体的存在。正如盖腾斯和劳埃德在一个地方所说的："在他〔斯宾诺莎〕看

来……想象同时涉及对像我们一样的其他实体的意识。"（1999，p. 23）
这已经极不同于第五章中与时间（对时间的理解）的优先化联系在一起的自恋的自我构建（企图）。无论如何，"经验"不是一系列内在化的感觉，而是由"丰富的多种多样的永恒地相互联系和相互作用的事物和关系所构成"（Hayden，1998，p. 89），那么其空间性像其时间维度一样意义重大。以一种机敏的偏移和特殊的对学术界的参照，格罗斯伯格指出："按照空间思考，要求知识分子以一种时间思维不允许的方式，在与他者的关系中思考自身。"（1996，p. 187，注释 19）[1] 在盖腾斯和劳埃德看来，这种对他者的意识被断定基于积极性，是一种肯定哲学观："有……一种先天的快乐取向，趋向于与自我之外的东西达成交会，因而也趋向于社交性；也有一种相对应的悲伤取向，趋向于脱离和孤独。"（1999，p. 53）随后的问题涉及这种交会的本质。

　　将这种理解与这里的观点联系到一起有许多种方式。首先，有的方式大同小异。对空间特征的全面认识，也会带来这种理解的积极的相互连接属性，以及这种理解的建设性的关联性的本质。正像盖腾斯和劳埃德以及巴利巴所强调的，这是一种关系本体论，它既避开了古典个人主义的陷阱，也避开了共产主义有机论的陷阱；正因为如此，全面认识空间既涉及拒绝所有本真的自我构成的领土/地方观，也拒绝结构主义将封闭的联系性当作空间属性（并且因此引发了空间总是关联的，并且总是开放的、正在制造的），并且隐含了政治学的可能性的相同结构。[2] 它拾起了第二章所讨论的那部分哲学观中积极的空间概念——柏格森的绵延，拉克劳的事件——并且将同样的哲学观内部对这一术语的其他用法抛在后面，这些其他用法如此限制了对空间的活

---

　　① 格罗斯伯格感谢卡洛尔·斯塔比尔（Carol Stabile）向他指出了这一点。

　　② 这种本体论显然也存在于更广泛的文献中。对这一趋势的思考，参见沃森（Watson，1998），沃森勾勒了柏格森的最近发展。避免个人主义是发展斯宾诺莎的一个意料之中的结果，考虑到某些阐释对整体论的重视，避免有机论也许更少是发展斯宾诺莎的结果。

力的欣赏。

不过，这不只是大同小异的问题。我想提出的第二个看法是，这种对社会、个人、政治的认知的理解，本身既暗含并要求一种强烈的空间性维度，也暗含并要求以一种特殊方式对空间性进行概念化。在一个层次上，这是要再一次上演任何的社交性观念，按其简单到不能再简单的多元性来讲，都暗含着一个空间性维度。这是显而易见的，但因为它通常停留于隐而不彰（甚至更甚），其潜在意义很少被描绘出来。承认我们的构成性的相互关联性，暗含一种空间性；并且转而暗含着这种空间性的本质应当是研究和政治参与的一条关键之路。此外，这种重视想象性地意识到他者的相互关联性，也引发了第五章所探讨过的空间想象的外向属性。换言之，将这一观点往前再推一步，完全承认同期性即隐含一种空间性——这种空间性是多种多样的迄今为止的故事。空间即共时生成。或者又一次，一种既避免了古典的个人主义，又避免了共产主义有机论的对社会和政治的理解，绝对要求其构成经过一种开放的空间-时间性，经过一种目标开放的时间性——这种时间性本身必然需要一种既多元又不封闭的空间性，它总是处于一种建构的过程之中。任何宣称未来的开放性的政治学（否则不可能有任何政治领域），必然需要一个极其开放的时空，一个总是在构造的空间。

在论证的模式上随之也有类似的东西。政治哲学内对空间概念化的种种卷入（通常是潜在的）。但随之也有第三个领域。假如这些政治哲学必然带来一种特殊的理解空间性概念的方式，那么，它们相互地提出了政治学的空间性的问题，以及责任、忠诚、关怀的空间性的问题。假如我们认真地对待（我们自己、日常生活、地方的）同一性的关系建构，那么，我们对待这些关系的潜在的政治地理学又是什么呢？

※

又是伦敦。作为一个整体的大都会和这个大都会之中的金融城，像每一地方一样，在今日的全球化权力几何学内部形成了一种独特的连接。在伦敦金融城和其更新的前哨基地之内，金融城的不可消除的物质在场，公然抵制所有这一类的"全球"幻象——"全球"是由某些神秘地处于那儿之上或那儿之外的力量生产出来和引导的。它就在这儿。数世纪以来，已建成的形式也证实了这种认识——它所经营的空间不只是一个征服距离的问题；它也涉及用沉重的象征意义赋予其多样性以异质性。金融城的物质上的自我肯定以这种方式也对主流命题——全球化按这种特殊形式是不可避免的；是一种任何意义上不可否认的力量——做出了贡献。此外，金融城是这一大都会的经济策略的中心，是一种版本的伦敦认同的中心。

按这一观点来看，毫无疑问，无论伦敦金融城还是更广大的城市，都不能被解释为全球的地方牺牲品。从这里，蔓延着种种交会实践——扩展到全世界范围内的投资，交易，经营，蚀本，交换，最富于幻想的（而且各种强有力的和可悲的脆弱的）金融工具的变戏法。与另一地方永恒地相互作用。新空间在制造之中。这里的每一天都毫无疑问都是基于全球范围的。

毫无疑问是全球化的，但不是简单地开放的。如同全球强国的许多地方一样，其广受赞扬的开放性是严格的选择性的。在 20 世纪 90 年代，在对爱尔兰共和军的轰炸所做的反应中，金融城被封锁在"钢铁圈"之后。任何试图路过的人都被当作一个新加入者加以检查。其他地方也有炸弹，但只有围绕伦敦城才实行这种圈禁。媒体记录了等待进入的队列。此地仍然还有重重叠叠的防护出现。但是，媒体没有注意到，这一地方数百年来的社会构成，在此交织缠绕的种种轨迹，强化了更普遍的圈禁，今天，正像每一个寻常日子一样，排除仍在起作用（Allen and Pryke，1994；Mcdawell，1997；Pryke，1991）。然而，按照对位法，这不是金融家可以单独前往的一个地方。主流编码掩盖着但不能拒绝清洁工、备办宴席者、警卫的进入："主流的空间无能彻底压抑其界限之内的多元性和差异。"（Allen and Pryke，1994，p. 466）为伦敦服务的这些人的这种侵入，连结成了其自身的全球关系——例如，与尼日利亚、葡萄牙、哥伦比亚的家人与朋友的关系——这是另一种全球化，它突出了伦敦自身范围内的特殊性，以及自身内部的裂隙和脱节。然而在与目前的资本主义全球化工程息息相关的方式上，这一地方的确是开放的。的确，这种形式的开放性的寿命，削弱了所有认为全球化具有全新性质的观点的基础，突出了成问题的不是空间的扩张。1999年6月18日作为全球行动日之一部分的一时震动了这一地方的"6·18"断裂节，被称为"抵抗资本的狂欢节"。

这一地方的权力与财富，呈现出了由此地延伸出去的全球关系之上的牢靠程度问题。在伦敦有相对先进的城市管理。将这一地方连接到地球的权力几何学中，因此向它所嵌入的关系提出了政治学的问题：不仅不是牺牲品，而是从反全球化的视角看，本地更值得挑战而不是保护。这里也毫无问题，除了对伦敦的许多居民来说，对伦敦的认同的一个强有力因素，包括对作为其全球城市王国之一部分的内在文化混杂性的认可和赞扬。这使以下一点甚至更为鲜明夺目：伦敦和伦敦人长期以来明显遗忘了与外部的关联、各种各样的日常性的全球突袭式的晚会、金融屋与跨国公司的活动，伦敦的存在便基于这些东西之上。

为伦敦所提出的策略（Greater London Authority，2001a）在这一方面堪称典型。它将城市的同一性主要理解为是一个全球城市，并且转而将其定义为城市在全球金融市场和相关部门中位置的一种功能。这被当作一种成就呈现出来。策略对建立和再生产这种位置必须加以维持的权力关系没有提供任何批判性分析。它没有沿续那些已经确立的关系和当下世界范围内其他地方的实践。其目标的确是要进一步加强其金融统治地位。它既没有质问过去和现在伦敦的巨大资源及这些资源在与其他地方的权力关系之中是如何运用的，也没有质问其他地方的屈服和不平等——这一大都会依赖于这种屈服和不平等，其财富和地位有那么多是建立在这种屈服和不平等之上的。的确，当它真的转而谈论"与其他地方的关系"时，分析便弥漫着对竞争的焦虑。这种自我定位的方式，代表了一种显而易见的想象的失败，这种失败关闭了发明一种可替代的地方政治学的可能性——这种可替代的地方政治学，也许可以开始谈论有关这一地方的建构的更广泛的地理学了。

在这些方面，伦敦在最微小的程度上都不是异乎寻常的。当然，它所涉及的是对伦敦的认同的持续锻造——当作资本主义全球化生产的一个占统治地位的地方。该市的管理人员已经就资本主义的邪恶做过强有力的声明，并且例如，已经批评过将军火交易保留在其管辖权之内；不过，当地经济核心部门的合谋则未与置评。

※

盖腾斯和劳埃德写道：

> 认同的持续锻造，涉及当我们进入未决的未来时将过去和现在整合到一起；认同的决定过程同时就是建构新的责任场所的过程。在斯宾诺莎处理个人性和社会性时详加说明的同情的和想象的认知过程，在创造了无论如何都天生地向变化敞开的明确认同的同时，还创造了责任的新的可能性。（1999，p.80）

这是一种可能有助于地方认同（一种全球地方感）的实践性构成并有助于一种以地方为基础的、对地方认同做出回应的政治学的建构的观点。盖腾斯和劳埃德的责任观，是关系性的（它依赖于在与他者的关系中建构起来的认同观）和具体化的（它因此与不是将具体的地方与抽象的空间对立起来的观点联系了起来）。它也隐含着扩展——它不限于当下或本土。他们所关注的是发展这一观点，以探索种种途径，达到也许可能正当地说成是对过去集体负责的东西（他们特别关注今日的"后殖民"澳大利亚对土著社会的历史责任）。他们写道：

> 在了解我们的过去如何在我们的现在中延续的过程中，我们也了解了我们对过去所负有的责任的种种要求，我们的认同是在

过去之中形成的。我们对过去负责，不是因为我们作为个人做过什么，而是因为我们现在是什么。（p. 81）

换言之，对盖腾斯和劳埃德来说，责任的确有扩展，但是和他们相关的扩展的维度是时间性的。我的问题是，这种时间的扩展是与空间的扩展类似的吗？因为"过去在我们的现在中延续"同样也涉及在我们"此地"之中的距离。认同按各种时空方式是关系性的。它们的确充满了"对过去的叙述"（Hall，1990，p. 225）并且构成了我们所"继承"的资源（Gilroy，1997，p. 341）。但是，不仅过去本身拥有一种地理学，而且认同建构的过程现在也一直在"持续"（Gatens and Floyd）。而它也拥有一种全球地理学。为了对这一地理学做出回应，应当谈一谈好客伦理学的空间对应物。一种向外看、从地方到地方之外的的政治学。

※　　　　　.

大量"本土"政策自认为可以谈谈当前伦敦连接到全球化的权力几何学之中的问题。它们的范围从挑战当前经济策略狭窄的部门中心，到支持可替代的全球化（贸易联盟、公平贸易、文化联系……）形式，到建立与其他地方的同盟（而不是竞争）。所有这些，都是以不同方式致力于目前的实践的地理学，通过这类实践，城市在当下得以维持自身：挑战某些东西，而建构某些以前所忽略的其他东西。它们旨在改变城市所处的内部构型，转向它有所贡献的东西。声称这一类的许多策略在改变新自由主义全球化的机制上将大有作为，显而易见将是不坦诚的。它们本身会造成某些差异，但更重要的功能将是挑起有关伦敦在全球化之内的目前定位和角色的公共讨论。的确，激起讨论本身应当是一个目标。因为，又一次，这一地方不是一个连贯的整体。从资本内部的相互冲突的种种轨迹到所谓"肥猫"与爱犬岛的工人阶级间的鸿沟，伦敦人以极端对立和不平等的方式处于与今日的全球化的关系中。这样说，不仅是按全球化对他们的影响而言，而且基于它内部的真实的重重叠叠的结构和可能存在于这种结构中的复杂性（赤贫的人购买糖果屋中的服饰）。这里确实会有争议。将会有争论不休的政治立场。并且，通过例如将城市内部的不平等与城市所依赖的、日常所维护的更广泛的不平等联系起来，这反过来可能会改变伦敦自身内部协商的条件，可能会使城市本身的生活稍稍有所不同。

※

这只不过是一种建议，一种可替代的更广泛的地方政治学的许多潜在维度之一。除了责任，菲奥纳·鲁滨逊（Fiona Robinson）还探讨了目前受限，但潜在的更广泛的关怀地理学。在她的著作《逐渐全球化的关怀：伦理学，女权主义理论与国际关系》（*Globalizing care：ethics，feminist theory，and international relations*，1999）中，她创造了"一种批判的关怀伦理学，将关怀的关系伦理学和对逐渐全球化的世界秩序中的权力关系、差异和排他的批判陈述融为一体"（p. 104）。通过开辟这样一条道路，她避开了形式化的抽象；重点落在了实践性的关系之上。她的方法论隐含着抛弃了无根据地将空间与抽象联系在一起（对立于作为实在的地方），抛弃了无根据地将全球与普遍联系在一起（与作为特殊的地方对立）。空间也像地方一样被理解为关系的，因而是在地的、实在的。同样通过对全球化的一种批判陈述，她抛弃了将关怀和邻近联系起来的趋势："乍一看，关怀似乎不会好好地对距离做出回应。"（p. 45）然而，她坚称，关怀的关联性既无须本土化，也无须疆域化。它带来（对同时性的）认可，是习得的。照此，她提出，关怀关系也可以是远距离的。然而，这一论点是一个更普遍的论点：针对一种在一个向全面认可空间开放的世界里的想象性的自我定位。盖腾斯和劳埃德重视社会和政治生活中具体化想象的力量：它是构成性的想象，而不仅只是对"我们生活其中的社会性形式"（1999，p. 143）的反思性想象。按其多种多样的方式，它是如何嵌入制度和传统之中的："作为我们的认同的构成成分的社会动产之一，是一种想象的栖居之所，通过给我们的归属感提供一个基础，给我们对

社会、政治和伦理权益的诉求提供一个基础，这一栖居之所增强了我们行动的力量。"（p. 143）

假如"文化认同的'内在'多样性折射出实体之间的关系的'外在'多元性"（p. 81），那么随之而来的也许可能是这种关系属性进入到了一种不同的地理学之中。盖腾斯和劳埃德曾用简单的几行（p. 137）诱人地指出了种种可能性——沉思更大的跨国联系如何可能既改变认同，也改变想象。假如一个人能以柏格森将自己抛入过去的设想来加以类比，那么，这也许可能作为将自己抛入空间之中的一个因素。在这种重新定向之内，回应和连接的特性可以是情境化的。的确，为了回到上面的例子，"责任"，像好客一样，在某些陈述中可以按照单行道性（one-way-ness）的意义加以解读（一种等级制的责任地理学）——自己冒称"负责任"显出了权力位置的高人一等。更准确地说，也许至关重要的是更复杂的言外之义的问题：可以将关联性的思考（这里是全球和本土的相互构建）带上前台来。

盖腾斯和劳埃德所关注的是过去，是时间维度。在扩展的维度上，"对我们是什么负责"可能带来其自身的风险：过于与罪感缠杂不清，过于容易地因辩解得到安慰。正如林恩·西格尔（Lynne Segal）所评论的，在目前大量的对过去的辩解方面，"设计出来避免重蹈覆辙的记忆仪式要得到官方的批准，通常只是在这种时候：远离对回想起的行为担负直接责任，使得他们免遭干预、补偿和报答风险"（2001，p. 45）。这些问题当扩展维度是暂时的时候，是严重的。盖腾斯和劳埃德正提出一种实践政治学，认为当维度是空间的和现在的时，其实践含义将极其难以避免：有关持续的认同建构的地理学。在空间性的现在中，我们的所是就是我们的所为。

盖腾斯和劳埃德的确自己触及到了空间。但是，即使是他们也倾向于待在一种对地方的想象之内，而不是呈现各种流的地形。焦点再次既是领土的，又是落在近处的，而不是落在远处的。他们写道："对文化差异的体验现在内在于文化"（1999，p. 78）。他们引用塔利

（Tully），在自己的分析中加以利用："文化多元性不是一种存在于遥远土地和历史发展的不同阶段的异国情调、不配比较的他者现象，正如过时的文化概念明确所主张的那样。不是的。它是每个社会中的此时此地。"（Tully，1995，p.11，转引自 Gatens and Lloyd，1999，p.78）好极了。文化多元性确实是部分地且越来越多地内在于单个社会，但它也无可和解地是一个遥远土地上不同的他者的问题。如果我们忽视那更广泛的地理，放弃活生生的地理想象中向外看的层面，将是一种严重的目光短浅。

与时间一样，空间在很大程度上是一种挑战。无论空间还是时间，都不能提供一个远离这一世界的避难所。假如时间给我们提供了变化的种种机会和（正像某些人眼中的那样）死亡恐惧，那么空间就给我们提供了更广泛意义上的社会：对我们的构成性的相互联系的挑战；我们集体卷入到这种相互联系的后果之中；人类和非人类的他者的持续多样性的极端同期性；持续不断的、永远特殊的实践工程（社会性通过这种实践才得以成形）。

参考文献

Adam, B. (1990) *Time and social theory*. Cambridge: Polity Press.

Allen, J. (2003) *Lost geographies of power*. Oxford: Blackwell.

Allen, J. and Pryke, M. (1994) 'The production of service space', *Environment and Planning D: Society and Space*, vol. 12, pp. 453–75.

Allen, J., Massey, D. and Cochrane, A. (1998) *Rethinking the region*. London: Routledge.

Althusser, L. (1970) 'The object of capital', in L. Althusser and E. Balibar (eds), *Reading Capital*. London: New Left Books, pp. 71–198.

Amin, A. (2001) 'Globalisation: geographical aspects', in N. Smelser and P.B. Baltes (eds), *International encyclopaedia of the social and behavioural sciences*, vol. 9. Amsterdam: Elsevier Science, pp. 6271–7.

Amin, A. (2002) 'Ethnicity and the multicultural city: living with diversity', *Environment and Planning A*, vol. 34, no. 6, pp. 959–80.

Amin, A. (2004) 'Regions unbound: towards a new politics of place', *Geografiska Annaler*, Ser. B, vol. 86B, no. 1, pp. 33–44.

Amin, A., Massey, D. and Thrift, N. (2000) *Cities for the many not the few*. Bristol: Policy Press.

Amin, A., Massey, D. and Thrift, N. (2003) *Decentering the nation: a radical approach to regional inequality*. London: Catalyst.

Appadurai, A. (ed.) (2001) *Globalization*. Durham, NC and London: Duke University Press.

Architectural Design (1988) Deconstruction in architecture, vol. 15, no. 3/4.

Balibar, E. (1997) 'Spinoza: from individuality to transindividuality', *Mededelingen vanwege het Spinozahuis*. Delft: Eburon.

Bammer, A. (1992) *Displacements: cultural identities in question*. Bloomington and Indianapolis: Indiana University Press.

Barnett, C. (1999) 'Deconstructing context: exposing Derrida', *Transactions of the Institute of British Geographers*, vol. 24, no. 3, pp. 277–93.

Baudrillard, J. (1988) *America*. London: Verso.

Bauman, Z. (1993) *Postmodern ethics*. Oxford: Blackwell.

Bauman, Z. (2000) 'Time and space reunited', *Time and Society*, vol. 9, no. 2/3, pp. 171–85.

Benhabib, S. (1992) *Situating the self: gender, community and postmodernism in contemporary ethics*. Cambridge: Polity Press.

Benjamin, A. (1999) *Architectural philosophy*. London: Athlone Press.

Berger, J. (1974) *The look of things*. New York: Viking.

Bergson, H. (1910) *Time and free will*. Muirhead Library of philosophy (authorised translation by F.L. Pogson). London: George Allen and Unwin.

Bergson, H. (1911) *Matter and memory* (trans. N.M. Paul and W.S. Palmer). London: George Allen and Unwin.

Bergson, H. (1911/1975) *Creative evolution* (trans. A. Mitchell). Westport, CT: Greenwood Press.

Bergson, H. (1959) *Oeuvres*. Paris: Presses Universitaires de France (translations cited are from Prigogine, 1997).

Berthon, S. and Robinson, A. (1991) *The shape of the world*. London: George Philip/Granada TV.

Bhabha, H. (1994) *The location of culture*. London: Routledge.

Bingham, N. (1996) 'Object-ions: from technological determinism towards geographies of relations', *Environment and Planning D: Society and Space*, vol. 14, pp. 635–57.

Bloch, E. (1932/1962) 'Ungleichzeitigkeit und Pflicht zu ihrer Dialektik' in *Erbschaft dieser Zeit*. Frankfurt: Suhrkamp.

Boardman, J. (1996) *Classic landforms of the Lake District*. The Geographical Association in conjunction with the British Geomorphological Research Group.

Bohm, D. (1998) *On creativity* (ed. L. Nichol). London: Routledge.

Bondi, L. (1990) 'Feminism, postmodernism and geography: space for women?', *Antipode*, vol. 22, pp. 156–67.

Borges, J.L. (1970) 'The Argentine writer and tradition', in *Labyrinths*. London: Penguin, pp. 211–20.

Boundas, C.V. (1996) 'Deleuze–Bergson: an ontology of the virtual', in P. Patton (ed.), *Deleuze: a critical reader*. Oxford: Blackwell, pp. 80–106.

Bové, J. and Dufour, F. (2001) *The world is not for sale: farmers against junk food* (Bové and Dufour interviewed by Gilles Luneau, translated by Anna de Casparis). London: Verso.

Bridge, G. (2000) 'Rationality, ethics, and space: on situated universalism and the self-interested acknowledgement of "difference"', *Environment and Planning D: Society and Space*, vol. 18, pp. 519–35.

Brown, P. (1989) *The body and society: men, women and sexual renunciation in early Christianity*. London: Faber and Faber (first published 1988 by Columbia University Press, New York).

Callon, M. (1986) 'Some elements of a sociology of translation: domestication of the scallops and the fisherman of St. Brieuc bay', in J. Law (ed.), *Power, action and belief: a new sociology of knowledge*. London: Routledge, pp. 196–232.

Campbell, B. (1993) *Goliath: Britain's dangerous places*. London: Methuen.

Carnap, R. (1937) *The logical syntax of language*. London: Routledge and Kegan Paul.

Carter, E., Donald, J. and Squires, J. (1993) *Space and place: theories of identity and location*. London: Lawrence and Wishart.

Casey, E. (1996) 'How to get from space to place in a fairly short stretch of time', in S. Field and K. Baso (eds), *Senses of place*. Santa Fé: School of American Research, pp. 14–51.

Castells, M. (1996) *The rise of the network society*. Oxford: Blackwell.

Cavarero, A. (1995) *In spite of Plato: a feminist rewriting of ancient philosophy*. Cambridge: Polity Press.

Chakrabarty, D. (2000) *Provincializing Europe: postcolonial thought and historical difference*. Princeton, NJ and Oxford: Princeton University Press.

Cheah, P. (1998) 'Given culture: rethinking cosmopolitical freedom in transnationalism', in P. Cheah and B. Robbins (eds), *Cosmopolitics: thinking and feeling beyond the nation*. Minneapolis and London: University of Minnesota Press, pp. 290–328.

Clark, N. (2002) 'The demon-seed: bioinvasion as the unsettling of environmental cosmopolitanism', *Theory, Culture and Society*, vol. 19, no. 1–2, pp. 102–25.

Cockburn, C. (1998) *The space between us: negotiating gender and national identities in conflict*. London: Zed Books.

Cohen, S. (2001) *States of denial: knowing about atrocities and suffering*. Cambridge: Polity Press.

Comedia (1995) *Park life: urban parks and social renewal*. London: Comedia.

Corbridge, S. (1993) 'Marxisms, modernities, and moralities: development praxis and the claims of distant strangers', *Environment and Planning D: Society and Space*, vol. 11, pp. 449–72.

Corbridge, S. (1998) 'Development ethics: distance, difference, plausibility', *Ethics, Place, Environment*, vol. 1, no. 1, pp. 35–53.

Davis, M. (2000) *Ecology of fear: Los Angeles and the imagination of disaster*. London: Picador.

de Certeau, M. (1984) *The practice of everyday life*. Berkeley, CA: University of California Press.

de Certeau, M. (1988) *The writing of history* (trans. T. Conley). New York: Columbia University Press. (Originally published 1975 as *L'écriture de l'histoire*. Paris: Gallimard.)

de Léry, J. (1578) *Histoire d'un voyage faict en la terre du Brésil*.

Debord, G. (1956/1981) 'Theory of the dérive', in K. Knabb (ed. and trans.), *Situationist International Anthology*. Berkeley, CA: Bureau of Public Secrets, pp. 50–4.

DeLanda, M. (2002) *Intensive science and virtual philosophy*. London: Continuum.

Deleuze, G. (1977) 'I have nothing to admit' (trans. J. Forman), *Semiotext(e), Anti-Oedipus*, vol. 2, no. 3, pp. 111–16.

Deleuze, G. (1988) *Bergsonism* (trans. H. Tomlinson and Barbara Habberjam). New York: Zone Books.

Deleuze, G. (1953/1991) *Empiricism and subjectivity* (trans. C.V. Boundas). New York: Columbia University Press.

Deleuze, G. (1995) *Negotiations: Interviews 1972–1990*. New York: Columbia University Press (the original interview cited here was published in *Libération*, 23 October 1980).

Deleuze, G. and Guattari, F. (1988) *A thousand plateaus*. London: Athlone Press.

Deleuze, G. and Parnet, C. (1987) *Dialogues* (trans. H. Tomlinson and B. Habberjam). London: Athlone Press.

Derrida, J. (1970) '"*Ousia and Gramme*": a note to a footnote in *Being and Time*', in *Phenomenology in perspective* (trans. E.S. Casey, ed. F.J. Smith). Dordrecht: Martinus Nijhoff.

Derrida, J. (1972/1987) *Positions* (trans. A. Bass). London: Athlone Press.

Derrida, J. (1994) 'The spatial arts: an interview with Jacques Derrida' (P. Brunette, D. Wills), in P. Brunette and D. Wills (eds), *Deconstruction and the visual arts: art, media, architecture*. Cambridge: Cambridge University Press, pp. 9–32.

Derrida, J. (1995) *Points … Interviews, 1974–1994* (ed. E. Webber, trans. P. Kamuf and others). Stanford, CA: Stanford University Press.

Derrida, J. (1996) 'Remarks on deconstruction and pragmatism', in C. Mouffe (ed.), *Deconstruction and pragmatism*. London: Routledge, pp. 77–88.

Derrida, J. (1997) *Politics of friendship*. London: Verso.

Derrida, J. (2001) *On cosmopolitanism and forgiveness*. London: Routledge.

Deutsche, R. (1996) 'Agoraphobia', in *Evictions: art and spatial politics*. Cambridge, MA: MIT Press.

Dirlik, A. (1998) 'Globalism and the politics of place', *Development*, vol. 41, no. 2, pp. 7–13.

Dirlik, A. (2001) 'Place-based imagination: globalism and the politics of place', in R. Prazniak and A. Dirlik (eds), *Places and politics in an age of globalization*. Lanham, MA: Rowman and Littlefield, pp. 15–51.

Dodge, M. and Kitchin, R. (2001) *Mapping cyberspace*. London: Routledge.

Dodgshon, R. (1999) 'Human geography at the end of time? Some thoughts on the notion of time-space compression', *Environment and Planning D: Society and Space*, vol. 17, pp. 607–20.

Doel, M. (1999) *Poststructuralist geographies: the diabolical art of spatial science*. Edinburgh: Edinburgh University Press.

Donald, J. (1999) *Imagining the modern city*. London: Athlone Press.

Elden, S. (2001) *Mapping the present: Heidegger, Foucault and the project of a spatial history*. London: Continuum.

Elphick, J. (ed.) (1995) *Collins atlas of bird migration*. London: HarperCollins.

Escobar, A. (2001) 'Culture sits in places: reflections on globalism and subaltern strategies of localization', *Political Geography*, vol. 20, pp. 139–74.

Fabian, J. (1983) *Time and the Other: how anthropology makes its object*. New York: Columbia University Press.

Featherstone, D. (2001) 'Spatiality, political identities and the environmentalism of the poor', PhD thesis. Milton Keynes: The Open University.

Featherstone, M., Lash, S. and Robertson, R. (eds) (1994) *Global modernities*. London: Sage.

Ferrier, E. (1990) 'Mapping power: cartography and contemporary cultural theory', *Antithesis*, vol. 4, no. 1, pp. 35–49.

Foucault, M. (1980) 'Questions on geography' in C. Gordon (ed.), *Power/knowledge: selected interviews and other writings, 1972–1977*. London: Harvester Wheatsheaf, pp. 63–77.

Frodeman, R. (1995) 'Geological reasoning: geology as an interpretive and historical science', *Bulletin of the Geological Society of America*, vol. 107, no. 8, pp. 960–8.

Galleano, E. (1973) *Open veins of Latin America*. New York: Monthly Review Press. (Originally published 1971 as *Las venas abiertas de América Latina*. Mexico City: Siglo XXI Editores.)

Gatens, M. and Lloyd, G. (1999) *Collective imaginings: Spinoza, past and present*. London: Routledge.

Gates, B. (1995) *The road ahead*. New York: Viking.

Geras, N. (1998) *The contract of mutual indifference: political philosophy after the holocaust*. London: Verso.

Gibson-Graham, J-K. (1996) *The end of capitalism (as we knew it)*. Oxford: Blackwell.

Gibson-Graham, J-K. (2002) 'Beyond global vs. local: economic politics outside the binary frame', in A. Herod and M.W. Wright (eds), *Geographies of power: placing scale*. Oxford: Blackwell, pp. 25–60.

Giddens, A. (1984) *The constitution of society*. London: Harper and Row.

Giddens, A. (1990) *The consequences of modernity*. Cambridge: Polity Press.

Gilroy, P. (1997) 'Diaspora and the detours of identity', in K. Woodward (ed.), *Identity and difference*. London: Sage, pp. 299–346.

Glancey, J. (1996) 'Exit from the city of destruction', *Independent*, 23 May, p. 20.

Glancey, J. and Brandolini, S. (1999) 'Aldo van Eyck: the urban space man', *Guardian*, 28 January, p. 16.

Gleick, J. (1988) *Chaos*. London: Abacus.

Goodchild, P. (1996) *Deleuze and Guattari: an introduction to the politics of desire*. London: Sage.

Graham, S. (1998) 'The end of geography or the explosion of place? Conceptualising space, place and information technology', *Progress in Human Geography*, vol. 22, no. 2, pp. 165–85.

Greater London Authority (2001a) *Towards the London Plan: initial proposals for the Mayor's Spatial Development Strategy*. London: GLA.

Greater London Authority (2001b) *Economic Development Strategy*. London: GLA.

Greater London Authority (2002) *Spatial development strategy investigative committee: towards the London Plan, Final Report*. London: GLA.

Gross, D. (1981–2) 'Space, time and modern culture', *Telos*, vol. 50, pp. 59–78.

Grossberg, L. (1996) 'The space of culture, the power of space', in I. Chambers and L. Curti (eds), *The post-colonial question*. London: Routledge, pp. 169–88.

Grosz, E. (1995) *Space, time, and perversion: essays on the politics of bodies*. New York and London: Routledge.

Grosz, E. (2001) 'The future of space: toward an architecture of invention', in *Olafur Eliasson: surroundings surrounded: essays on space and science* (ed. P. Weibel). Karlsruhe: ZKM Center for Art and Media and Cambridge, MA: MIT Press, pp. 252–68.

Guattari, F. (1989/2000) *The three ecologies* (trans. I. Pindar and P. Sutton). London; New Brunswick, NJ: Athlone Press. (First published as *Les trois écologies* in 1989 by Editions Galillée, Paris.)

Gupta, A. and Ferguson, J. (1992) 'Beyond "culture": space, identity, and the politics of difference', *Cultural Anthropology*, vol. 7, pp. 6–23.

Hacking, I. (1990) *The taming of chance*. Cambridge: Cambridge University Press.

Hall, S. (1990) 'Cultural identity and diaspora', in J. Rutherford (ed.), *Identity: community, culture, difference*. London: Lawrence and Wishart, pp. 222–37.

Hall, S. (1992) 'The question of cultural identity', in S. Hall, D. Held and A. McGrew (eds), *Modernity and its futures*. Cambridge and Milton Keynes: Polity Press in association with The Open University, pp. 273–325.

Hall, S. (1996) 'When was the "post-colonial"? Thinking at the limit', in I. Chambers and L. Curti (eds), *The post-colonial question*. London: Routledge, pp. 242–60.

Haraway, D. (1991) *Simians, cyborgs, and women*. London: Free Association Books.

Harcourt, W. (2002) 'Place politics and justice: women negotiating globalization', *Development*, Special Issue, vol. 45, no. 1.

Hardt, M. and Negri, A. (2001) *Empire*. Cambridge, MA: Harvard University Press.

Harley, J.B. (1988) 'Maps, knowledge, and power', in D. Cosgrove and S. Daniels (eds), *The iconography of landscape: essays on the symbolic representation, design and use of past environments*. Cambridge: Cambridge University Press, pp. 277–312.

Harley, J.B. (1990) *Maps and the Columbian encounter*. Milwaukee, WI: University of Wisconsin.

Harley, J.B. (1992) 'Deconstructing the map', in T. Barnes and J. Duncan (eds), *Writing worlds: discourse, text and metaphor in the representation of language*. London: Routledge, pp. 231–47.

Harvey, D. (1993) 'Class relations, social justice and the politics of difference', in J. Squires (ed.), *Principled positions: postmodernism and the rediscovery of value*. London: Lawrence and Wishart, pp. 85–120.

Harvey, D. (1996) *Justice, nature and the geography of difference*. Oxford: Blackwell.

Haver, W. (1997) 'Queer research; or, how to practise invention to the brink of intelligibility', in S. Golding (ed.), *The eight technologies of otherness*. London: Routledge, pp. 277–92.

Hayden, P. (1998) *Multiplicity and becoming: the pluralist empiricism of Gilles Deleuze*. New York: Peter Lang.

Hayles, N.K. (1990) *Chaos bound: orderly disorder in contemporary literature and science*. Ithaca, NY: Cornell University Press.

Hayles, N.K. (1999) *How we became posthuman: virtual bodies in cybernetics, literature, and informatics*. Chicago and London: University of Chicago Press.

Henry, N. and Massey, D. (1995) 'Competitive times in high tech', *Geoforum*, vol. 26, no. 1, pp. 49–64.

Hirst, P. and Thompson, G. (1996a) *Globalisation in question*. Cambridge: Polity Press.

Hirst, P. and Thompson, G. (1996b) 'Globalisation: ten frequently asked questions and some surprising answers', *Soundings: a journal of politics and culture*, no. 4, pp. 47–66.

Holtam, N. and Mayo, S. (1998) *Learning from the conflict: reflections on the struggle against the British National Party on the Isle of Dogs, 1993–4*. London: Jubilee Group.

Huggan, G. (1989) 'Decolonizing the map: post-colonialism, post-structuralism and the cartographic connection', *Ariel*, vol. 20, no. 4, pp. 115–31.

Ingold, T. (1993) 'The temporality of landscape', *World Archaeology*, vol. 35, pp. 152–74.

Ingold, T. (1995) 'Building, dwelling, living', in M. Strathern (ed.), *Shifting contexts: transformations in anthropological knowledge*. London: Routledge, pp. 57–80.

Irigaray, L. (1993) *The ethics of sexual difference*. New York: Cornell. (First published 1984 as *Ethique de la différence sexuelle*. Paris: Minuit.).

Jacobs, J. (1961) *The death and life of great American cities*. Harmondsworth: Penguin.

Jakobson, R. (1985) *Selected writings – VI: Early Slavic paths and crossroads* (ed. Stephen Rudy). Paris: Mouton.

James, C.L.R. (1938) *The black Jacobins*. London: Allison and Busby.

Jameson, F. (1991) *Postmodernism, or, the cultural logic of late capitalism*. London: Verso.

Jardine, A. (1985) *Gynesis: configurations of woman and modernity*. Ithaca, NY: Cornell University Press.

Jeffrey, N. (1999) 'The sharp edge of Stephen's city', *Soundings: a journal of politics and culture*, no. 12, pp. 26–42.

Jencks, C. (1973) *Modern movements in architecture*. Harmondsworth: Penguin.

Kamuf, P. (ed.) (1991) *A Derrida reader: between the blinds*. New York: Columbia University Press.

Kaplan, C. (1996) *Questions of travel: postmodern discourses of displacement*. Durham, NC and London: Duke University Press.

Katz, C. (1996) 'Towards minor theory', *Environment and Planning D: Society and Space*, vol. 14, pp. 487–99.

Kern, S. (1983) *The culture of time and space, 1880–1918*. Cambridge, MA: Harvard University Press.

King, A. (1995) 'The Times and Spaces of modernity (or who needs postmodernism?)', in M. Featherstone, S. Lash and R. Robertson (eds), *Global modernities*. London: Sage, pp. 108–23.

King, A. (2000) 'Postcolonialism, representation and the city', in S. Watson and G. Bridge (eds), *A companion to the city*. Oxford: Blackwell, pp. 260–9.

Kitchin, R.M. (1998) 'Towards geographies of cyberspace', *Progress in Human Geography*, vol. 22, no. 3, pp. 385–406.

Kraniauskas, J. (2001) 'What will be: review of Chakrabarty, 2000, and Harootunian, 2000', *Radical Philosophy*, no. 107, pp. 43–5.

Kroeber, K. (1994) *Ecological literary criticism: romantic imagining and the biology of mind*. New York: Columbia University Press.

Laclau, E. (1990) *New reflections on the revolution of our time*. London: Verso.

Laclau, E. and Mouffe, C. (2001) *Hegemony and socialist strategy*, 2nd edn. London: Verso. (First published 1985; page references are to the 2001 edition.)

Lapham, L. (1998) *The agony of mammon: the imperial global economy explains itself to the membership in Davos, Switzerland*. London: Verso.

Latour, B. (1993) *We have never been modern* (trans. C. Porter). London: Harvester Wheatsheaf. (Originally published 1991 as *Nous n'avons jamais été modernes*. Paris: Editions La Découverte; page references are to the 1993 edition.)

Latour, B. (1999a) *'Ein Ding ist ein Thing* – a philosophical platform for a left (European) party', *Soundings: a journal of politics and culture*, no. 12, Summer, pp. 12–25.

Latour, B. (1999b) *Pandora's hope: essays on the reality of science studies*. Cambridge, MA and London: Harvard University Press.

Latour, B. (2004) *Politics of nature: how to bring the sciences into democracy* (trans. C. Porter). Cambridge, MA: Harvard University Press.

Lechte, J. (1994) *Fifty key contemporary thinkers: from structuralism to postmodernity*. London: Routledge.

Lechte, J. (1995) '(Not) belonging in postmodern space', in S. Watson and K. Gibson (eds), *Postmodern cities and spaces*. Oxford: Blackwell, pp. 99–111.

Leech, K. (2001) *Through our long exile: contextual theology and the urban experience*. London: Darton, Longman and Todd.

Lefebvre, H. (1991) *The production of space* (trans. D. Nicholson-Smith). Oxford: Blackwell.

Lester, A. (2002) 'Obtaining the "due observance of justice": the geographies of colonial humanitarianism', *Environment and Planning D: Society and Space*, vol. 20, pp. 277–93.

Levin, Y. (1989) 'Dismantling the spectacle: the cinema of Guy Debord', in E. Sussman (ed.), *On the passage of a few people through a rather brief moment in time: the Situationist International 1957–1972*. Cambridge MA: MIT Press, pp. 72–123.

Lévi-Strauss, C. (1945/1972) 'Structural analysis in linguistics and anthropology', in *Structural Anthropology* (trans. Claire Jacobson and Brooke Grundfest Schoepf). Harmondsworth: Penguin, pp. 31–54.

Lévi-Strauss, C. (1956/1972) 'Do dual organizations exist?', in *Structural Anthropology* (trans. Claire Jacobson and Brooke Grundfest Schoepf). Harmondsworth: Penguin, pp. 132–63.

Lewin, R. (1993) *Complexity: life at the edge of chaos*. London: J.M. Dent.

Little, P. (1998) 'Globalization and the struggles over places in the Amazon', *Development*, vol. 41, no. 2, pp. 70–5.

Lloyd, G. (1996) *Spinoza and the Ethics*. London: Routledge.

Low, M. (1997) 'Representation unbound: globalization and democracy', in K. Cox (ed.), *Spaces of globalization: reasserting the power of the local*. London: Guilford Press, pp. 240–80.

Low, M. and Barnett, C. (2000) 'After globalisation', *Environment and Planning D: Society and Space*, vol. 18, pp. 53–61.

Lyotard, J-F. (1989) 'The sublime and the avant-garde', in A. Benjamin (ed.), *The Lyotard reader*. Oxford: Blackwell, pp. 196–211.

MacEwan, A. (1999) *Neoliberalism or Democracy? Economic strategy, markets, and alternatives for the 21st century*. London: Zed Books.

Macpherson, J.G. (1901) 'Geology', in *A history of Cumberland, volume 1* (ed. J. Wilson) (in *The Victoria History of the Counties of England*, edited by H. Arthur Doubleday). Westminster: Archibald Constable and Company.

Massey, D. (1991a) 'A global sense of place', *Marxism Today*, June, pp. 24–9. (Reprinted in Massey, D. (1994) *Space, place and gender*. Cambridge: Polity Press, pp. 146–56.)

Massey, D. (1991b) 'The political place of locality studies', *Environment and Planning A*, vol. 23, pp. 267–81. (Reprinted in Massey, D. (1994) *Space, place and gender*. Cambridge: Polity Press, pp. 157–73.)

Massey, D. (1991c) 'Flexible sexism', *Environment and Planning D: Society and Space*, vol. 9, pp. 31–57. (Reprinted in Massey, D. (1994) *Space, place and gender*. Cambridge: Polity Press, pp. 212–48.)

Massey, D. (1992a) 'Politics and space-time', *New Left Review*, no. 196, pp. 65–84.

Massey, D. (1992b) 'Double articulation: a place in the world', in A. Bammer (ed.), *Displacements: cultural identities in question*. Bloomington and Indianapolis: Indiana University Press, pp. 110–21.

Massey, D. (1995a) 'Thinking radical democracy spatially', *Environment and Planning D: Society and Space*, vol. 13, pp. 283–8.

Massey, D. (1995b) 'Masculinity, dualisms and high technology', *Transactions of the Institute of British Geographers*, vol. 20, pp. 487–99.

Massey, D. (1995c) *Spatial divisions of labour: social structures and the geography of production*, 2nd edn. Basingstoke: Macmillan. First edn. 1984.

Massey, D. (1996a) 'Politicising space and place', *Scottish Geographical Magazine*, vol. 112, no. 2, pp. 117–23.

Massey, D. (1996b) 'Space/power, identity/difference: tensions in the city', in A. Merrifield and E. Swyngedouw (eds), *The urbanization of injustice*. London: Lawrence and Wishart, pp. 100–16.

Massey, D. (1997a) 'Spatial disruptions', in S. Golding (ed.), *The eight technologies of otherness*. London: Routledge, pp. 218–25.

Massey, D. (1997b) 'Economic: non-economic', in R. Lee and J. Wills (eds), *Geographies of economies*. London: Edward Arnold, pp. 27–36.

Massey, D. (1999a) 'Space-time, "science" and the relationship between physical geography and human geography', *Transactions of the Institute of British Geographers*, vol. 24, pp. 261–76.

Massey, D. (1999b) 'Negotiating disciplinary boundaries', *Current Sociology*, vol. 47, no. 4, pp. 5–12.

Massey, D. (1999c) 'Imagining globalisation: power-geometries of time-space', in A. Brah, M. Hickman and M. Mac an Ghaill (eds), *Future worlds: migration, environment and globalization*. Basingstoke: Macmillan, pp. 27–44.

Massey, D. (2000a) 'The geography of power', in B. Gunnell and D. Timms (eds), *After Seattle: globalisation and its discontents*. London: Catalyst.

Massey, D. (2000b) 'The geography of power', *Red Pepper*, July, pp. 18–21.

Massey, D. (2000c) 'Travelling thoughts', in P. Gilroy, L. Grossberg and A. McRobbie (eds), *Without guarantees: in honour of Stuart Hall*. London: Lawrence and Wishart, pp. 195–215.

Massey, D. (2001a) 'Living in Wythenshawe', in I. Borden, J. Kerr, J. Rendell and A. Pivaro (eds), *The unknown city: contesting architecture and social space*. Cambridge, MA: MIT Press, pp. 458–75.

Massey, D. (2001b) 'Opportunities for a world city: reflections on the draft economic development and regeneration strategy for London', *City*, vol. 5, no. 1, pp. 101–5.

Massey, D. (2004) 'Geographies of responsibility', *Geografiska Annaler*, Ser B, vol. 86B, no. 1, pp. 5–18.

Massey, D., Quintas, P. and Wield, D. (1992) *High-tech fantasies*. London: Routledge.

Massumi, B. (1988) 'Translator's Foreward' to G. Deleuze and F. Guattari, *A thousand plateaus*. London: Athlone Press, pp. ix–xv.

Massumi, B. (1992) *A user's guide to capitalism and schizophrenia: deviations from Deleuze and Guattari*. Cambridge, MA: MIT Press.

271

Mazis, G.A. (1999) 'Chaos theory and Merleau-Ponty's ontology', in D. Olkowski and J. Morley (eds), *Merleau-Ponty: interiority and exteriority, psychic life and the world*. Albany, NY: State University of New York, pp. 219–41.

McClintock, A. (1995) *Imperial leather: race, gender and sexuality in the colonial contest*. London: Routledge.

McDowell, L. (1997) *Capital culture: gender at work in the City*. Oxford: Blackwell.

Merleau-Ponty, M. (1962) *Phenomenology of perception* (trans. Colin Smith). New York: Humanities.

Miller, C.L. (1993) 'The postidentitarian predicament in the footnotes of *A thousand plateaus*: nomadology, anthropology, and authority', *Diacritics*, vol. 23, no. 3, pp. 6–35.

Mitchell, W. (1995) *City of bits: space, place and the infobahn*. Cambridge, MA: MIT Press.

Moore, S. (1988) 'Getting a bit of the other – the pimps of postmodernism', in R. Chapman and J. Rutherford (eds), *Male order: unwrapping masculinity*. London: Lawrence and Wishart, pp. 165–92.

Morris, M. (1992a) 'Great moments in social climbing: King Kong and the human fly', in B. Colomina (ed.), *Sexuality and space*. New York: Princeton Papers on Architecture, Princeton Architectural Press, pp. 1–51.

Morris, M. (1992b) *Ecstasy and economics: American essays for John Forbes*. Sydney: EMPress.

Mouffe, C. (1991) 'Citizenship and political community', in Miami Theory Collective (eds), *Community at loose ends*. Minneapolis: University of Minnesota Press.

Mouffe, C. (1993) *The return of the political*. London: Verso.

Mouffe, C. (1995) 'Post-Marxism: democracy and identity', *Environment and Planning D: Society and Space*, vol. 13, pp. 259–65.

Mouffe, C. (1998) 'The radical centre: a politics without adversary', *Soundings: a journal of politics and culture*, no. 9, Summer, pp. 11–23.

Nancy, J-L. (1991) *The inoperative community*. Minneapolis: University of Minnesota Press.

Nash, C. (2002) 'Genealogical identities', *Environment and Planning D: Society and Space*, vol. 20, pp. 27–52.

Natter, W. and Jones, J-P. (1993) 'Signposts towards a post-structuralist geography', in J.P. Jones, W. Natter and T.R. Schatzky (eds), *Postmodern contentions: epochs, politics, space*. New York: Guilford Press, pp. 165–203.

Negroponte, N. (1995) *Being digital*. London: Hodder and Stoughton.

Noble, D.F. (1992) *A world without women: the Christian clerical culture of Western science*. Oxford: Oxford University Press.

Nussbaum, C. (1996) *For love of country: debating the limits of patriotism* (ed. J. Cohen). Boston, MA: Beacon Press.

Oakes, T.S. (1993) 'Ethnic tourism and place identity in China', *Environment and Planning D: Society and Space*, vol. 11, pp. 47–66.

Ohmae, K. (1994) *The borderless world: power and strategy in the interlinked economy*. London: HarperCollins.

Ondaatje, M. (1992) *The English patient*. New York: Vintage/Random House.

Open University (1997) *Earth and life* (four volumes). Milton Keynes: The Open University.

Open University (1999) *Understanding cities* (three volumes). London and Milton Keynes: Routledge in association with The Open University.

Osborne, P. (1995) *The politics of time: modernity and avant garde*. London: Verso.

Patton, P. (2000) *Deleuze and the political*. London: Routledge.

Peet, R. (2001) 'Neoliberalism or democratic development? Review of MacEwan, 1999', *Review of International Political Economy*, vol. 8, no. 2, pp. 329–43.

Pellerin, H. (1999) 'The cart before the horse? The coordination of migration policies in the Americas and the neoliberal economic project of integration', *Review of International Political Economy*, vol. 6, no. 4, pp. 468–93.

Pinder, D. (1994) 'Cognitive mapping: cultural politics from the situationists to Fredric Jameson', paper presented at the 'Mapping and transgressing space and place' session of the Annual Association of American Geographers, San Francisco, April.

Plato (1977) 'Timaeus', in *Timaeus and Critias* (trans. D. Lee). Harmondsworth: Penguin.

Pratt, A. (2000) 'New media, the new economy and new spaces', *Geoforum*, vol. 31, pp. 425–36.

Pratt, G. (1999) 'Geographies of identity and difference: marking boundaries' in D. Massey, J. Allen and P. Sarre (eds), *Human geography today*. Cambridge: Polity Press. pp. 151–67.

Pratt, G. and Hansen, S. (1994) 'Geography and the construction of difference', *Gender, place and culture*, vol. 1, no. 1, pp. 5–29.

Prigogine, I. (1997) *The end of certainty: time, chaos and the laws of nature*. London: Free Press.

Prigogine, I. and Stengers, I. (1984) *Order out of chaos*. London: Heinemann.

Pryke, M. (1991) 'An international city going "global": spatial change in the City of London', *Environment and Planning D: Society and Space*, vol. 9, pp. 197–222.

Rabasa, J. (1993) *Inventing America: Spanish historiography and the formation of Eurocentrism*. Norman, OK and London: Oklahoma University Press.

Raffles, H. (2002) *In Amazonia: a natural history*. Princeton, NJ and Oxford: Princeton University Press.

Rajchman, J. (1991) *Truth and eros: Foucault, Lacan and the question of ethics*. London: Routledge.

Rajchman, J. (1998) *Constructions*. Cambridge, MA: MIT Press.

Rajchman, J. (2001) 'Thinking the city', paper delivered to Thinking the City conference, Tate Modern and ESRC, April, mimeo.

Robbins, B. (1990) 'Telescopic philanthropy: professionalism and responsibility in *Bleak House*', in H. Bhabha (ed.), *Nation and narration*. London: Methuen, pp. 213–30.

Robbins, B. (1999) *Feeling global: internationalism in distress*. New York and London: New York University Press.

Robins, K. (1997) 'The new communications geography and the politics of optimism', *Soundings: a journal of politics and culture*, no. 5, pp. 191–202.

Robinson, F. (1999) *Globalizing care: ethics, feminist theory, and international relations*. Boulder, CO: Westview Press.

Rodowick, D. (1997) *Gilles Deleuze's time machine*. Durham, NC: Duke University Press.

Rorty, R. (1979) *Philosophy and the mirror of nature*. Princeton, NJ: Princeton University Press.

Rose, G. (1993) *Feminism and geography: the limits of geographical knowledge*. Cambridge: Polity Press.

Rose, S. (1997) *Lifelines: biology, freedom, determinism*. Harmondsworth: Penguin.

Ross, K. (1996) 'Streetwise: the French invention of everyday life', *Parallax* #2, February, pp. 67–75.

Sadler, S. (1998) *The situationist city*. London: MIT Press.

Sakai, N. (1989) 'Modernity and its critique: the problem of universalism and particularism', in Mosao Miyoshi and H.D. Harootunian (eds), *Postmodernism and Japan*. Durham, NC: Duke University Press.

Sartre, J-P. (1981) *La Nausée*, in *Oeuvres romanesques*. Paris: Gallimard.

Sassen, S. (2001) 'Spatialities and temporalities of the global: elements for a theorization', in A. Appadurai (ed.), *Globalization*. Durham, NC and London: Duke University Press, pp. 260–78.

Sayer, A. (1984) *Method in social science: a realist approach*. London: Hutchinson.

Segal, L. (2001) 'Defensive functioning: review of Cohen, 2000', *Radical Philosophy*, vol. 108, pp. 45–6.

Seidler, V.J. (1994) 'Men, heterosexualities and emotional life', in S. Pile and N. Thrift (eds), *Mapping the subject: geographies of cultural transformation*. London: Routledge.

Sennett, R. (1970) *The uses of disorder*. Harmondsworth: Penguin.

Serres, M. (1982) 'Turner translates Cournot' (trans. M. Shortland), *Block*, vol. 6, no. 54, pp. 46–55.

Sharp, J., Routledge, P., Philo, C. and Paddison, R. (eds) (2000) *Entanglements of power: geographies of domination/resistance*. London: Routledge.

Sheppard, E. (2002) 'The spaces and times of globalization', *Economic Geography*, vol. 78, 307–30.

Shields, R. (1992) 'A truant proximity: presence and absence in the space of modernity', *Environment and Planning D: Society and Space*, vol. 10, pp. 181–98.

Sibley, D. (1995) *Geographies of exclusion: society and difference in the West*. London: Routledge.

Sibley, D. (1999) 'Creating geographies of difference', in D. Massey, J. Allen and P. Sarre (eds), *Human geography today*. Cambridge: Polity Press, pp. 115–28.

Simpson, G.G. (1963) 'Historical science', in C.C. Albritten (ed.), *The fabric of geology*. Reading, MA: Addison–Wesley, pp. 24–48.

Sinclair, I. (1997) *Lights out for the territory: 9 excursions in the secret history of London*. London: Granta Books.

Slater, D. (1999) 'Situating geopolitical representations: inside/outside and the power of imperial interventions', in D. Massey, J. Allen and P. Sarre (eds), *Human geography today*. Cambridge: Polity Press, pp. 62–84.

Slater, D. (2000) 'Other domains of democratic theory: space, power and the politics of democratization', *Environment and Planning D: Society and Space*, vol. 20, pp. 255–76.

Smith, C. and Agar, J. (eds) (1998) *Making space for science: territorial themes in the shaping of knowledge*. Basingstoke: Macmillan.

Soja, E. (1989) *Postmodern geographies: the reassertion of space in critical social theory*. London: Verso.

Soja, E. (1996) *Thirdspace: journeys to Los Angeles and other real-and-imagined places*. Oxford: Blackwell.

Soustelle, J. (1956) *La vida cotidiana de los Aztecas en vísperas de la conquista*. Mexico City: Fondo de Cultura Economica. (Originally published 1955 as *La vie quotidienne des Aztéques à la veille de la conquête espagnole*. Paris: Librairie Hachette.)

Spinoza, B. (1985) *Ethics*, in *The collected works of Spinoza* (trans. E. Curley). Princeton, NJ: Princeton University Press.

Spivak, G. (1985) 'The Rani of Sirmur', in F. Barker, P. Hulme, M. Iverson and D. Loxley (eds), *Europe and its Others*. Colchester: University of Essex Press, vol. 1, pp. 128–51.

Spivak, G. (1990) 'Poststructuralism, marginality, postcoloniality and value', in P. Collier and H. Geyer-Ryan (eds), *Literary Theory Today*. Ithaca, NY: Cornell University Press.

Staple, G. (1993) 'Telegeography and the explosion of place', *Telegeography, global traffic statistics and commentary*, pp. 49–56 (cited in Graham, 1998).

274

Stengers, I. (1997) *Power and invention: situating science*. Minneapolis and London: University of Minnesota Press.

Thrift, N. (1996) *Spatial formations*. London: Sage.

Thrift, N. (1999) 'The place of complexity', *Theory, Culture and Society*, vol. 16, no. 3, pp. 31–69.

Till, J. (2001) 'Eisenman's banana: review of Benjamin, 1999', *Radical Philosophy*, no. 108, pp. 48–50.

Townsend, R.F. (1992) *The Aztecs*. London: Thames and Hudson.

Tschumi, B. (1988) 'Parc de la Villette, Paris', *Architectural Design*, vol. 58, no. 3/4, pp. 32–9.

Tschumi, B. (2000a) 'Six concepts', in A. Read (ed.), *Architecturally speaking: practices of art, architecture and the everyday*. London: Routledge, pp. 155–76. (First published 1994 in *Architecture and disjunction*. Cambridge, MA: MIT Press; the page references are from the 2000 publication.)

Tschumi, B. (2000b) *Event cities 2*. Cambridge, MA: MIT Press.

Tuan, Y.F. (1977) *Space and place*. London: Arnold.

Tully, J. (1995) *Strange multiplicity: constitutionalism in an age of diversity*. Cambridge: Cambridge University Press.

Turner, B.S. (2002) 'Cosmopolitan virtue, globalization and patriotism', *Theory, Culture and Society*, vol. 19, nos. 1–2, pp. 45–63.

Urban Task Force (1999) *Towards an urban renaissance* (The Rogers Report). London: DETR.

Vaillant, C.G. (1950) *The Aztecs of Mexico*. Harmondsworth: Penguin.

van den Berg, C. (1997) 'Battle sites, mine dumps, and other spaces of perversity', in S. Golding (ed.), *The eight technologies of otherness*. London: Routledge, pp. 297–305.

Waddell, H. (1987) *The desert fathers*. London: Constable.

Wainwright, H. and Elliott, D. (1982) *The Lucas Plan: a new trade unionism in the making*. London: Allison and Busby.

Walker, R.B.J. (1993) *Inside/outside: international relations as political theory*. Cambridge: Cambridge University Press.

Walzer, M. (1995) 'Pleasures and costs of urbanity', in P. Kasinitz (ed.), *Metropolis: center and symbol of our times*. New York: New York University Press.

Wark, M. (1994) *Virtual geography: living with global media events*. Bloomington: Indiana University Press.

Watson, S. (1998) 'The new Bergsonism: discipline, subjectivity and freedom', *Radical Philosophy*, no. 92, pp. 6–16.

Weiss, L. (1998) *The myth of the powerless state*. Cambridge: Polity Press.

Whatmore, S. (1997) 'Dissecting the autonomous self: hybrid cartographies for a relational ethics', *Environment and Planning D: Society and Space*, vol. 15, pp. 37–53.

Whatmore, S. (1999) 'Hybrid geographies: rethinking the "human" in human geography', in D. Massey, J. Allen, and P. Sarre (eds), *Human geography today*. Cambridge: Polity Press, pp. 22–39.

Whatmore, S. and Hinchliffe, S. (2002/3) 'Living cities: making space for urban nature', *Soundings: a journal of politics and culture*, no. 22, pp. 37–50.

Wheeler, W. (1994) 'Nostalgia isn't nasty: the postmodernising of parliamentary democracy', in M. Perryman (ed.), *Altered states: postmodernism, politics, culture*. London: Lawrence and Wishart, pp. 94–109.

Wheeler, W. (1999) *A new modernity: change in science, literature and politics*. London: Lawrence and Wishart.

Whitehead, A.N. (1927/1985) *Symbolism: its meaning and effects*. New York: Fordham University Press.

Wigley, M. (1992) 'Untitled: the housing of gender', in B. Colomina (ed.), *Sexuality and space*. New York: Princeton Architectural Press, pp. 327–89.

Williams, R.S. Jnr (2000) 'The modern earth narrative: natural and human history of the earth', in R. Frodeman (ed.), *Earth matters: the earth sciences, philosophy, and the claims of community*. Upper Saddle River, NJ: Prentice Hall.

Wilmsen, E.N. (1989) *Land filled with flies: a political economy of the Kalahari*. Chicago and London: University of Chicago Press.

Wilson, E. (1991) *The sphinx in the city: urban life, the control of disorder, and women*. London: Virago Press.

Windley, B.F. (1977) *The evolving continents*. London: Wiley.

Wolf, E. (1982) *Europe and the people without history*. London: University of California Press.

Young, R. (1990) *White mythologies: writing history and the West*. London: Routledge.

Yuval-Davis, N. (1999) 'What is "transversal politics"?', *Soundings: a journal of politics and culture*, no. 12, pp. 94–8.

Zohar, D. (1997) *Rewiring the corporate brain: using the new science to rethink how we structure and lead organizations*. San Francisco: Berret–Koehler.

《世界城市研究精品译丛》总目

☑ 已出版，☐ 待出版